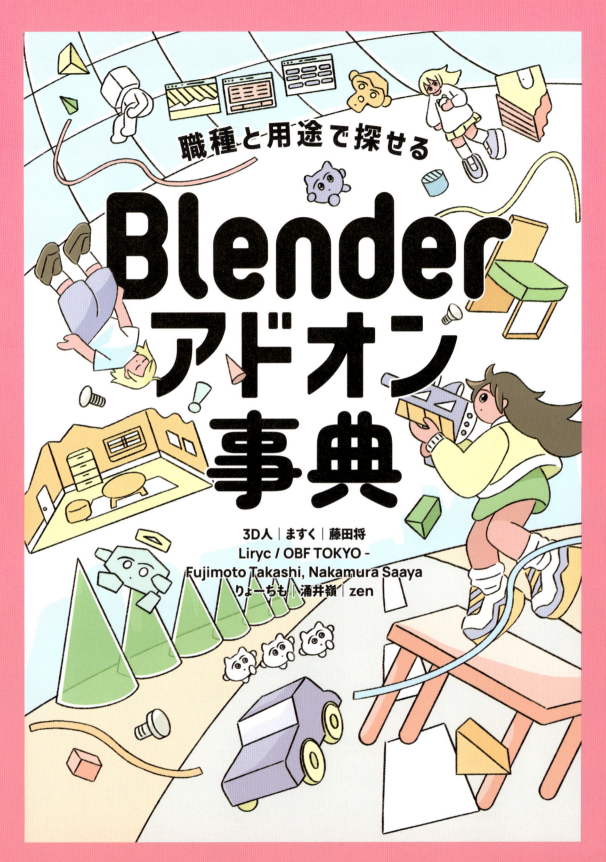

書籍サポート

本書のウェブページでは、追加・更新情報や発売日以降に判明した誤植（正誤）などを掲載しています。本書に関するお問い合わせの際は、事前にこちらのページをご確認ください。

▶『職種と用途で探せる Blenderアドオン事典』のウェブページ

https://www.borndigital.co.jp/book/9784862466082/

■ 著作権に関するご注意

本書は著作権上の保護を受けています。論評目的の抜粋や引用を除いて、著作権者および出版社の承諾なしに複写することはできません。本書やその一部の複写作成は個人使用目的以外のいかなる理由であれ、著作権法違反になります。

■ 責任と保証の制限

本書の著者、編集者および出版社は、本書を作成するにあたり最大限の努力をしました。但し、本書の内容に関して明示、非明示に関わらず、いかなる保証も致しません。本書の内容、それによって得られた成果の利用に関して、または、その結果として生じた偶発的、間接的損傷に関して一切の責任を負いません。

■ 商標

本書に記載されている製品名、会社名は、それぞれ各社の商標または登録商標です。本書では、商標を所有する会社や組織の一覧を明示すること、または商名を記載するたびに商標記号を挿入することは行っていません。本書は、商標名を編集上の目的だけで使用しています。商標所有者の利益は厳守されており、商標の権利を侵害する意図は全くありません。

はじめに

　はじめまして、3D人です。

　この本を書こうと思ったきっかけは、私が運営している3D関連のサイト「3D人」(3dnchu.com)を通じて、多くのクリエイターの皆さんと出会い、さまざまなBlenderアドオンやツールについて情報発信をしてきたことにあります。

　私自身、新しい技術やツールを見つけて試すことが大好きです。「なんだこれ？！ 触ってみたい！ 試してみたい！」という好奇心が原動力となり、日々のブログ更新や、新たな技術の追求へとつながっています。この発見の楽しさが、私を前へ進ませるエネルギーの源です。

　Blenderのアドオンは、Blenderの機能を拡張・カスタマイズできるプラグインです。オープンソースであるBlenderは多様な用途に対応していますが、特定の作業やワークフローの効率化を図るために、ユーザーが独自の機能を追加できる柔軟な設計になっています。これにより、新しいツールやインターフェースをBlenderに統合し、作業効率を大幅に向上させることができます。アドオンは公式マーケットプレイスやコミュニティサイトなどで配布され、無料から有料まで多種多様な種類があり、初心者でも簡単にインストールが可能です。

　技術が日々進化する中で、Blenderのアドオンを使いこなすことで、より多彩な表現や作業の効率化が実現します。しかし、膨大な数のアドオンの中から必要なものを選び取るのは簡単ではありません。この本では、Blenderユーザーにとって特に役立つアドオンを厳選し、その特徴と使い方を紹介します。初心者からプロフェッショナルまで、幅広い層に役立つ内容を目指しています。

　しかし、アドオン導入にはリスクも伴います。例えば、サポートが途中で切れる場合や、期待していた機能が十分に満たされないことがあります。特に初心者は、選択肢が多すぎて迷うこともあるでしょう。見た目やレビューだけに頼らず、慎重な導入が求められます。

　技術を取り入れることで、作業の効率化や表現の幅が広がりますが、どのアドオンが本当に必要かを考えることが重要です。3D人を通じて得た多くの情報と経験を、この本を通じて皆さんに共有できれば幸いです。そして、多くのサポーターの協力に感謝を表します。

　この本が皆さんの創造の旅において、少しでも役立つことを願っています。Blenderの無限の可能性を探る楽しさを、私と一緒に体験していただければ幸いです。

3D人

CONTENTS

目次

はじめに ……………………………………… iii

Blenderアドオンのインストールについて ……… x

Part.1
試してわかった "本当に使える" 厳選アドオン250！ …… 2

Part.1「アドオン事典」の見方 ……………… 4

BoltFactory ………………………………… 6

Bool Tool ………………………………… 7

QBlocker ………………………………… 8

F2 ………………………………………… 9

LoopTools ………………………………… 10

EdgeFlow ………………………………… 11

Bezier Mesh Shaper ……………………… 12

SimpleDeformHelper ……………………… 13

Half Knife ………………………………… 14

Hard Bevel ……………………………… 15

Grid Modeler ……………………………… 16

Construction Lines ……………………… 17

PolyQuilt ………………………………… 19

Quad Maker ……………………………… 20

nSolve …………………………………… 21

Quad Remesher …………………………… 22

QRemeshify ……………………………… 23

SoftWrap ………………………………… 24

Step Loop Select ………………………… 25

Transparent Select ……………………… 26

X-Ray Selection Tools …………………… 27

NGon Loop Select ………………………… 28

Select Polygons By Angle ……………… 29

Conform Object …………………………… 30

Orient and Origin to Selected ………… 31

Maxivz's Interactive Tools ……………… 32

More Colors! ……………………………… 34

TraceGenius Pro ………………………… 35

Transfer the vertex order ……………… 36

Mio3 ShapeKey …………………………… 37

Mesh Repair Tools ……………………… 38

Analyze Mesh …………………………… 40

CheckToolBox …………………………… 41

OCD ……………………………………… 42

Wear N' Tear …………………………… 43

Curve Basher …………………………… 44

VRM formt ……………………………… 46

VDM Brush Baker ………………………… 47

Blob Fusion ……………………………… 48

Woolly Tools & Shaders ………………… 49

3D Hair Brush …………………………… 50

Hair Tool ………………………………… 51

Simply Cloth …………………………… 53

Random Flow …………………………… 55

DECALmachine ………………………… 56

MESHmachine …………………………… 58

Kit Ops 3 ………………………………… 60

Boxcutter ………………………………… 62

Hardops ………………………………… 63

Fluent …………………………………… 64

True TERRAIN 5 ………………………… 67

Texel Density Checker …………………… 69

Zen UV Checker ………………………… 70

TexTools ………………………………… 71

UniV ……………………………………… 73

Mio3 UV ………………………………… 74

DreamUV ………………………………… 75

UV-Packer for Blender …………………… 76

UVPackmaster 3 PRO	77	SMEAR	116
Zen UV	79	ANIMAX	117
Ucupaint	81	GP Animator Desk	118
Philogix PBR Painter	82	Simplify+	119
Flow Map Painter	83	Gaffer	120
Node Wrangler	84	Tri-lighting	121
Node Preview	85	Light Wrangler	122
Grungit	86	Real Time Cycles	124
Fluent : Materializer	87	Photographer 5	125
Portal Projection	88	Easy HDRI	127
GrabDoc	89	HDRI Maker	128
SimpleBake	90	Dynamic Sky	130
Instant Impostors	92	Real Sky	131
Deep Paint	93	True-Sky	132
NijiGPen	94	Physical Starlight And Atmosphere	133
Brushstroke Tools	95	Per-Camera Resolution	134
Pencil+ 4 Line for Blender	96	Omniscient Importer	135
Mio3 Copy Weight	97	Perspective Plotter	136
EasyWeight	98	GeoTracker for Blender	137
Voxel Heat Diffuse Skinning	99	Colorista	138
smoothWeights	100	Colorist Pro	139
Handy Weight Edit	101	Final LUT	140
Lazy Weight Tool	102	Blendshop	141
cvELD_QuickRig	103	Pixel	142
Auto-Rig Pro	105	Real Snow	143
X-Muscle System	107	Fluffy Clouds Planes	144
Faceit	109	Volumetric Clouds Generator	145
RBC	110	Real Cloud	146
RIGICAR	111	Baga Rain Generator	147
Launch Control	112	Alt Tab Ocean & Water	148
AbraTools	113	Real Water	149
Animation Layers	114	Alt Tab Easy Fog 2	150
Wiggle 2	115	GEO-SWARM	151

Procedural Crowds	152	Auto-Highlight in Outliner	194
Cell Fracture	153	Simply Fast	195
Cracker	154	Sakura UX Enhancer	196
Kaboom	155	Drop It	198
KaFire	156	POPOTI Align Helper	199
RBDLab	157	Physics Dropper	200
VDBLab	158	BagaPie	201
True-VDB	159	Geo-Scatter	202
Molecular +	161	Alpha Trees	203
Fluid Painter	162	Instant Asset	204
Geodroplets Plus	163	Sanctus Library	205
Quick Fluid Kit	164	Poly Haven Asset Browser	206
Cell Fluids	166	The Plant Library	208
FluidLab	167	BlenderGIS	210
FLIP Fluids	169	Blosm for Blender	211
Context Pie	171	Auto Reload	212
3D Viewport Pie Menus	172	ACT	213
Node Pie	174	Better FBX Importer & Exporter	214
MACHIN3tools	176	3DGS Render by KIRI Engine	215
Matalogue	179	OpenVAT	216
Mouse-look Navigation	180	Memsaver	217
Right Mouse Navigation	181	Turbo Tools	219
OmniStep	182	RenderBoost	221
Saved Views	183	N Panel Sub Tabs	222
Sync | Lock Viewport	184	Powermanage	223
Dolly Zoom	185	Clean Panels	224
Camera Shakify	186	Ttranslation	226
Cinepack	187	User Translate	227
VirtuCamera for Blender Addon	189	Screencast Keys	228
Shot Manager	190	Customize Menu Editor	229
Camera Plane	191	Serpens	230
Copy Attributes Menu	192		
Modifier List	193		

Part.2
Blenderクリエイターが選ぶ 232
「推しアドオン」

「キャラクターモデラー」が選ぶ
おすすめアドオン 233

イントロダクション 234
キャラクターモデリングにまつわる3つの分野 ... 234
キャラクターモデリングの
一般的なワークフロー 235

❶ 環境構築（基本操作改善）......... 236
　環境構築 おすすめアドオン 236
　X-Ray Selection Tools 237
　Wireframe Color Tools 237
　Synchronize Workspaces 238
　Auto Highlight in Outliner 238
　Hdr Rotation3D 239
　Material Utilities 239

❷ ポリゴン編集 240
　モデリング基本機能 おすすめアドオン 240
　Ngon Loop Select 241
　PolyQuilt 241
　RM_SubdivisionSurface 242
　Restore Symmetry 242
　LoopTools 243
　EdgeFlow 243

❸ モデリング応用 244
　モデリング応用機能 おすすめアドオン 244
　Bool Tool 245
　TraceGenius Pro 245
　Drop It 246
　BBrush 246
　SoftWrap 247
　Quad Remesher 247

❹ 特化型モデリング 248
　モデリング特化分野 おすすめアドオン 248
　Hair Tool 249
　Anime Hair Maker 249

❺ テクスチャリング 250
　テクスチャリング おすすめアドオン 250
　TexTools 251
　Symmetrize Uv Util 251
　Auto Reload 252
　Ucupaint 253

❻ セットアップ 254
　セットアップ おすすめアドオン 254
　SK Keeper 255
　ShapeKeySwapper 255
　Voxel Heat Diffuse Skinning 256
　EasyWeight 256
　Mio3 Copy Weight 257
　Handy Weight Edit 257

❼ ルックデベロップメント 258
　ルックデベロップメント おすすめアドオン ... 258
　Tri-lighting 259
　Poly Haven Asset Browser 259
　Clay Doh 260
　Woolly Tools & Shaders 260
　Komikaze 261
　InkTool 261

❽ インポート／エクスポート 262
　インポート／エクスポート おすすめアドオン ... 262
　ブリッジアドオンとワークフローの紹介
　（GoB / 3D-Coat Applink）......... 263

アウトプットから考えるアドオン構築術 264
　キャラクターモデリングには
　どんなアウトプット先がある？ 264

キャラ運用の3系統でまとめる
アドオンの紹介 ……………………… 265
Ⅰ.リアルタイム領域 …………………… 266
VRMの運用幅がとにかく広くて楽しい！…… 267
VRMの活用先としてオススメの
アプリケーション ………………… 267
Cats Blender Plugin ………………… 268
TRIToon ……………………………… 268
VRM format …………………………… 269
MToon再現シェーダー（VRM format）……… 269
キャラクターの表情差分どう設定する？ …… 270
Mio3 ShapeKeyでリップシンク、
MMDモーフ、パーフェクトシンクを管理…… 270
Faceitでパーフェクトシンクを作る ………… 271
VRM formatでVRMに必要な表情設定を
指定する ……………………… 271
Ⅱ.プリレンダ領域 ……………………… 272
定番のポストプロセスエフェクト ……… 272
Colorist Pro ………………………… 273
BlendShop …………………………… 273
Ⅲ.デジタル造形領域 …………………… 274
ワークフローを確認しよう …………… 274
3Dプリント用のデータ制作に
必須のチェック・修正アドオン ……… 275
Mesh Repair Tools ………………… 275
大量のアドオンどう管理する？ …………… 276
アドオンやライブラリのインストール先を
把握しよう ……………………… 277
PowerManage ……………………… 277
さいごに。進化し変化し続ける
Blenderとアドオン ………………… 277

「背景アーティスト」が選ぶ
おすすめアドオン ……………… 279
Node Wrangler …………………………… 280
ノードのプレビュー ………………… 281
ノードの切断 ………………………… 282
リルートの追加 ……………………… 282
ノードをリンクから外す ……………… 283
3D Viewport Pie Menus ………………… 284
Pie Menu Editor …………………………… 287
Auto Reload v2 ……………………………… 290
Tools for me（TFM）………………………… 292
トランスフォームパネル ……………… 292
一撃必殺くんパネル ………………… 292
Material Orgnizer ………………………… 296
TexTools ……………………………………… 299
整列 …………………………………… 299
ランダム化 …………………………… 300
Rectify ……………………………… 300

「CGアーティスト」が選ぶ
おすすめアドオン ……………… 303
Geo Primitive ……………………………… 304
作品の構図を考える ………………… 304
オブジェクトの生成 ………………… 305
カーブでカスタマイズ可能なオブジェクト …… 306
アニメーション付きオブジェクト ………… 306
マテリアル …………………………… 309
ライティング－Quick Lighting Kit ……… 310
ライトの位置・回転、明るさ・色の調整……… 312
作品のブラッシュアップ ……………… 313
動画化－コンポジット ………………… 314
Chain Generator ………………………… 315
オブジェクトの制作とレイアウトを考える …… 316

チェーンを生成する	317	GP Animator Desk	355
ライティング－Quick Lighting Kit	321	機能紹介	356
ブラッシュアップ	322	VirtuCamera	359
FALCON CAM	323	パネル説明	362
動画の構成を考える	323	fSpy	366
ライティング－Quick Lighting Kit	324	使い方	367
カメラ設定	324	絵から抽出する手順	367
軌跡の編集	325	番外編：モデリング	371
被写界深度の設定	325	AnimAll	374
フォーカスポイント	326	Wiggle 2	380
ターゲット位置設定	326		
アニメーションカーブ調整	327		
ショット管理　レンダリング	327		

**「VFXアーティスト」が選ぶ
おすすめアドオン** ... 385

はじめに	386
カメラトラッキング	386
使用アドオン Refine Tracking Solution	386
床のテクスチャとモデル作成	387
雑誌の作成	389
使用アドオン Refine Tracking Solution	389
物理シミュレーションの設定	392
使用アドオン RBDLab, Align and Distribute	392
シーンの仕上げとレンダリング	399
使用アドオン Denoiser Comp	399
After Effectsでのコンポジット作業	401
使用アドオン Export：
Adobe After Effects（.jsx）	401
おわりに	405

アドオン索引 ... 406

動画化－コンポジット	328
Quick Fluid Kit	329
化粧品オブジェクトと
流体のレイアウトを決める	330
オブジェクトにFluidkitのマテリアルを
追加する	332
ライティング－Quick Lighting Kit	333
レンダリング／コンポジット	333

**「アニメーター」が選ぶ
おすすめアドオン** ... 335

Freebird XR	336
使い方	338
VR内のパネルの説明	339
コントローラーの説明	344
NijiGPen	346
NijiGPenを使えば仕上げ作業が
効率的になります！	346
使い方	347
番外編：GP magnet strokes	351

Blenderアドオンのインストールについて

Blenderアドオンのインストールは、従来の方法とBlender 4.2以降に追加された新しい方法の大きく2つに分かれます。ここでは、それぞれの手順を詳しく解説します。どちらの方法も使用環境や状況に応じて使い分けることがあるため、両方の手順を理解しておくと良いでしょう。なお、**本書内の解説（特にPart.2の事例紹介など）では、取り上げているアドオンがすでにインストールされていることを前提としているため、インストール方法が分からない場合は、こちらのインストール説明およびアドオンの入手サイト等をご確認ください。**

従来のインストール手順

1. アドオンファイルをダウンロード

まず、インストールしたいアドオンのファイルをダウンロードします。Superhive（旧Blender Market）やGumroadなどの販売サイトや公式サイト、GitHubなどのリポジトリからファイルを入手しましょう。

通常、多くのBlenderアドオンは**.zip**形式の圧縮ファイルとして配布されています。

それ以外ですと、少数ですが単一の**.py**（Pyrhon）ファイルで配布されるケースも存在します。

kadomain_1.2.8.zip	ZIP archive	83 KB
kafire_1.1.6.zip	ZIP archive	455 KB
kaboom_1.5.9.zip	ZIP archive	528 KB
ANIMAX-2.3.1-for-Blender-4.1.1.zip	ZIP archive	11,024 KB
wiggle_2.py	Python File	56 KB
physical-starlight-atmosphere-1.8.2.zip	ZIP archive	464 KB
RBC Addon 1.3.2 Pro (Blender 4.0).zip	ZIP archive	271,589 KB
Launch Control 1.8.5 - Blender 4.2 Extensi…	ZIP archive	281,357 KB
rigicar_2.3.3.zip	ZIP archive	882 KB
polyhavenassets_blendermarket.zip	ZIP archive	180 KB
cvELD_QuickRig-2.0.0.zip	ZIP archive	4,175 KB

不具合が出た際にアドオンの再インストールを行うこともあり得るので、ダウンロードしたアドオンファイルは1箇所に保持しておくことをオススメします！

このzipファイルは解凍したらいいの？

基本的に.zip形式のアドオンの多くは、そのままインストールすることが可能ですので、手動で解凍する必要はありません。

2. Blenderを起動し、設定画面を開く

Blenderを起動し、上部のメニューから「編集（Edit）」＞「設定（Preferences）」を選択します。この操作で設定メニューが開きます。

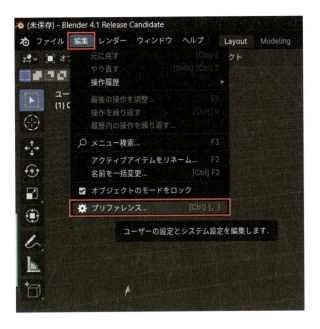

3. アドオンタブを選択

設定メニューが表示されたら、左側のメニューリストから「アドオン（Add-ons）」タブをクリックします。これにより、アドオンの管理画面が開きます。

4. アドオンをインストール

　アドオン管理画面の右上にある「インストール（Install）」ボタンをクリックします。ファイルブラウザが表示されるので、先ほどダウンロードしたアドオンの **.zip** ファイル、または **.py** ファイルを選択し、「アドオンをインストール（Install Add-on）」ボタンを押します。

アドオン配布先がインストール手順を解説していることもあるので確認してみてください！

5. アドオンを有効化

　インストールが完了すると、インストールされたアドオンが一覧に表示されます。このアドオンを有効化するためには、アドオン名の左にあるチェックボックスをオンにします。チェックが入ると、**そのアドオンは有効化され、使用できる状態になります。**

6. 設定を保存

　アドオンを有効化した後、左下の三本線マークをクリックし開くポップアップから、「設定を保存（Save Preferences）」ボタンを押しておくと、次回Blenderを起動したときにもアドオンが自動で有効になります。

　自動保存が有効になっている場合は、Blenderが正しく終了するタイミングでアドオンの有効化状態が保存されます。これでアドオンのインストールは完了です。

7. アドオンの設定（任意）

　一部のアドオンにはカスタマイズ可能な設定があります。アドオンの管理画面で、有効化したアドオンに設定オプションが表示されていれば、それをクリックしてアドオンの挙動を調整することができます。

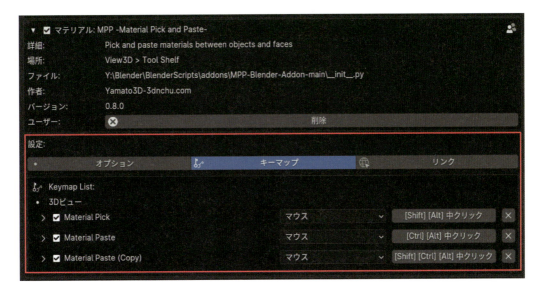

xiii

> **Blender 4.2以降からの仕様変更**

　Blender 4.2以降から「アドオン」の管理方式が大幅に変更され、**これまでBlender本体に付属されていた標準アドオンは「Extensions（エクステンション）」という名称に統一されました**。従来の「アドオン」だけでなく、テーマや将来的にはキーマップやアセットも含む、Blenderの機能拡張要素全般を指す言葉としても「Extensions」が使われるようになりました。

　アドオン自体をローカルPC内に保存してインストールする方法は、以前と同様に利用可能で、SuperhiveやGumroadなどの有料アドオンも引き続きサポートされていますが、公式リポジトリ内のExtensionsは無料で公開されているものがほとんどです。

　この変更により、アドオンやテーマの導入がより一元化され、インストールや管理が便利になった反面、**使い慣れたワークフローが変更され、慣れるまでに少し時間がかかるかもしれません。**

ややこしくてよくわからない…

では、ここからzenさんにExtensionsについて解説いただきます！

zen

"気軽に3Dモデリングを始めてほしい！"と、初心者に向けて活動中。YouTubeで初心者向けBlender開設動画「ワニでもわかる！」シリーズを公開、N高・ZEN大学で同様の講座を担当。また、ローポリモデリングを楽しむオンラインイベント「256fes」も主催。

 zen (@FeelzenVr)　　 禅zen ― ワニでもわかる！ゼロからのBlender　

● **Blender Extensionsとは？**
　Blender ExtensionsはBlender用の無料かつオープンソースの拡張機能がたくさん登録されているオンラインディレクトリです。WebサイトとBlenderの両方から、アドオンやテーマを探したり導入したりすることが簡単にできるようになりました。

● 何が変わったの？

　以前はアドオンを導入する際は、GitからzipファイルをダウンロードしてBlenderを起動してアドオンとして読み込んだり、pythonのコードを追加したり……という形が主でした。このやり方だと、アドオンのバージョンが更新された際にまた新しいzipをダウンロードして入れ直す作業が必要だったりと、なにかと手間がかかったり、そもそもアドオンがインターネットのあちこちに散らばっていてなかなか狙いのものを見つけるのが難しかったり、面倒な点がいくつかありました。

　そこで登場したのがBlender Extensionsです！
　Blender4.2LTS以降、Blenderをオンライン状態にすることが可能になり、Blender Extensionsの仕組みを使ってBlenderの中から外部のアドオンやテーマを探すことができるようになりました。また、BlenderExtensionsのサイトからもアドオンやテーマを非常に見やすく一覧したり検索したりして探すことができます。

それでは、実際に使い方を見ていきましょう！

使い方

● リポジトリに接続

　まずはプリファレンスから「エクステンションを入手」を選択、初回はまだインターネットに接続していないので「オンラインアクセスを許可」を選んでオンラインに接続します。

XV

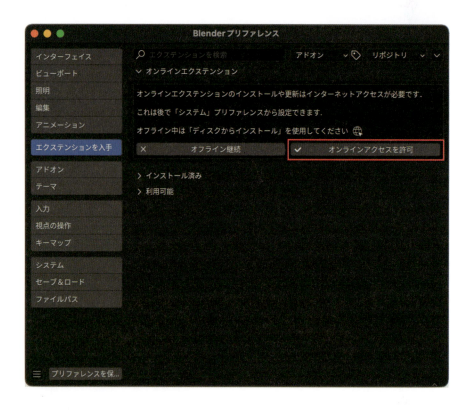

そうすると、画面が切り替わります。
右上のタブから、「アドオン」と「テーマ」で絞り込みが切り替えられます。今は「アドオン」にしておきます。

下にズラズラといっぱいアドオンが出てきますね。

これでBlenderがオンラインになり、Blender Extensionsのリポジトリに接続したことがわかります。

● 「Blenderの中から」のインストール方法

ここからは「Blenderの中から」のインストール方法を説明します。

気になるアドオンはプルダウンメニューを開くとWebサイトへのリンクボタンが表示されるので、これをクリックすると詳細な説明が記載されたWebサイトへジャンプできます。

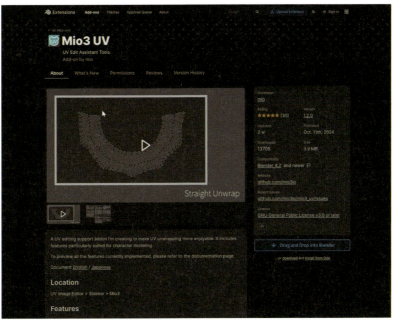

xvii

内容を確認した上で、Blenderの画面の「インストール」を押せばインストールは完了します。

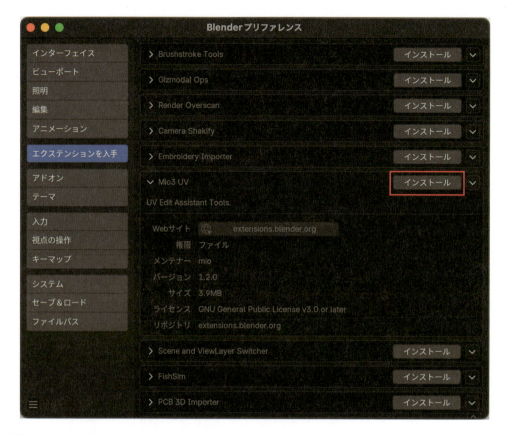

● 「Webサイトから」のインストール方法

　もう一つ、「Webサイトから」のインストール方法もご紹介します。プリファレンスウィンドウは閉じてしまって構いません。
　extensions.blender.orgを見てみましょう。ここにたくさんのアドオンやテーマが無料で公開されています。ここから気になるアドオンを探してクリックします。

ページ内にある「Get Add-on」のボタンを一度クリックすると、「Drag and Drop into Blender」に変化します。そうしたらボタンの通り、ボタンを掴んでBlenderの画面内にドラッグ＆ドロップすれば、アドオンがインストールされます。

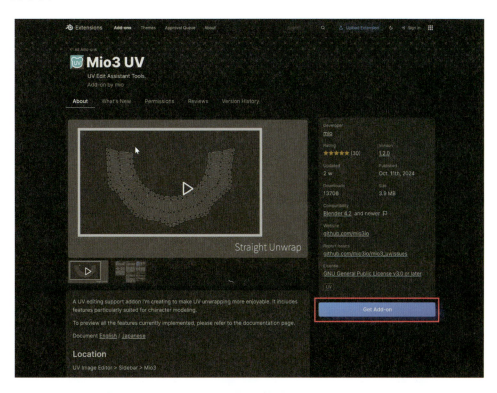

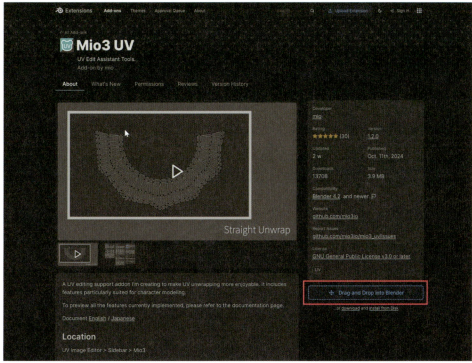

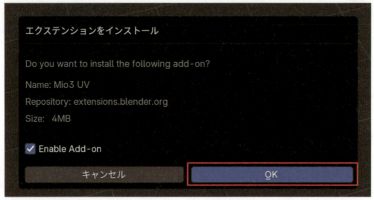

　すごく便利ですね！

　猿でもできそう　

　簡単すぎて感動しました！すべてのアドオン配布サイトがこうなってほしいですね！

● 便利なところ

　何といってもBlender Extensionsのサイトで良質のアドオンを探すことが非常に容易になったのが大変便利です！ 新着順や評価順、DL数順など、たくさんの方法でソートできるのも嬉しいポイント。そして、一度インストールしたアドオンはアップデートもBlender内から簡単かつ効率的に行うことができます。

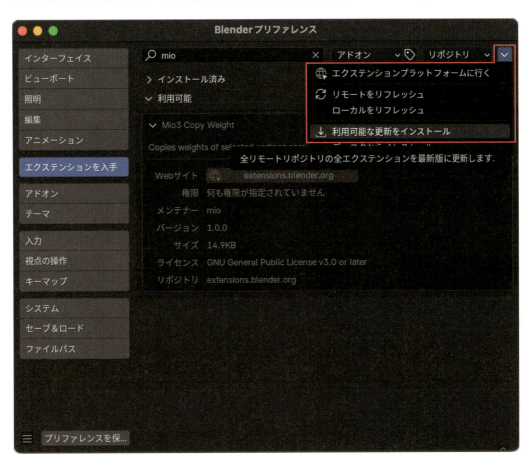

非常にフットワーク軽くアドオンやテーマを探したり使ったりできる、とても便利な新機能です！ ぜひ使いこなしてみてください。

zenさんありがとうございました！

職種と用途で探せる

Blender
アドオン事典

Part.1

試してわかった
“本当に使える”
厳選アドオン
250!

3D人（スリィディンチュ）

沖縄県出身のCGアーティストとして、これまでキャラクターモデリングや背景モデリング、リギング、スクリプティング、アニメーション、エフェクト、ライティングなど、さまざまな分野で経験を積んできました。現在は、BlenderやUnreal Engineを主なツールとして活動しており、日々新しい技術やツールを学びながら、より良い表現を追求しています。
ちなみに個人としてのハンドルネームは Yamato3D です。

ウェブサイト「3D人（3dnchu.com）」

「3D人（3dnchu.com）」は、私自身が情報メモのために始めたブログで、3DやCG、ゲーム開発に関連する情報や役立つツールを紹介しています。2010年にスタートし、現在もほぼ毎日更新を続けています。最近ではUnreal Engine関連の記事が多くなっていますが、CGに関わるあらゆる技術やツールについても広く取り上げるように心がけています。
サイトを通じて、最新技術やツールを紹介しつつ、私自身も新しい発見を楽しみながら更新を続けています。3DやCGに関する話題を気軽に共有し、読者の皆さんが新たな技術や表現を試すきっかけになればと思っています。

ブログ以外にも、X（旧Twitter）やYouTubeを通じて、さまざまな情報を発信していますので、ぜひご覧ください。

3D人 -3dnchu-		

Part.1「アドオン事典」の見方

このパートではアドオンに興味のあるBlenderユーザーに向け、アドオンやツールを独自のカテゴリに分類し、事典のようなかたちで掲載しています。Blenderの機能を拡張するアドオンは膨大で、それぞれの用途に応じて選ぶことが重要になります。そこで、アドオンを選ぶ際の参考となる情報として、主に「職種」、「メインカテゴリ」、「サブカテゴリ（タグ）」、「難易度」、「対応バージョン」について記載しました。これらの情報を参考に、自分の制作環境に合ったアドオンを選択ください。

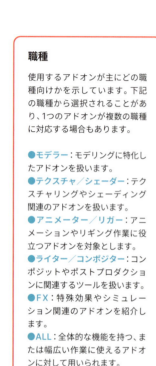

職種
使用するアドオンが主にどの職種向けかを示しています。下記の職種から選択されることがあり、1つのアドオンが複数の職種に対応する場合もあります。

- ●モデラー：モデリングに特化したアドオンを扱います。
- ●テクスチャ／シェーダー：テクスチャリングやシェーディング関連のアドオンを扱います。
- ●アニメーター／リガー：アニメーションやリギング作業に役立つアドオンを対象とします。
- ●ライター／コンポジター：コンポジットやポストプロダクションに関連するツールを扱います。
- ●FX：特殊効果やシミュレーション関連のアドオンを紹介します。
- ●ALL：全体的な機能を持つ、または幅広い作業に使えるアドオンに対して用いられます。

メインカテゴリ
アドオンが主にどの作業分野に使用されるかを示します（全16種）。複数が付与されることもあります。アドオンの主な特徴を簡潔に示すものですので、本書を活用する際の参考にしてください。

Column
各アドオンの紹介に加えて、CG技術やBlenderの機能に関する知識を深めるための「コラム」を掲載しています。アドオンの活用をより効果的にするための補足知識として、ぜひ参考にしてください。

サブカテゴリ（タグ）

アドオンの特徴をよりわかりやすくするために、各アドオンに関連するタグを付与しています。タグは、メカやプロダクトデザイン向けモデリング時に役立つ機能を備えた「ハードサーフェス」、手描きペイント機能を備えた「ペイント」、草木やオブジェクトの自動配置を補助する「植生・配置」など、アドオンの用途や機能を表しており、さまざまな要素を含んでいます。

入手先

アドオンの主な入手先を表記しています。

標準搭載	Blender 3.6〜4.1 に標準搭載
Extensions	Blender 4.2 以降向け拡張機能配布サイト
Github	
GitLab	
BOOTH	
Superhive	旧：Blender Market
Gumroad	
Artstation	
Patreon	
開発者サイト	QRコードで掲載

対応バージョン

3.6 〜 4.3までの範囲でアドオンの対応バージョンを表記しています。Blenderのアドオンはバージョンに依存するものも少なくありません。使用しているBlenderのバージョンに対応しているかを確認することは重要です。

※バージョン表記の無いものは、「未対応」または「未確認のバージョン」となります。
※本書執筆時（2025年2月時点）に確認を行ったものです。

オブジェクトを精密に3Dトラッキング！
GeoTracker for Blender

開発者：KeenTools
価格：月額$18／年間$170
入手先：開発者サイト
難易度：🐵🐵🐵
対応バージョン：3.6 4.0 4.1 4.2 4.3

このアドオンの特徴
- 3Dモデルを使用した精度の高いオブジェクトトラッキング
- 直感的なインターフェースでモデルの位置合わせ
- 2Dコンポジットマスクで不要な要素を除去
- カメラパラメータ不明の状態でも焦点距離の自動推定
- 映像からのテクスチャ投影とベイク

どんな人にオススメ？
映像やVFX制作でリアルなオブジェクト追跡を求めるFXアーティストに最適です。

GeoTracker for Blenderは、3Dモデルを使用して実写映像のオブジェクトを正確に追跡できるBlender用のプロフェッショナルなトラッキングアドオンです。簡単な操作でモデルを配置し、キーフレームで微調整することが可能です。また、2Dおよび3Dのマスク機能や焦点距離推定、ズームショット対応といった多彩な機能により、精密でリアルなトラッキングが実現します。FaceBuilderとの連携も可能で、映像からのテクスチャベイク機能も備えています。

● 3Dモデルを使ったオブジェクト追跡
3Dモデルを使用して実写映像の動きを正確にトラッキング。

● 簡単な位置合わせと微調整
インターフェースが直感的で、キーフレームを使って簡単に調整可能。

● ズームショットと焦点距離の自動推定
焦点距離の変化を自動追尾し、ズームショットにも対応。

> Blenderのトラッキングもまぁまぁ良さげですが、動きのある立体物となると中々難しいですよね。そんな悩みを簡単に解決してくれるアドオン。実写合成などを行うBlenderユーザーの方は導入必須だと思います！

関連アドオン
KeenToolsは他にもトラッキングアドオンを販売しております。「FaceTracker for Blender」は顔と表情のモーショントラッキングに特化したアドオンです。顔モデルの生成アドオン「FaceBuilder」とのバンドル「FaceBundle」で販売されており、月額$27からのサブスクリプションで利用可能です。

137

難易度

アドオンを使いこなすために必要なBlenderの熟知度を、3段階で評価しています。

初級者向け。Blenderの基本的な操作ができれば問題なく使用可能。

中級者向け。少し応用的な操作や知識が必要。

上級者向け。高度な知識やBlenderの複雑な機能を扱える人向け。

吹き出しコメント

3D人の主観的なコメントを掲載しています。

関連アドオン

関連するアドオンや類似アドオンなどを簡単に紹介しています。

005

ボルト&ナットを手軽に生成できる標準搭載アドオン!
BoltFactory

`ハードサーフェス` `プロップ`

開発者	Aaron Keith	入手先	標準搭載 Extensions
価格	無料	難易度	★

対応バージョン: 3.6 / 4.0 / 4.1 / 4.2 / 4.3

このアドオンの特徴
- 瞬時にボルト・ナットを作成
- ボルト形状やねじ長、直径などを細かく調整可能

どんな人にオススメ?
機械部品やハードサーフェスのモデリングを行う3Dアーティストに最適です。

BoltFactoryは、ボルトやナットを簡単に作成できるアドオンです。シーン内に瞬時にボルトやナットを挿入することができ、形状などは細かくパラメータ調整が可能です。モデリングにおいて手動でこれらの部品を作成する手間を省きます。

● 追加方法
「追加」＞「メッシュ」＞「Bolt」

ありきたりなボルトやナットの3Dモデル制作に時間を取られたくないですよね。時短でメカモデリングを行う際にはこういう物を活用すると良いですよ。

関連アドオン

Blenderには、標準搭載でさまざまなメッシュオブジェクトを追加できる拡張アドオンが豊富に揃っています。歯車や螺旋、1頂点オブジェなどさまざまな種類のメッシュテンプレートを追加する「Extra Mesh Objects」、螺旋やバネその他ユニークなカーブ形状を追加する「Extra Curve Objects」など。
これらのアドオンは、アドオン管理パネル、またはエクステンションからアクティブ化するだけで利用でき、オブジェクト作成の可能性をぐっと広げてくれます。

Extra Mesh Objects

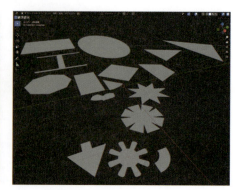

Extra Curve Objects

| モデラー | テクスチャ/シェーダー | アニメーター/リガー | ライター/コンポジター | FX | ALL |

ブーリアン操作を手軽に！ モデラー導入必須のアドオン！

Bool Tool

操作改善 | ハードサーフェス | 非破壊 | モデリング拡張

| 開発者 | nickberckley | | 入手先 | 標準搭載 Extensions |
| 価格 | 無料 | | 難易度 | 対応バージョン 3.6 4.0 4.1 4.2 4.3 |

このアドオンの特徴
- ショートカットやサイドパネルから即座にブーリアン実行
- 自動適用モードと非破壊モードが選択可能
- 3種類のCarverツールを使ったカット機能

どんな人にオススメ？
簡単かつ素早くブーリアン操作を行いたいモデラーや、複雑な形状のカットを効率的に行いたいユーザーにオススメです。

Bool Toolは、ブーリアン操作を簡単に行えるBlender標準搭載のアドオンです。Auto Boolean（自動適用）とBrush Boolean（非破壊適用）の2種類のワークフローに対応し、モディファイアの適用や調整も簡単に管理可能で、ハードサーフェスモデリングにおける効率化に最適なツールです。

● Caver
「Carver」アドオンから追加された新ツールは、ショートカットキーやパネル操作により、ブーリアンの差分、交差、スライスを瞬時に行えます。

日頃からブーリアンを使うモデラーの方は導入必須です！ モディファイアパネルから手動でブーリアンを設定している無駄な時間を節約できます！

関連アドオン
MikhailRachinskiyによる「Booltron」は「Bool Tool」と同等機能に加えて、非破壊ブーリアンオブジェクトの一括選択やブーリアン解除、モディファイアのベイク、インスタンス複製などが手軽に可能になり、更に利便性を向上させたアドオンで、Blender ExtensionsやGithubから無料で入手可能です。

| モデラー | テクスチャ／シェーダー | アニメーター／リガー | ライター／コンポジター | FX | ALL |

直感的なプリミティブ生成ワークフローを実現
QBlocker

`操作改善` `CAD` `モデリング拡張`

| 開発者 | Balázs Szeleczki | 入手先 | Superhive / Gumroad |
| 価格 | Free:無料／$15 | 難易度 | ★★ | 対応バージョン | 4.0 4.1 4.2 4.3 |

このアドオンの特徴
- 基本オブジェクトを素早く生成
- グリッドや頂点＆エッジの中点などで精密にスナップ
- 作業平面を使って柔軟に配置
- 左右クリックによる操作対応

どんな人にオススメ？
3ds Maxのような直感的な操作性でオブジェクトを素早く配置したいBlenderユーザーに最適です。精度が必要な建築、CAD、プロダクトデザインのワークフローにも役立ちます。

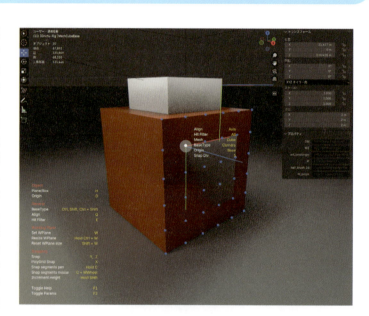

QBlockerは、3ds Maxに似た操作性でパラメトリックオブジェクトを生成するためのBlender用アドオンです。CubeやPlane、Cylinder、Circle、Sphereなどの基本的なオブジェクトを即座に生成でき、独自のスナップ機能やカスタムグリッドを使用して、プリミティブを直感的に配置生成が可能です。さらに、作業平面の設定により自由度の高いモデリングを実現します。左クリックと右クリックの操作に対応し、スムーズで効率的なオブジェクト作成をサポートします。

● 無料版と有料版
開発者のBalázs Szeleczki氏は、約5年前にこのアドオンの開発を開始し、長年にわたり無料で提供してきました。しかし、開発の継続と機能強化のため、最新バージョンを有料化する決定をしました。
開発者は、無料版（QBlocker Free 0.16）も引き続き提供し、今後のBlenderアップデートに対応させる予定です。そして有料版では、さらなる機能強化と開発の継続を行うそうです。

オブジェクト配置が格段に早くなります。無料版でも便利に使えますよ！　沢山のプリミティブを配置し、レイアウトを行うモデラーさんや絵描きさんにもオススメしたいアドオンです。

モデラー

手早く面張りするモデラー定番のツール!

F2

`操作改善` `リトポロジー` `モデリング拡張`

開発者	Community	入手先	標準搭載 / Extensions
価格	無料	難易度	★

対応バージョン: 3.6 / 4.0 / 4.1 / 4.2 / 4.3

このアドオンの特徴
- エッジや頂点選択時に[F]キー押下でポリゴン作成

どんな人にオススメ?
モデリングの速度を重視する方や、クワッドポリゴンを効率よく生成したいモデラーに最適です。

F2はBlenderに標準搭載されているアドオンで、モデリング時に頂点やエッジを選択した状態で[F]キーを押すだけで四角形のポリゴンを簡単に生成できます。Blenderの標準機能の拡張として、複数の頂点やエッジを持つメッシュでも、スムーズに作業が行えます。
初心者にも扱いやすく、複雑なメッシュ構造を扱う際の時短ツールとしても重宝されます。

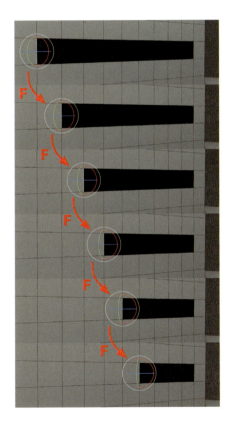
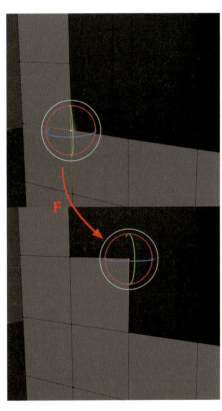

私が昔Blenderを始めた時に、まず最初に有効化をオススメ(強要)されたアドオンがこちらでした。モデラーにとって定番のアドオンなのでしょう。

009

細かなモデリングツールを追加拡張！
LoopTools

`モデリング拡張` `操作改善`

開発者	Community		入手先	標準搭載 Extensions
価格	無料		難易度	対応バージョン 3.6 4.0 4.1 4.2 4.3

このアドオンの特徴
- エッジやフェイス間を自動的に接続し、滑らかな面を生成
- 頂点やエッジループを円形に整形し、均一な配置を実現
- 曲線化ツールで滑らかな曲線を形成
- 選択部分を平面上に平坦化して、正確な形状を作成
- 頂点の配置を調整し、メッシュの滑らかさを向上

どんな人にオススメ？
正確な形状編集とスムーズなメッシュ調整が求められるモデラーに最適です。主に形状の修正や微調整に役立つ機能が豊富で、モデリング機能を更に拡張したい方に最適です。

LoopToolsは、Blender標準搭載の無料アドオンで、モデリング作業を効率化する多彩なツールを提供します。エッジやフェイスの接続を自動で行う「ブリッジ」、選択頂点を円形に配置する「サークル（円）」、滑らかな曲線を作成する「カーブ」など、基本から応用まで幅広い機能をカバーしています。さらに「フラット化」機能で選択部分を特定の平面上に整形したり、「リラックス」機能で頂点配置を滑らかに調整するなど、デザインの精度を高めるツールが充実しています。Blenderの標準機能を超えるモデリング支援機能が搭載されており、モデラーにとって注目のアドオンです。

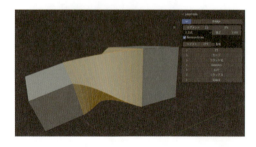

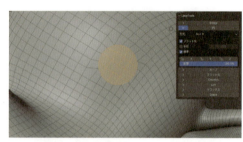

標準のモデリング機能にほんの少し機能を追加したい方は、まずこのアドオンを有効化して試すと良いと思います。よく使う機能はショートカットに割り当てると効率的です！

関連アドオン

モデリング機能を拡張するアドオンは他にも多数存在します。例えばJrome90氏によるアドオン「Fast Loop」は、グラフィカルなガイドとショートカットを駆使して高度なループカットを行うことができます。
「Fast Loop」はGithubやBlender Extensionsから無料で入手可能です。

美しいトポロジーに拘るあなたのために！
EdgeFlow

`モデリング拡張` `トポロジー調整`

開発者	BenjaminSauder	入手先	Extensions / Github
価格	無料	難易度	★

対応バージョン： 3.6 / 4.0 / 4.1 / 4.2

このアドオンの特徴
- 周囲のジオメトリに基づいてエッジの間隔を均等に
- エッジループを再分配し不均等なベベルや丸みの修正
- 均一な間隔を維持しながらエッジをまっすぐにする機能

どんな人にオススメ？
Blenderでモデリングを行うすべての人、綺麗なトポロジーを構築したい人にオススメです。

EdgeFlowは、ポリゴンエッジの調整を手助けするモデリング補助アドオンです。メインとなる機能は3つです。

● Set Flow
周囲のジオメトリを考慮してエッジの間隔を調整します。エッジのループやベベルを滑らかにしたり、洗練させたりする作業に便利です。

● Set Linear
エッジを直線化し、元の厚みを維持したまま整列させる機能で、ブーリアンなどの操作によって生じた不揃いなジオメトリの修正に役立ちます。

● Set Curve
エッジループの最初と最後のエッジによって得られる曲線の流れを計算して、選択された各エッジループをカーブさせます。

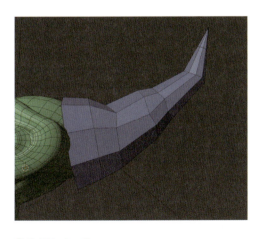
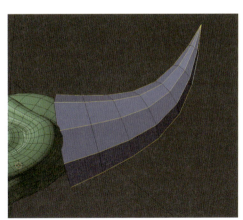

● Set Vertex Curve
頂点の選択に基づいて形状を丸く滑らかにします。2点、または3点の選択された頂点を選び実行することで、カーブを描いたシルエットへ変形させます。

モデリングしていると細かな歪みや不均一性はどうしても生まれてしまいます。綺麗なトポロジーを心がけたい人は導入必須です！ 髪の毛などのモデリング時に活躍しますよ！

Bezier Mesh Shaper

カーブを使用しメッシュ形状を変形！

| 操作改善 | 変形 | モデリング拡張 | ハードサーフェス | カーブ |

| 開発者 | RNavega |
| 価格 | $14 |

入手先　Superhive
難易度　★★
対応バージョン　3.6　4.0　4.1　4.2　4.3

このアドオンの特徴
- 曲線でメッシュを変形させ、形状の調整が可能
- 曲線の向きや位置で影響を与えるオプションを提供
- メッシュに直接曲線をプロジェクションして配置
- 落下オフの調整で周辺頂点への影響を制御
- 曲線の分割やスムーズ化を行える編集モード

どんな人にオススメ？
曲線ベースの操作で効率的にメッシュの形状調整を行いたい方におすすめです。より高密度なメッシュに対して効果を発揮します。

Bezier Mesh Shaperは、ベジェ曲線を利用してメッシュを変形し、洗練された形状を作り出すためのアドオンです。カーブを自在に操作し、特定の頂点や連続する頂点に沿って変形を施すことができるため、複雑な調整も直感的に行えます。ベジェカーブの操作で滑らかな仕上がりが可能で、硬質な形状や有機的なフォルムのモデリングにも適しています。

● 主な機能
- 選択した頂点に基づいてカーブを作成し、そのカーブでメッシュを変形。
- 頂点の選択状況に応じて異なる動作を提供（複数頂点の選択や、連続した頂点の選択、投影モードでの使用）。
- 特殊な「カーブグラブ」機能で、ハンドルを動かさずに曲線を調整可能。
- エクストリームモード と 方向モード で、曲線の先端や方向に基づいた変形が可能。
- 影響範囲設定で、メッシュに与える変形の範囲や影響を調整可能（平滑や線形、一定の影響タイプ）。
- アンバインドカーブモードで、変形なしで曲線のみの編集が可能。
- Blender標準のツイストやシュリンク・ファッテン操作で、曲線の回転やノットの半径を調整し、メッシュを捻ったり膨らませたりすることが可能。

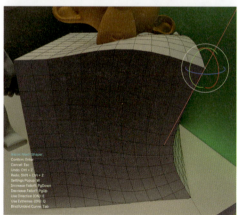

モデリングの変形補助ツールの一つとして、あると便利なアドオン。ハードサーフェスモデリング時に少しだけ曲面的に変形させたい時など、活躍してくれます。

シンプル変形モディファイアを強化し、直感的な変形操作を実現！
SimpleDeformHelper

`モデリング拡張` `変形` `エディター拡張`

開発者	ACGGIT_LJ	入手先	Extensions / Github
価格	無料	難易度	★

対応バージョン： 4.0 / 4.1 / 4.2 / 4.3

このアドオンの特徴
- シンプル変形モディファイアを視覚的なGizmoで操作
- メッシュ、ラティス、カーブに対応
- 曲げ変形の方向をワンクリックで補正
- 変形の上限・下限の自動マッチング機能
- キーフレームの追加と削除が簡単に行える

どんな人にオススメ？
直感的にモデリング作業を行いたい方や、効率よく変形アニメーションを作成したいモデラーにオススメです。

SimpleDeformHelperは、Blenderのシンプル変形モディファイアを拡張することで、視覚的なGizmo操作を可能にしたアドオンです。Gizmoによって変形の上限や下限、強度を簡単に調整できるため、面倒なパラメータ設定の手間を大幅に削減します。メッシュやラティス、カーブにも対応しており、さらに一部のアニメーション操作もサポートしています。

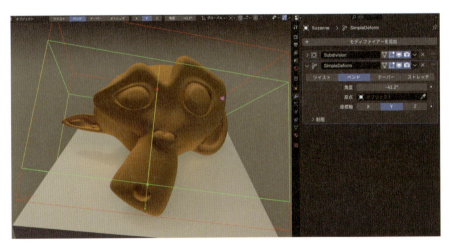

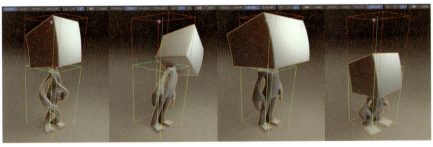

手間のかかるパラメータ設定を視覚的に操作できるのが便利です。全モディファイアがこういう形で視覚的に触れると良いのになぁ…と感じました。入れておいて損はない便利なアドオンですよ！

| モデラー | テクスチャ/シェーダー | アニメーター/リガー | ライター/コンポジター | FX | ALL |

ストレスフリーのナイフカットツール！
Half Knife

`モデリング拡張` `操作改善` `ハードサーフェス`

| 開発者 | Artem Poletsky Dan-Gry | 入手先 | Extensions | Github | Gumroad |
| 価格 | 無料 | 難易度 | | 対応バージョン | 3.6 4.0 4.1 4.2 |

このアドオンの特徴
- シンプルな操作で高速なカットを実現
- 頂点間やエッジ間のカットが素早くできる
- プレビュー無しのカットでさらにスピードアップ
- 選択面から一括でカットラインを入れる
- Blender標準ナイフツールも切り替え可能

どんな人にオススメ？
シンプルな形状カットを頻繁に行うモデラーに最適です。また、複雑なカットが不要な作業が多い方、Blenderのデフォルトナイフツールをさらに便利なものに置き換えたい方におすすめです。

Half KnifeはBlenderのためのナイフツールで、シンプルなカット操作を大幅に効率化します。Blenderの標準ナイフツールは複雑なカットに適していますが、頂点から頂点、エッジからエッジの単純なカットには不向きな場合があります。Half Knifeはこの課題を解決し、わずかクリックするだけでスムーズにカットを行えます。また、プレビュー無しでのカットを選択すると、さらに迅速に作業が進められます。標準ナイフツールの切り替えも簡単に行えるため、用途に合わせた最適なナイフツール操作が可能です。

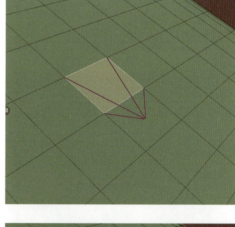

● 主な機能
- **簡単カット操作**：シンプルなクリック操作で高速カット
- **プレビューオフカット**：プレビューを非表示にしてスピードアップ
- **最大10頂点カット**：複数頂点からのカットをサポート
- **カスタマイズ可能**：スナップ距離やキー操作を設定変更可能
- **標準ナイフ切替**：複雑なカットにはBlender標準ナイフも利用可能

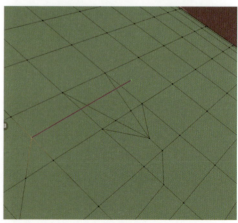

サクサクとカットできます。標準のナイフカットツールよりも個人的にこちらを使うことが多いです。モデラーさんにおすすめですよ。4.2からExtensionsで入手できるようになったので有り難いです。

| モデラー | テクスチャ/シェーダー | アニメーター/リガー | ライター/コンポジター | FX | ALL |

重なりのない滑らかなベベルを実現！
Hard Bevel

`モデリング拡張` `ベベル`

開発者	Kushiro	入手先	Superhive Gumroad
価格	$8	難易度	対応バージョン 3.6 4.0 4.1 4.2 4.3

このアドオンの特徴
- 選択したエッジや面に対し、重なりを防ぎつつベベルを適用
- Blender標準ベベルで発生するシャープな面での重なりを回避
- 複数回のベベルカットに対応し、滑らかなエッジプロファイルを生成
- Ngonのような難しい形状にも対応可能

どんな人にオススメ?
Blenderでモデリングを行うすべての人に最適です。特にベベルを多様するアーティストにオススメです。

Hard Bevelは、Blender標準のベベルツールでよく見られるエッジの重なりを防ぎながら、滑らかなベベルを実現するツールです。ゲームアセット（武器や岩など）やハードサーフェスモデルの制作時に効果を発揮します。
選択したエッジや面に対してのみベベルを適用することで、複雑な形状やNgonシェイプにも対応可能です。また、複数回のベベルカットにも対応しているため、プロファイルが滑らかなエッジが簡単に生成できます。

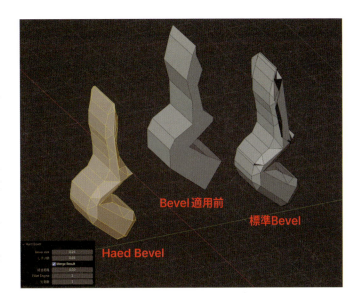

 破綻のないベベルということだけでもかなり注目度の高いアドオン！ テキストやロゴを3Dメッシュ化しベベルを行う場合にも、ほとんど破綻が無く実行できるのでかなり便利ですよ。

関連アドオン
Kushiro氏は他にもかなり沢山モデリング機能を拡張する単発アドオンを開発し販売しています。「Hard Bevel」の開発前に作られた実験的な破綻の無いベベルを実現する「Soft Bevel」（Gumroadにて無料）、異なるアルゴリズムで破綻のないインセットが可能な「Safe Inset」と「Padding Inset」（どちらもGumroadにて無料）、ラウンドコーナー部分があっても破綻の無いインセットが可能な「Round Inset」（Superhiveや Gumroadにて$8）、選択した2つの面を元に丸く膨らませる「Surface Inflate」（Gumroadにて無料）です。どのツールも魅力的なのでチェックしてみることをおすすめします。

グリッドをベースとしたお手軽ブーリアンモデリング！
Grid Modeler

`ハードサーフェス` `モデリング拡張`

開発者	Kushiro	入手先	Superhive / Gumroad
価格	$20	難易度	★

対応バージョン： 3.6　4.0　4.1　4.2　4.3

このアドオンの特徴
- グリッド基準で精密なカットとメッシュ生成
- グリッド基準でブーリアンカットやスライスで形状加工
- 強力なグリッド操作システムで、グリッドを自在に配置
- 簡単なショートカット操作で直感的なモデリングを実現

どんな人にオススメ？
素早く背景オブジェクトやハードサーフェスモデルを作成したい方にオススメです。Sci-Fiやメカ、建物のモデリングに最適です。

Grid Modelerは、Blenderにおいて効率的かつ精密なモデリングをサポートする強力なアドオンです。特に、ブーリアンカットやスライス機能を駆使して、簡単に複雑な形状を作り出すことができます。また、従来のCADソフトやGoogle Sketchupを使用していた方には、親しみやすい操作感を提供します。Sci-Fiやメカ、建築物など、スケールや角度が重要なオブジェクトを素早く作成するためのツールとして非常に便利です。

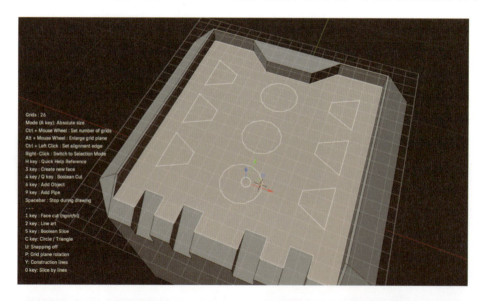

 独特のモデリングフローで形状を構築していくことができます。使っていて面白いアドオンですよ。ブーリアンでちょっと削りたいといったときにも重宝します。いくつかのショートカット操作を覚える必要があるので、最初は少し時間がかかるかもしれませんが、慣れてしまえば作業が格段にスムーズになります！

CADスタイルの精密なモデリングをBlenderで実現！
Construction Lines Accurate Cad Modeling Add-On For Blender

`CAD` `操作改善` `ハードサーフェス` `ガイド` `スナップ` `精密モデリング` `寸法設定`

開発者	Dan Norris	入手先	Superhive
価格	$11	難易度	★★

対応バージョン 3.6 4.0 4.1 4.2

このアドオンの特徴
- ガイドエッジとポイントを使用した精密な作業
- 3Dビューでのドラッグ＆ドロップによる線や形の描画
- 面の自動作成と既存ジオメトリへの切り込み機能
- 数値入力やスナップ機能での正確な移動や回転
- グリッドスナップやボックス選択による効率的な操作

どんな人にオススメ？
CADライクなワークフローで正確なモデリングが求められるプロの3Dモデラーやデザイナーに最適です。従来のCADツールに慣れている方にも、Blenderでスムーズに精密な作業を進められるアドオンです。

Construction Linesは、CADスタイルのモデリングをBlenderで可能にするアドオンです。ガイドエッジやポイントを使って精密にオブジェクトを配置し、スナップ機能を活用して寸法を測りながらモデリングを進めることができます。直線や形状の描画はドラッグ＆ドロップで簡単に行え、閉じたジオメトリに対しては自動で面が作成されます。さらに、既存の面に対して直接形状を描画して切り込みを入れることもできるため、Blender内での高度なモデリングが可能です。CADや3Dモデリングの精度が求められるシーンにおいて、大幅な作業効率向上を実現します。

017

●主な機能
- スナップ可能なガイド用エッジ＆ポイントの作成
- 生成時に常に正確な長さを表示
- シーンのどこにでも長方形、円や弧を作成
- 既存面に描画することでラインカットが可能
- ガイドやスナップを活用したオブジェクトの移動や回転制御
- 数値入力でライン、シェイプ、ガイドを正確なサイズに作成
- 描画と移動をX軸、Y軸、Z軸に限定
- スナップポイントまたは数値入力による正確なオブジェクト移動

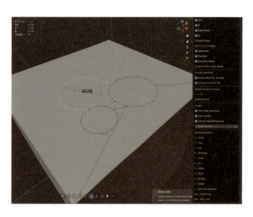 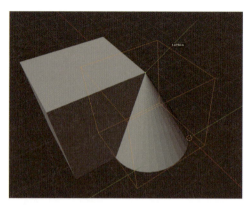

建築図面から立体を起こす場合や、3Dプリントのために正確な立体を構築する場合など、実際に寸法を考慮しつつ図形を書きたいケースは結構ありますよね。BlenderにCAD的な正確さを求める方には必須のアドオンだと思います！　個人的にポイントを使用したスナップ移動や回転の使用頻度はかなり高いです。

関連アドオン

CAD操作系アドオンとして、2DのCADスケッチを基に正確なジオメトリを生成できる「CAD Sketcher」は無料かつオープンソースで開発されており、Gumroadページから入手することができます。

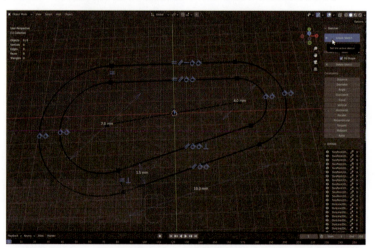

| モデラー | テクスチャ/シェーダー | アニメーター/リガー | ライター/コンポジター | FX | ALL |

直感的なローポリモデリングをサポートする究極の面張りツール！
PolyQuilt

`リトポロジー` `モデリング拡張`

開発者	sakana3 Dan-Gry	入手先	Extensions / Github
価格	無料	難易度	★★
		対応バージョン	3.6 / 4.0 / 4.1 / 4.2

このアドオンの特徴
- クリック、ドラッグ、ホールドで直感的な操作
- ポリゴン操作をワンクリックで
- 面張り、エッジ押し出し、ループカットなど
- 選択した要素を簡単に削除または融解
- 直感的にナイフやループカット操作を実行

どんな人にオススメ？
ローポリゴンやリトポロジーに集中したいモデラー、手軽に面張りやエッジ操作を行いたいユーザーに最適です。

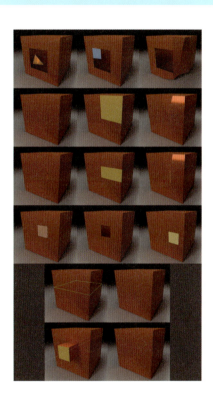

PolyQuilt は、Blenderでローポリモデリングを効率化するアドオンです。直感的なクリックやドラッグ操作で、簡単に頂点やエッジを作成し、面張りを行うことができるため、リトポロジーやキャラクターモデリングの作業が劇的にスムーズになります。ゲームエンジン風の操作にも対応しているため、他のソフトウェアに馴染んだユーザーにも使いやすい設計です。

● 高速かつ直感的な操作
- 無空間をクリック：ポリゴンメッシュ描画
- [Shift]＋無空間をクリック：面生成
- 面・辺・点を長押し：面を削除
- 面・辺・点をドラッグ：移動
- 面を長押し後ドラッグ：押し出し
  （マウスホイールでXYZ軸選択）
- 辺を長押し後ドラッグ：ループカット
- 辺や点から無空間へドラッグ：ポリゴン生成
- 点を長押し後面方向へドラッグ：面を差し込む
- 点を長押し後辺方向へドラッグ：点周辺をカット
- [Shift]＋クリック＋ドラッグ：ポリゴンスムーズ

● 最新版のダウンロード先にご注意
PolyQuiltのベース開発はsakana3氏が行っていますが、Blender 4.xやExtensions向けの最新版対応は別の開発者によるフォーク版で更新されています。ダウンロードする際は、正しいリンクを確認してください。Blender 4.2以降の方はBlender Extensionsから入手可能です。

形状の微調整や面張りをサクサク行うことができ、ポリゴンモデリング時にかなり重宝しています。ローポリモデラーの方、リトポロジーを行いたい方、直感的なポリゴン操作を求める方にはオススメのツールです！

モデリング / アニメーション / リギング / ライティング / マテリアル＆シェーディング / レンダリング / コンポジティング / パイプライン / シミュレーション / UV展開 / カメラ / アセットライブラリ / インターフェイス / キャラクター / 背景 / 配置・レイアウト

019

モデラー

MayaのQuad Drawライクに四角形ベースのリトポロジーを実現！
Quad Maker Manually Retopologise Your Mesh

`リトポロジー` `モデリング拡張`

開発者	Mark Kingsnorth	入手先	Superhive
価格	$18	難易度	

対応バージョン 4.2 4.3

このアドオンの特徴
- クワッドメッシュ生成をサポートするシンプルな操作
- 頂点追加やクワッドの埋め込みが素早く行える
- 境界を簡単にエクストルードして形状を拡張
- クイックカットでシンプルなループカットが可能
- ボーダー部分のエッジを引き伸ばし、滑らかな仕上がりに

どんな人にオススメ？
素早くクリーンな四角形トポロジーを作成したい3Dモデラーにおすすめです。特に、手動でのリトポロジー作業を効率化したい方に最適です。

Quad Makerは、Blenderのリトポロジー作業をシンプルで効率的に行うためのアドオンです。MayaのQuad Drawにインスパイアされており、Blenderユーザーがクリーンな四角形メッシュを素早く構築できるよう設計されています。頂点の追加や境界のエクストルード、クイックカットなど、リトポロジーに必要な基本操作を一つのツールセットにまとめ、ホットキーを活用した直感的なワークフローを実現します。Quad Makerで、Blenderの標準的なメッシュ編集ツールとシームレスに連携しながら、リトポロジー作業のスピードと精度を向上させましょう。

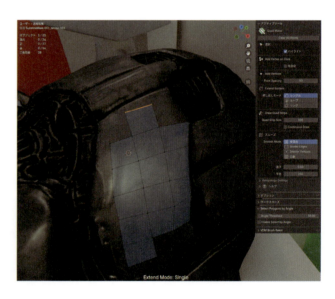

● 機能
- 頂点を素早く追加する機能
- クワッドでメッシュを埋める自動クワッドフィル
- 境界エッジをエクストルードするボーダーエクステンド
- シンプルなループカットとスライド操作が可能
- サーフェス上にクワッドストリップを簡単に描画
- 頂点を滑らかに整えるスムージング機能

MayaのQuad Draw好きは要チェックですね、手動リトポロジー作業が簡単にスピーディーになります。ショートカットキーを駆使してスピーディにトポロジーを作ることができます。手動リトポ系アドオンは色々ありますので色々試して自分に合うフローを見つけると良いですよ。

| モデラー | テクスチャ／シェーダー | アニメーター／リガー | ライター／コンポジター | FX | ALL |

手動モデリングを補助する多機能ツールセット！

nSolve

`モデリング拡張` `リトポロジー`

開発者	TeamC	入手先	Superhive
価格	$23	難易度	★★

対応バージョン： 3.6 / 4.0 / 4.1 / 4.2 / 4.3

このアドオンの特徴
- 操作性を改善するツールセット
- トポロジーの問題解決を支援する3つのツール
- カスタマイズ可能なプリセットシステム
- ユーザー設定を保存・再利用できる「Persona」機能
- 長時間の作業による疲労を軽減するUIデザイン

どんな人にオススメ？
効率よく精度の高いモデリングを目指す3Dモデラーに最適です。特に、リトポロジーや手動操作が多い作業での効率化に貢献します。

nSolveは、3Dモデリングにおける作業効率を向上させるために設計された、モデリング補助ツールセットアドオンです。ミニマルなUIとシンプルかつ直感的な操作性で様々なツールにアクセスできます。

メッシュトポロジーの調整ツール「nSolve」、微細な編集に対応する「nSuite」、そしてリトポロジーツール「nFlow」の3つの強力な機能が含まれています。各ツールは柔軟なカスタマイズが可能で、24種類のプリセットとユーザー設定を保存できる「Persona」システムにより、自身の環境に合わせた最適な操作環境を構築できます。

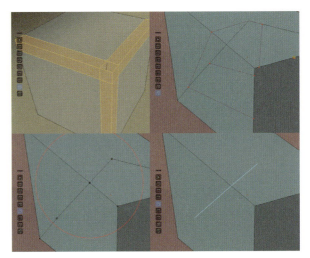

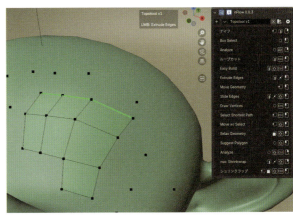

モデリングでよく使う便利なツールがコンパクトなUIにまとめられています。個人的に「nFlow」のポイントを配置してから面張りをしていく形式のリトポロジーフローは大好きなので気に入ってます。

モデリング / アニメーション / リギング / ライティング / マテリアル＆シェーディング / レンダリング / コンポジティング / パイプライン / シミュレーション / UV展開 / カメラ / アセットライブラリ / インターフェイス / キャラクター / 背景 / 配置・レイアウト

021

| モデラー | テクスチャ/シェーダー | アニメーター/リガー | ライター/コンポジター | FX | ALL |

高精度な四角形リメッシュアルゴリズム！
Quad Remesher

| リトポロジー | モデリング拡張 | リメッシュ | 3Dスキャン | フォトグラメトリー |

| 開発者 | EXOSIDE (Maxime Rouca) | 入手先 | 開発者サイト |
| 価格 | $15.99～$109.90 | 難易度 | | 対応バージョン | 3.6 4.0 4.1 4.2 |

開発者サイト

このアドオンの特徴
- 高精度な四角形リメッシュが可能
- 有機的な形状とハードサーフェスのリトポロジー対応
- マテリアルやシャープエッジを保持可能
- ポリゴン密度の調整が柔軟に行える

どんな人にオススメ？
高度なリトポロジー操作が求められる3Dモデラーやアニメーターに最適です。既存のモデルを効率的にリメッシュし、高精度な四角形トポロジーを求める人におすすめです。

Quad Remesherは、ZBrushのZRemesherを手掛けたMaxime Rouca氏によるBlenderアドオンで、自動で高品質な四角形リメッシュを実現します。このアドオンは有機的なモデルとハードサーフェスの両方に対応し、複雑なリトポロジーもスムーズに処理可能。シャープエッジやマテリアル境界を保持しながらリメッシュが行え、ポリゴン密度の調整やテクスチャの変形を最小限に抑えることが可能です。Blenderの他にも、3ds MaxやMaya、Modoなど幅広いソフトウェアに対応しており、多くのクリエイターにとって効率的なリメッシュを実現します。

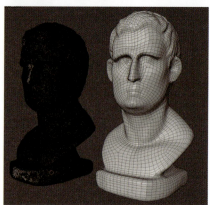

● 主な機能
- 高品質な四角形ポリゴンへの自動リメッシュ
- 有機的な形状やハードサーフェスモデルのリトポロジーに対応
- マテリアルやシャープエッジの保持、頂点ペイントによるポリゴン密度の調整など、多彩なオプションを提供

● ライセンスと価格
- 商用版永久ライセンス：$109.90
- 非商用版永久ライセンス：$59.90
- サブスクリプションライセンス：
  3ヶ月で$15.99

多くのアーティストから定評のあるリメッシュツールです。値段はそこそこしますが、品質も高く安心して使用できますね。

メッシュに瞬時に割れ目を生成するツール！
QRemeshify

`リトポロジー` `モデリング拡張` `リメッシュ` `3Dスキャン` `フォトグラメトリー`

開発者	Ksami	入手先	Github / Gumroad / Superhive
価格	無料／応援：$7	難易度	対応バージョン 4.2

このアドオンの特徴
- 高品質な四角形トポロジー生成
- 対称性をサポート
- エッジやシームを使用したエッジフローのガイド
- 詳細な調整オプション
- 外部ソフト不要

どんな人にオススメ？
無料の範囲内でクリーンで四角形ベースのトポロジーを効率よく生成したい3Dモデラーに最適です。特に、リトポロジー作業をシンプルにしつつも品質を追求したい人におすすめです。

QRemeshifyは簡単にクリーンな四角形ベースのリメッシュを実現できるアドオンです。QuadWildとBi-MDFソルバーをベースにしており、シームやシャープエッジを使用したエッジフローのガイドも可能です。さらに、複雑な操作なしに基本的な設定で高品質な四角形トポロジーが生成できます。Blender 4.2以上で動作し、外部ソフトを使用せずに完結できるため、ワークフローが効率化されます。

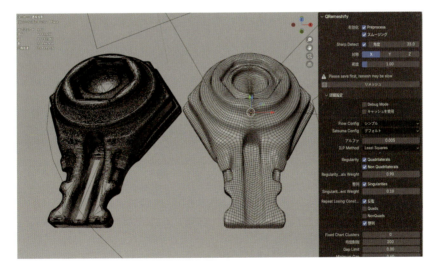

簡単な設定だけで、クリーンで均一な四角形トポロジーを生成できるのが嬉しいポイント！ 現状ですとターゲット形状次第では結果はマチマチですが、無料で使えるのは有り難いですね。

関連アドオン

株式会社ホロラボが公開した「Moderate Weight Reduction Tools」はフォトグラメトリーなどで生成したハイメッシュに対し、ポリゴン削減とテクスチャ最適化を行ったメッシュを生成するアドオンで、Github上で無償公開されています。

ソフトボディでヌルヌルラッピングして高速にトポロジー再利用！
SoftWrap Dynamics For Retopology

`リトポロジー`　`モデリング拡張`　`ラッピング`　`3Dスキャン`　`フォトグラメトリー`

開発者	Jeacom	入手先	Superhive
価格	$40	難易度	★★

対応バージョン　3.6　4.0　4.1　4.2　4.3

このアドオンの特徴
- ソフトボディシミュレーションでのラッピング
- 内側、外側、表面に対するスナッピング
- クロスシミュライクな機能でより滑らかな結果を実現
- 動的なピンどめ調整可能
- メッシュを縮小させずに滑らかにする設定

どんな人にオススメ？
リトポロジーの作業を効率化したいモデラーや。スキャンデータやスカルプトモデルのトポロジーを既存のベースメッシュに適用したい方、同一トポロジーでデータ構築する必要がある方に最適です。

SoftWrapは、ソフトボディシミュレーションを活用し、既存のモデルを使用して新しいモデルにトポロジーを再利用するためのBlenderアドオンです。スナッピングやシームフォースなど、多彩な設定で精度の高いリトポロジーが可能です。通常のリトポロジーのようにゼロから手作業で行う必要がなく、作業時間を大幅に削減できるため、効率的なモデリングをサポートします。

● 機能
- トポロジー再利用：既存モデルのトポロジーを新しいモデルに転用してリトポロジーを効率化
- スナッピングモード：内側、外側、表面などのスナッピング設定で柔軟なトポロジー調整が可能
- シームフォース機能：シームを自動的に調整して滑らかにするオプション
- 重力と柔軟性の設定：細かなシミュレーション設定でリアリスティックなトポロジー形成
- ピンの影響範囲調整：ピンのサイズをショートカットで簡単に変更
- トポロジースムース設定：縮小させずにメッシュを滑らかにするオプション

ヌルヌル動くソフトボディラッピングを手動で位置合わせするのは中々楽しいです。ベーストポロジーの素体を、3Dスキャンデータに合わせる時にも、この手のアドオンがあるとかなり効率的に進めることができますよ。

024

Step Loop Select

1列飛ばしで連続ループ選択を実現！

`モデリング拡張` `操作改善`

開発者	KKS
価格	無料
入手先	BOOTH / Gumroad
難易度	★
対応バージョン	3.6 / 4.0 / 4.1 / 4.2 / 4.3

このアドオンの特徴
- 1列飛ばしでループ選択が可能
- 頂点、辺、面すべてに対応
- 間隔・数・位置指定で細かい制御が可能
- 複雑なメッシュでの操作には注意が必要
- エディットモードの「選択」メニューから簡単実行

どんな人にオススメ？
連続的に選択範囲を調整したい場合や、シンプルなループ選択を効率化したい方におすすめです。

Step Loop Selectは、ループ選択を効率化するためのアドオンです。1列飛ばしで連続的にループ選択ができ、頂点・辺・面の選択に対応しています。特に、面に対して「間隔」「数」「位置」を指定することで、自由度の高い選択が可能です。また、エディットモード内の「選択」メニューからワンクリックで利用でき、作業の効率化に貢献します。複雑なメッシュでは精度がやや低くなるため、適した状況で活用するのがおすすめです。

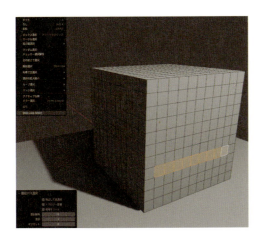
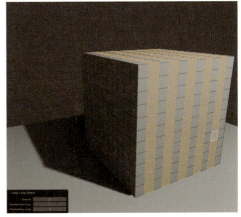

● 主な機能

- **連続ループ選択**：1列飛ばしでのループ選択が可能
- **選択モード対応**：頂点、辺、面すべてに対応
- **細かい制御オプション**：間隔、数、位置の指定で柔軟に選択
- **簡単実行**：エディットモードのメニューから手軽にアクセス
- **シンプル操作**：必要な機能をコンパクトにまとめた操作性

使用するタイミングは限定的ですが、あると便利ですね。歯車とか規則的な形状を作る際にこういう機能があると重宝します。

Altキー1つで超簡単に透過選択！
Transparent Select

操作改善　透過選択

開発者	KKS	入手先	BOOTH　Gumroad
価格	無料／寄付：¥500	難易度	🐵

対応バージョン　3.6　4.0　4.1　4.2　4.3

このアドオンの特徴
- [Alt] + [マウス左ドラッグ] で透過表示ボックス選択
- 拡張選択や減算選択も可能の直感的操作
- シンプルなショートカット操作で複雑な設定は不要

どんな人にオススメ？
シンプルかつ効率的な透過選択ツールを求めているモデラーにオススメです。

Transparent Selectは、[Alt]キーとマウス操作で一時的に透過選択を有効化し、背面のメッシュを選択できる便利なアドオンです。通常は手動で透過表示に切り替える必要がありますが、このアドオンを使えばその手間が省け、スピーディーに選択が行えます。複雑なカスタマイズが不要なシンプルな設計なので、初心者にも扱いやすいツールです。

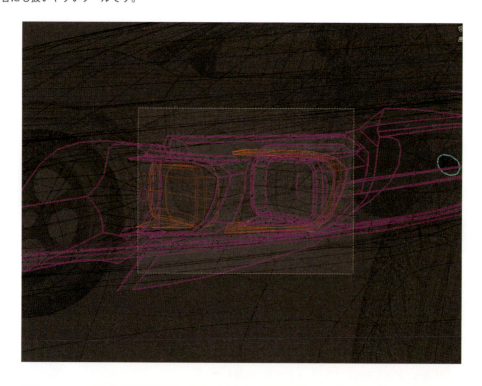

シンプルな操作だけで透過選択ができ、モデリングに集中できます。業界互換キーマップ設定などで [Alt] キーでビューポートを操作しているBlenderユーザーの方は、操作が競合してしまうので、その場合は次項で紹介している「X-Ray Selection Tools」をお使いください。

透過選択をシームレスにノンストレスで実現！
X-Ray Selection Tools

`操作改善` `透過選択`

開発者	MarshmallowCirno	入手先	Github / Gumroad
価格	無料	難易度	対応バージョン 3.6 4.0 4.1 4.2 4.3

このアドオンの特徴
- 透過表示の切り替えなしに隠れた要素を選択可能
- ボックス、サークル、ラッソ選択ツールに対応
- ドラッグ方向による選択設定の切り替えが可能
- ショートカットやツールバーから素早くアクセス
- 多くのカスタマイズオプション

どんな人にオススメ？
モデリング中に頻繁に透過表示の切り替えを行うのが煩わしい方、選択操作を効率的に行いたい方に最適です。特に、精密な選択操作が求められるシーンにおすすめです。

X-Ray Selection Toolsは、透過表示を手動で切り替えずに、オブジェクトや頂点を選択できる便利なアドオンです。ボックス、サークル、ラッソなどの選択ツール実行時に動作可能です。選択範囲内にあるオブジェクトやエッジ、面を一度に選択できるだけでなく、ドラッグ方向によって選択の挙動を切り替えることも可能です。これにより、従来の煩わしい表示切り替えが不要になり、作業効率が向上します。

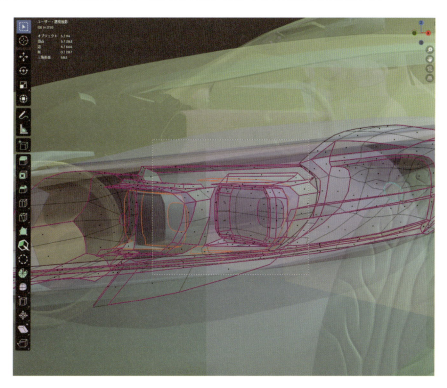

「背面を選択したい、見えない範囲を選択したい！」というケース、モデリングを行っている時に必ず遭遇しますよね。すぐに手放せなくなる便利なツールです！ カスタマイズ性がかなり豊富な分、少し設定難易度は高いかもしれませんが、Blenderを業界互換キーマップ設定で使用している人でも実用可能なのでおすすめです。

独自アルゴリズムでNGonのエッジループを一気に選択可能

NGon Loop Select

`操作改善` `ハードサーフェス` `ループ選択`

開発者	Amandeep	入手先	Superhive
価格	$4.99	難易度	🐵

対応バージョン 3.6 4.0 4.1 4.2 4.3

このアドオンの特徴

- ワンクリックでNGon周りのエッジループを選択
- 直感的なダブルクリック操作で使いやすい
- 複数ループをシフト＋ダブルクリックで一括選択
- 面角度で最適なループを選択し直せる自動調整

どんな人にオススメ？

シンプルで時間短縮を求める3Dモデラーに最適。エッジ選択に手間がかかるシーンで、効率化を求める初心者から上級者まで。

NGon Loop Selectは、BlenderでのNGonエッジループ選択を大幅に効率化するアドオンです。エッジをダブルクリックまたは[D]キーで、瞬時に周囲のエッジループを一括選択できます。[Shift]＋[Ctrl]＋ダブルクリックで面の境界ループを選択できるなど、直感的で柔軟な選択が可能です。特に複雑なメッシュ編集を行うモデラーにとって、作業の効率を高める強力なツールとなるでしょう。

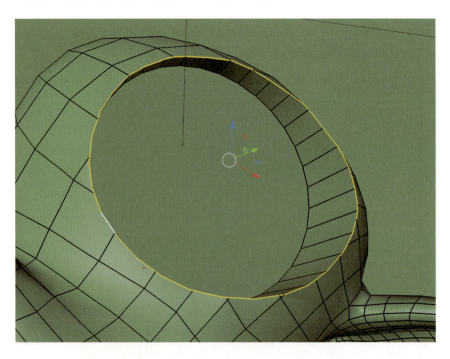

シンプルなアドオンながら、エッジ選択の手間を劇的に減らせる必須アドオンです。通常のBlender操作では手間だったNGonのループ選択がワンクリックで完了するため、かなり時間の節約に貢献します！ そもそもNGonを作らないほうが良いのですが、そうもいかないのが現実なんですよね。

| モデラー | テクスチャ／シェーダー | アニメーター／リガー | ライター／コンポジター | FX | ALL |

法線の角度に基づいて隣接するフェースを一括選択！
Select Polygons By Angle

`操作改善` `ハードサーフェス`

開発者	3D CADence	入手先	Superhive
価格	$5	難易度	🐵	対応バージョン	4.2

このアドオンの特徴
- 角度ベースでポリゴンを自動選択
- しきい値やショートカットキーのカスタマイズが可能

どんな人にオススメ？
Blenderでハードサーフェス系のモデリングを行うすべての人にオススメです。

Select Polygons By Angle は、指定した角度のしきい値を基にして、隣接するポリゴンを自動的に選択可能にします。選択モードはトグルで切り替えることができます。また、そのショートカットキーはカスタマイズ可能です。

● **カスタマイズ可能な角度しきい値**
角度しきい値を調整することで、選択範囲を柔軟にカスタマイズできます。しきい値は、0°から180°まで自由に設定可能で、選択範囲をリアルタイムで調整できます。

● **シームレスな選択操作**
Shiftキーを押しながら操作することで、新しい選択範囲を前の選択と組み合わせることができ、シームレスな選択プロセスを実現します。これにより、複雑な選択作業もスムーズに行えます。

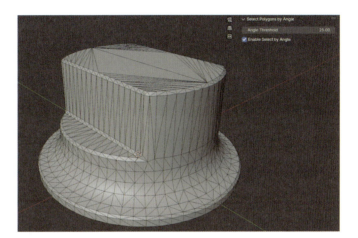

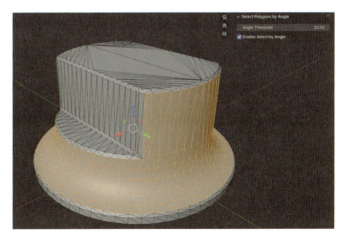

このアドオンでできることはかなりシンプルです。でも、あると助かるケースは多いと思います。CADデータをポリゴンデータに変換した際に、こういった選択ツールが活躍しますよ。私の場合はPlasticityからポリゴン化したデータをBlenderで触る際にこのアドオンの機能が重宝しました。

モデリング

アニメーション

リギング

ライティング

マテリアル＆シェーディング

レンダリング

コンポジティング

パイプライン

シミュレーション

UV展開

カメラ

アセットライブラリ

インターフェイス

キャラクター

背景

配置・レイアウト

029

Conform Object
Project Objects Onto Others

オブジェクトを他の表面に簡単に変形投影が可能！

モデリング拡張

開発者	Mark Kingsnorth	入手先	Superhive
価格	$12	難易度	

対応バージョン： 3.6 4.0 4.1 4.2 4.3

このアドオンの特徴
- オブジェクトを他の表面に投影する簡単操作
- グリッドモードやシュリンクラップモードを選択可能
- 表面の法線を転送して自然なシェーディングを実現
- 変形ラティスで柔軟な形状フィット
- プリセットシステムでお気に入り設定を保存

どんな人にオススメ？
3Dモデルを複雑な表面に合わせたいモデラーに最適です。装飾や装着パーツを効率よく表面に配置したい場合に特に便利です。

Conform Objectは、Blender内でオブジェクトを他の表面に簡単に投影・フィットさせるためのアドオンです。非破壊的なプロセスで、元のメッシュ構造に影響を与えずにオブジェクトを曲面や複雑な形状に合わせることができます。シンプルな右クリックメニューで即時に操作が可能で、グリッドモードやシュリンクラップモード、変形ラティスなどを活用して、柔軟な形状フィットが実現できます。設定を保存できるプリセット機能も搭載し、繰り返しの操作も効率化。Conform Objectを使えば、どんな形状にもスムーズに適応するモデリングが手軽に行えます。

● 機能
- オブジェクトを他の表面にワンクリックで投影
- シュリンクラップとグリッドモードの選択
- 法線転送による自然なシェーディング
- ラティスによる柔軟な形状調整
- プリセットで設定を保存・再利用

オブジェクトを表面にぴったりフィットできるので、ついつい色々な装飾を追加したくなります。操作も簡単で、モデリングが楽しくなりますね！

関連アドオン

メッシュの変形系アドオンとして、同開発者であるMark Kingsnorth氏が公開している「Flowify」は回り込んだメッシュに対して、メッシュを変形しつつマッピングが可能です。「Flowify」はSuperhiveにて$15で入手することができます。

モデル編集中のローカル軸調整と原点変更を手助けする小さなツール
Orient and Origin to Selected

`操作改善` `原点制御`

開発者	Orange Turbine	入手先	Extensions / Github / Superhive
価格	無料／寄付：$4.99	難易度	
		対応バージョン	3.6 / 4.0 / 4.1 / 4.2 / 4.3

このアドオンの特徴
- 選択した要素にローカル軸を合わせる
- Editモードで原点をにスナップ

どんな人にオススメ？
モデリング時にローカル軸や原点の調整を素早く行いたい方、Mayaのような操作感をBlenderに取り入れたい方におすすめです。

Orient and Origin to Selectedは、Editモード中に選択した要素にローカル軸を簡単に合わせたり、選択した範囲に原点を移動できる便利なアドオンです。例えば、モデルの中心に沿ったループを選んで原点を移動することで、Mirrorモディファイアの設定を効率化できます。また、Blenderの基本機能でも同様の操作は可能ですが、このアドオンを使えばEditモードから出ることなく素早く調整できるため、作業効率が格段に向上します。

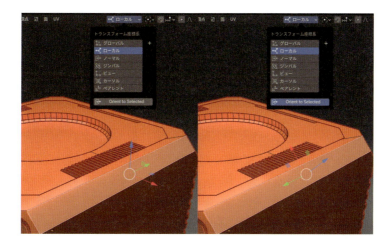

● **Orient To Selected 選択要素に軸を移動**
トランスフォーム座標系をローカルにした上で、点・辺・面などを選択後、Orient To Selectedを実行すると軸が選択要素と同じ状態になります。

● **Origin to Selected 軸に原点を移動**
現在のローカル軸の位置に原点を移動します。

本当にちょっとした機能2つを実現するだけのツールですが、何かと使用頻度は高いのかなと思います。

痒いところに手が届く！モデリング補助ツールの詰め合わせ！
Maxivz's Interactive Tools

効率化

開発者	Maxi Vazquez	入手先	Github / Gumroad
価格	無料	難易度	★
		対応バージョン	3.6 LT / 4.0 / 4.1 / 4.2

このアドオンの特徴
モデリングに便利な小さな機能を一つのパネルに集約！

どんな人にオススメ？
Blenderでモデリングを行うすべての人にオススメです。

Maxivz's Interactive Toolsは、モデリングを行う際に欲しくなるちょっとした機能の詰合せです。サイドバーにあるボタンを押すだけで瞬時に実行されます。

● **主な機能**

Modes Cycling
Selection Mode Cycle：頂点、エッジ、面の切替
Transform Mode Cycle：移動、回転、拡縮モード切替
Transform Orientation Cycle：トランスフォーム空間の切替

Selection
QS Vert：状況に応じた頂点選択モードに切替
QS Edge：状況に応じたエッジ選択モードに切替
QS Face：状況に応じた面選択モードに切替
Smart Loop／Ring：選択エッジに応じてループ／リング選択

Tool
Super Smart Create：エッジや面生成に関する多彩なツール群
Smart Delete：シンプルかつ想像通りの削除機能
Smart Extrude：選択状態に応じた理想の押し出し
Quick Origin：選択の中心に原点を移動
Edit Origin：ヘルパーで原点位置を移動
Quick Align：簡単な位置揃え
Qick Pipe：選択エッジからパイプ生成
Quick Lattice：選択状態からラティスを瞬時に作成
Rebase Cylinder：円柱形状の解像度を再設定
Radial Symmetry：放射状の対称メッシュを瞬時に作成
CS Slide：点・辺・面の選択に応じたスライド
CS Bevel：点・辺・面の選択に応じたベベル
Quick Hp Lp Namer：選択範囲の中でポリ数の多いものにPrefix、少ないものにSuffix

Pie Menus
Smart Modify Pie：状況に応じた便利なPieメニュー

Transform Options Pie：トランスフォームに関わる便利なPieメニュー

Toggle
Modifier On / Off：モディファイアを簡単にOn/Off
Target Weld On / Off：垂直スナップと自動マージのオンとオフを切り替え
3ds maxのターゲット溶接動作を再現します。
Wireframe On / Off：ワイヤーフレーム表示のOn/Off
Wire Shaded On / Off：ワイヤシェード表示のOn/Off

UV Utilities
Rotate 90 +/-：UV選択を90度回転
Seams From Islands：UVアイランドをもとにシームを追加
Seams From Sharps：シャープなエッジからシーム指定
Uvs From Sharps：シャープなエッジからシーム指定しアンラップ

● 注意点
一部の機能は外部アドオンも導入しておく必要があります。アドオンのPreferences画面にて、必要アドオンのインストール状況を確認できます。

● 最新アップデートでUI更新
機能追加に伴いUIレイアウトが大幅に変更されています。旧バージョンのUIも参考までに貼り付けておきます。

旧バージョンのUI

最新アップデートではツールUIが大幅に更新されました。シンプルだけど助かる機能が多いです。よく使う機能はホットキーに登録することをオススメします。私はSmart Deleteを基本のデリートキーに置き換えて使用していますよ。将来的にキーマップ編集ツールも実装される予定みたいです。

More Colors!

頂点カラー適用をより簡単に！

`頂点カラー` `操作改善`

開発者	tojynick	入手先	Extensions / Github
価格	無料	難易度	★
		対応バージョン	4.2 / 4.3

このアドオンの特徴
- オブジェクトや編集モードから頂点カラーのプレビュー
- シンプルな色塗りやランダムカラー＆位置によるグラデーション生成
- RGBAチャンネルごとにカラーの影響範囲を設定可能
- 複雑なオブジェクトにも迅速に異なる色を割り当てられるIDマップ

どんな人にオススメ？
頂点カラーを頻繁に扱うテクスチャアーティストや、手早くIDマップを作成したい方に最適です。また、頂点ごとの詳細なカラーデータが必要な方にもおすすめです。

More Colors!は、Blenderにおける頂点カラーペイントのプロセスを大幅に簡略化するアドオンです。オブジェクトやメッシュの一部に対して簡単にカラーを適用できます。特にIDマップ作成の際に役立つランダムカラー生成機能、位置情報に基づいたグラデーション適用、各チャンネルごとにカスタマイズ可能なRGBAカラーマスクが特徴です。

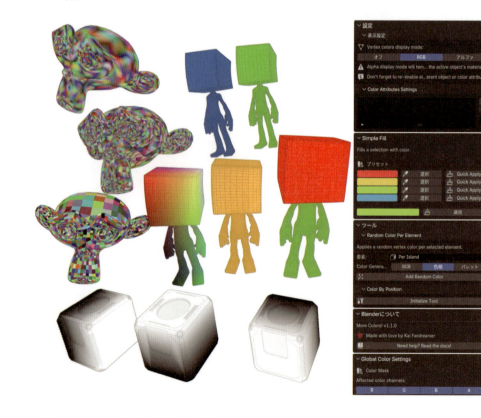

  Blenderって意外と頂点カラー周りのツールが少ないんですよね。他にも色々アドオンは存在しますが、Extensionsに登場したこの新しいアドオンは手軽なツールとして、今後も活躍の場が多そうです。

画像から3Dメッシュへの変換を簡単に！
TraceGenius Pro Advanced 2D Image To 3D Mesh Tracer

`モデリング拡張` `メッシュ生成` `ロゴ作成`

開発者	Russel Studios	入手先	Superhive
価格	$10.50	難易度	

対応バージョン 3.6 4.0 4.1 4.2 4.3

このアドオンの特徴
- 画像をドラッグ＆ドロップで簡単に3D化
- 輪郭や面を抽出し、カスタマイズ可能
- 明るさや色のしきい値を調整
- 抽出した形状に押し出しやベベルを適用
- 生成後のメッシュを個別に分割

どんな人にオススメ？
画像から手軽に3Dメッシュを生成したいデジタルアーティストや3Dモデラー、またロゴや2D画像素材を立体化したい方にオススメです。

TraceGenius Proは、2D画像を高精度な3Dメッシュに変換するためのBlenderアドオンです。直感的なインターフェースで、画像の輪郭や面を抽出し、押し出しやベベルを加えた精密なメッシュ生成が可能です。さらに、しきい値の調整や個別のメッシュ分割ができ、細部まで思いのままにデザインをコントロールできます。JPG、PNG、Webpに対応し、将来のアップデートではSVGの完全サポートが予定されています。

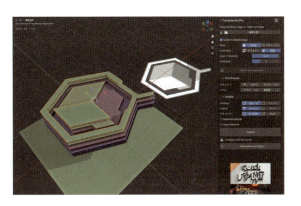

● 機能
- **簡単な画像取り込み**：ドラッグ＆ドロップで画像を挿入し、素早く3D化
- **輪郭／面の抽出**：画像の主要な輪郭や面をシンプルに抽出
- **明るさ・色しきい値の微調整**：詳細な設定で思い通りの形状を作成
- **押し出しとベベル**：複雑なディテールも簡単に追加可能
- **個別メッシュの分割**：生成後の形状を独立したパーツとして編集可能

実はこの手のアドオン、かなり類似アドオンが沢山あります。無料のものから有料のまで。似た系統のアドオンを比較していると、開発者の差が結構出てくるんですよね。アドオン調査をしていてそれを一番思い知らされたアドオンでした。

関連アドオン

2D画像を3Dメッシュ化する系のアドオンとして、Sahin Ersoz氏による「Sketch N' Trace: Image To Mesh (& Curves)」（SuperhiveやGumroadにて$10）も選択肢の1つとして有用です。多機能で安定しており、3Dメッシュ以外に、カーブオブジェクトも生成することができます。

同トポロジーメッシュへ様々な要素を転送！
Transfer the vertex order

`頂点番号` `メッシュ修復`

開発者	Bartosz Styperek	入手先	Gumroad
価格	無料	難易度	★★

対応バージョン: 3.6 / 4.0 / 4.1 / 4.2

このアドオンの特徴
- トポロジが一致する2つのメッシュ間で頂点IDを転送
- ロケーションかUVでの転送オプション

どんな人にオススメ？
トポロジが一致する複数のメッシュ間で効率的にデータを共有する必要があるモデラーに最適です。

Transfer the Vertex Orderは、同じトポロジを持つ2つのメッシュ間で頂点ID、エッジ、フェースの順序を転送できるBlenderアドオンです。
IDを一致させることで、標準のアトリビュート転送機能でUV、ウェイト、カラーといった属性の転送も簡単に行えます。「データ転送」モディファイアと併用することで、効率的にデータの同期が可能です。

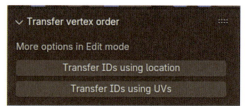

シェイプアニメーションをつけていたけど、頂点番号が変わってしまうケースってよくありますよね。データの読み書きなんかしてるとよく起こります。そういう際のデータ修復に活用できますね！

関連アドオン

頂点番号の修復アドオンとして、Nick Barre氏が公開している「Transfer Vertex Order」という物も存在します。名前が似ていますのでご注意ください。こちらはArtstationのサイトから$6で購入することができます。

「Restore Symmetry」という古いアドオンが存在するのですが、こちらは頂点番号を維持したまま形状のミラーリングを行ってくれるという物で、中島 一崇氏（n-taka）が最近のBlenderで動作させるように修正したバージョンをGithub上で無料公開しております。

| モデラー | テクスチャ/シェーダー | アニメーター/リガー | ライター/コンポジター | FX | ALL |

シェイプキーを同期させる便利なアドオン！
Mio3 ShapeKey

`操作改善` `シェイプキー`

| 開発者 | Mio | | 入手先 | Github |
| 価格 | 無料 | | 難易度 | |

対応バージョン　3.6　4.0　4.1　4.2

このアドオンの特徴
- 複数オブジェクトのシェイプキー値を同時に操作
- オブジェクトとコレクション内のシェイプキー数を可視化
- VRChatやMMD対応のモーフをワンクリックで生成
- リセット、名前変更、名前置換、Xミラー編集が可能

どんな人にオススメ？
VRChatやMMD用のキャラクターモデルを扱う方、シェイプキーの管理に手間取っているキャラクターモデラーにおすすめです。

Mio3 ShapeKeyは、キャラクターモデリングに特化したBlenderアドオンで、複数オブジェクトのシェイプキーを簡単に同期させ、効果的に管理できるツールです。特にVRChatやMMDモーフのリップシンク設定など、キャラクター制作に役立つ機能が充実しており、CSVファイルによるシェイプキー追加もサポートしています。

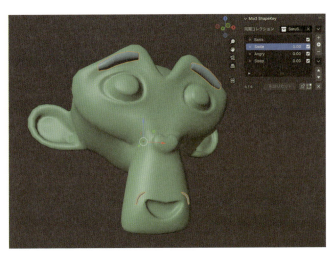

メッシュって分けて管理したいですよね。分離した複数パーツのシェイプキーをまとめて操作できるので、キャラクターモデリングがさらに効率的に進められます！ デフォルト挙動の煩わしさが解消される素敵なアドオンです！

Mesh Repair Tools

Blenderのメッシュ修復を効率化するツール！

メッシュ修復 | 最適化 | 3Dスキャン | フォトグラメトリー

開発者	SineWave	入手先	Superhive / Extensions
価格	無料／寄付：$2.99 Mesh Fix Wizard：$9.99	難易度	★★
		対応バージョン	4.2 / 4.3

このアドオンの特徴
- 簡易な無料版と高度な有料版
- 簡易なメッシュ修復ツール（Mesh Repair Tools）
- 高度な修復機能（Mesh Fix Wizard）
- ノイズ除去と穴埋め機能
- ローカル修復ツール（Editモード専用）

どんな人にオススメ？
メッシュ修復まで行いたいすべてのBlenderユーザーに最適です。特に3Dスキャンデータなどを扱う方にオススメです。

Mesh Repair Toolsは、無料の拡張機能としてBlenderユーザーに幅広いメッシュ修復機能を提供します。ノイズシェル削除や穴埋め、交差ポリゴンの解消などの基本的な修復機能を提供します。ローカル修復ツールも備え、Editモードでの簡易な修正が可能です。

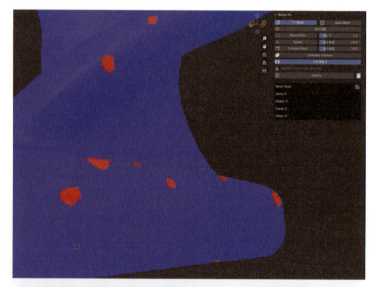

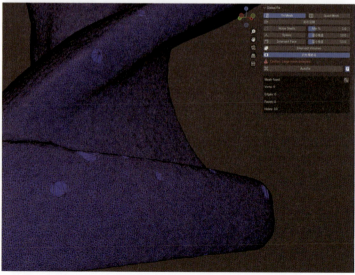

● Pro版
少し名前が変わりますが、同開発者による「Mesh Fix Wizard」は有料（$9.99）の拡張ツールで、「Mesh Repair Tools」に高度な修復ツールを追加搭載しています。
Smart Fill：滑らかで均一なメッシュ面で穴を埋めが可能
Remesh：均一なメッシュの生成、メッシュ密度の制御、形状の特徴の保持が可能
Wrap：修正不可能なメッシュケースをワンクリックで修正

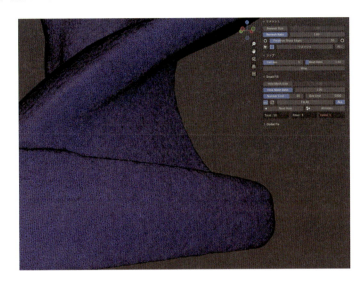

業種によっては多様するメッシュ修復。私もよく3Dスキャンデータを取り扱うのですが、穴埋めにはこれらのツールが活躍しますよ！

関連アドオン

メッシュの修復系アドオンとして、似た方向性のものに、Sahin Ersoz氏が公開している「Mesh Heal」は、ブーリアンで削られたような欠けたメッシュを修復してくれます。

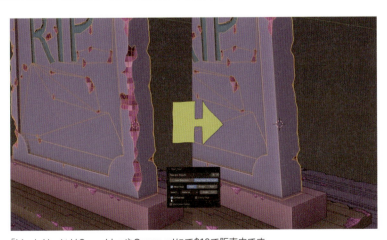

「Mesh Heal」はSuperhiveやGumroadにて$10で販売中です。

ポリゴン情報を直ぐにチェックできる無料ツール！
Analyze Mesh Check Mesh Topology

メッシュ解析

- 開発者: Mark Kingsnorth
- 価格: 無料
- 入手先: Superhive
- 難易度: 🐵
- 対応バージョン: 4.2 / 4.3

このアドオンの特徴
- 選択オブジェクトの情報を可視化
- 各要素やエッジポールの総数を瞬時に表示
- EditモードとObjectモードそれぞれに対応
- リフレッシュ機能で再分析しパフォーマンスも確保

どんな人にオススメ？
トポロジーを細かくチェックしたい3Dモデラーにオススメです。特にエラーの早期発見や効率的なメッシュの修正が必要な方に最適です。

Analyze Meshは、Blenderの3Dモデルにおけるトポロジーチェックをシンプルに行える無料のエクステンションです。このアドオンはもともとQuad Makerの一部機能として開発されましたが、現在は独立して無料で利用できます。四角ポリゴン、三角ポリゴン、エヌゴン、エッジポールなどを素早く確認できます。Editモードではベースメッシュのトポロジー、Objectモードではモディファイアを含む全体のトポロジーが分析されるため、用途に応じて使い分けが可能です。

こういうツールは日頃から使うように心がけることで、モデリング中のエラーの早期発見ができると思います。何かしらの解析ツールは入れておいて損はないですよ。

| モデラー | テクスチャ／シェーダー | アニメーター／リガー | ライター／コンポジター | FX | ALL |

カラーで視覚化が便利なメッシュ検査ツール！
CheckToolBox

メッシュ解析

| 開発者 | VFX Grace | 入手先 | Superhive / Gumroad |
| 価格 | 無料（Gumroad）
寄付：$1（Superhive） | 難易度 | 🐵 | 対応バージョン | 3.6 4.0 4.1 |

このアドオンの特徴
- プロジェクト全体のオブジェクト数をカウント
- Editモードでのメッシュエラー検出
- エラー箇所を色でハイライト表示
- リアルタイム更新と手動更新を選択可能
- 詳細なエラーデータ表示

どんな人にオススメ？
トポロジーのエラーチェックやメッシュ検出を迅速に行いたい3Dモデラーに最適です。特に複雑なプロジェクトでのトラブルシューティングに役立ちます。

CheckToolBoxは、Blenderでのモデルやメッシュの詳細検査に特化したアドオンです。Editモードでメッシュのエラーをリアルタイムで検出し、項目ごとに色でハイライト表示できます。これにより、ポール、トライアングル、エヌゴンなどの特定要素やエラーポイントが視覚的に把握可能です。プロジェクト全体のオブジェクト数、重複数、アイソレート要素などもワンクリックでカウントでき、トポロジーの品質管理が容易に行えます。

● **リアルタイム検出とエラーの色分け表示**
リアルタイム更新モードでは3秒ごとにエラーを自動更新。色でエラー箇所を表示し、項目ごとに「Select」ボタンでエラーを拡大表示可能です。モデルの複雑さに応じて不要な項目のチェックを外し、パフォーマンスも維持できます。

モデルの細かなエラー検出を迅速に行えるのが便利です。エラーの色分け機能が視覚的に分かりやすいので、日頃モデリングを行う際にはこちらのアドオンを活用しています。ただし、現状（2025年2月時点）ではBlender 4.2以降は非対応なのでご注意ください。

関連アドオン

チェックして出た問題のある場所、修復は大変ですよね。そういう状況でしたら、Ruben Messerschmidt氏による「Instant Clean」がオススメです。このアドオンはモデルの不正な問題をワンクリックで修復することができます。「Instant Clean」はSuperhiveにて$9.99で販売されています。

041

ワンクリックで簡単にダメージ表現！
OCD One Click Damage

`劣化表現` `Geometry Nodes`

開発者	VFXGuide		入手先	Superhive / Gumroad
価格	$1.99 Lite、$20 Full		難易度	

対応バージョン 3.6 4.0 4.1 4.2 4.3

このアドオンの特徴
- ワンクリックでリアルなダメージ追加
- HEROモジュールでさらにディテールを強化
- プロシージャルアプローチで非破壊に変更が可能
- 複数オブジェクトへの同時適用に対応
- ダメージ部分にマテリアル自動割り当て

どんな人にオススメ？
背景モデラーの方、簡単なメッシュにリアリティを加えたい方など。

OCD（One Click Damage）は、選択したメッシュに対してワンクリックでリアルなダメージを追加できる便利なアドオンです。石、コンクリート、レンガなどの素材に使うことで、リアルな摩耗や傷を再現し、モデルにリアルなストーリーを加えることが可能です。特にBlender 4.2以降に対応したバージョンでは、プロシージャルな手法を採用しており、エフェクト追加後でもパラメータを再調整することが可能になりました。

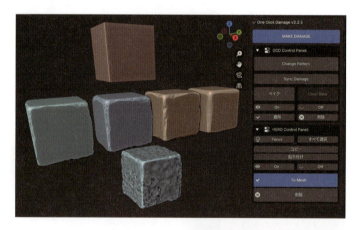

● **ワンクリックでダメージ**
選択したモデルに対し、リアルな劣化やダメージを瞬時に追加します。ダメージの強さや種類はカスタマイズ可能です。

● **HEROモジュール**
オブジェクトの角以外の表面ディテールをさらに強化する「HEROモジュール」を使えば、複雑な表現も簡単に追加できます。※Full版のみ

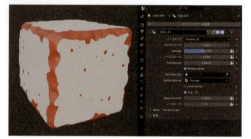

リアルな劣化表現を簡単に実現できる素晴らしいアドオン。旧バージョンでは一度適用すると変更不可という欠点がありましたが、Blender 4.2以降対応版ではGeometry Nodesベースに変更されかなり利便性が向上しました！ とにかく手軽なのが良い！

モデラー | テクスチャ/シェーダー | アニメーター/リガー | ライター/コンポジター | **FX** | ALL

モデルに風化やダメージのリアルな質感を追加！
Wear N' Tear

`劣化表現`　`破壊・爆発`

開発者	Sahin Ersoz	入手先	Superhive
価格	$10〜$30	難易度	★★

対応バージョン: 3.6 / 4.0 / 4.1 / 4.2 / 4.3

このアドオンの特徴
- モデルにひび割れ、傷、裂け目などのダメージ表現を追加
- シーン全体や個別オブジェクトにも適用可能
- 非破壊的な編集と復元が可能
- Pro版はモルタルやプラスターなどを追加可能

どんな人にオススメ？
老朽化した建物や自然に侵食されたオブジェクトなど、リアリティのある風化表現を求めるアーティストに最適です。また、プロシージャルでの破壊効果を効率的に表現したい方にもおすすめ。

Wear N' Tearは、モデルにリアルな風化やダメージの質感を追加できるBlenderアドオンです。[F9]キーで簡単に操作でき、リアルタイムにモデルに侵食効果を与えることが可能です。さらにPro版ではモルタルやプラスターの追加も可能で、シーン全体をリアルに変化させることができます。ひび割れや裂け目などの微細なダメージも調整でき、リアリティのあるダメージ表現を簡単に実現できます。

アドオンのライセンスタイプによってできることが違うのでご注意ください。
- $10 Wear N' Tear：最小限のエッジダメージ
- $16 Wear N' Tear PRO：モルタルなどを追加可能
- $24 Wear N' Tear Damage Control：せん断や物理シミュレーション機能が追加
- $30 Wear N' Tear Full Damage Control：表面のダメージ機能も追加

手軽に使えるダメージ表現ツールの一つ。壊れ方的にはちょっとポップな印象が強いので、Stylizedなシーンとの相性が良いと思います！

043

Curve Basher

直感的な操作でケーブルアセットを生成配置できるソリューション！

`ケーブル` `プロップ` `ハードサーフェス` `Geometry Nodes`

開発者	Armored Colony	入手先	Superhive / Gumroad
価格	$19	難易度	★★

対応バージョン: 3.6 / 4.0 / 4.1 / 4.2 / 4.3

このアドオンの特徴
- メッシュ表面をクリックし様々なカーブ＆ケーブルを自動生成
- ケーブルやカーブの配置とランダムな調整
- カーブ上にキットバッシュメッシュを簡単に適用
- カーブやメッシュエッジへの適用もサポート
- プリセットやカスタムキットバッシュを追加可能

どんな人にオススメ？
カーブやケーブルの生成を効率的に行いたい方、またはSci-fiデザインやプロシージャルなモデリングを活用する方に最適です。

Curve BasherはBlenderでのカーブ生成とキットバッシングを強化するアドオンで、Sci-fiのモデル作成や大量のケーブル生成が簡単に行えます。CurvecastやWire Generatorなど、豊富なツールでカーブ作業を効率化。メッシュエッジへのカーブ適用や、プリセットブラウザによるキットバッシュも可能です。

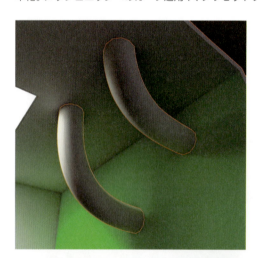

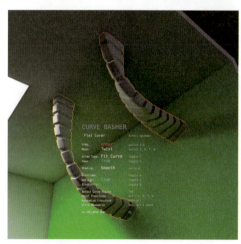

● **主なフロー**
[C]キーでCurvecast機能を使用し2点をクリックしてカーブの生成し、生成したカーブを[J]キーでカーブの形状やプロファイルの変更。
※各ショートカットはカスタマイズ可能です。

● **主な機能**
- **Curvecast**：メッシュ表面をクリックするだけで、自動でハンドルが配置されるカーブを作成
- **Wire Generator**：ケーブルの大量生成や自然な垂れ下がりをワンクリックで実現
- **Hooked Curve Points**：制御ボリュームで複数のカーブをまとめて調整可能
- **Curvebashブラウザ**：プリセットをスクロールして、簡単にカーブに適用できる
- **ランダム性の追加**：ケーブルやキットバッシュにランダムな変化を加えてリアルさを強化
- **Mesh to Curvebash**：任意のメッシュをカーブに適用し、アレイまたはエンドポイントとして利用
- **エッジ対応**：メッシュエッジに対してもCurvebashブラウザを適用可能
- **その他機能**：Bezierカーブの描画、グリッド/アレイモードのワイヤー生成、エンドポイントメッシュの適用、メッシュエッジのカーブ変換、カーブに適用したキットバッシュのスケールや回転調整、カーブのランダムなスケールや回転の適用

● **Wire Generator**
メッシュ3つを選択し生成するWire Generatorはとても便利で、まとめて大量のケーブルを制御することができます。

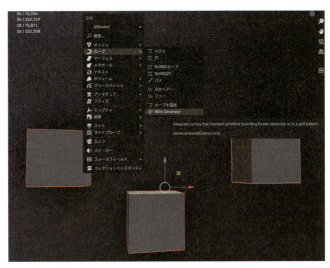

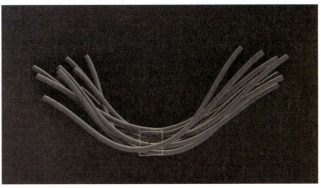

カーブ制御のケーブル生成に特化した機能とツールが一通り備わっているので、これさえあれば様々なケースに対応できると思います。独自アセットも扱えるのでとても頼もしいですね。

| モデラー | テクスチャ／シェーダー | アニメーター／リガー | ライター／コンポジター | FX | ALL |

VRMモデルのインポート・エクスポート・編集を可能に！
VRM format

`NPR` `外部連携` `VRM`

| 開発者 | iCyP saturday06 | 入手先 | Extensions / Github |
| 価格 | 無料 | 難易度 | ★★ | 対応バージョン | 3.6 4.0 4.1 4.2 4.3 |

このアドオンの特徴
- VRMモデルのインポートとエクスポート
- アニメ風と物理ベースマテリアルの設定が可能
- VRM Humanoidに適したリグとボーンの設定
- VRMモデルに特化したMToonシェーダー対応
- VRM Animationのインポート・エクスポートに対応

どんな人にオススメ？
VRMモデルを使ったキャラクター制作やアニメーションに取り組む3Dアーティストに最適です。VRMデータの修正や新規制作を簡単に行いたい方にもおすすめです。

VRM formatは、BlenderでVRMモデルのインポート・エクスポート・編集を可能にするアドオンです。物理ベースマテリアルやアニメ風のマテリアル設定、VRM Humanoidの設定、MToonシェーダーの適用など、VRMモデルの制作や改造に欠かせない機能が揃っています。Pythonスクリプトを使った自動化もサポートしており、効率的なワークフローを実現します。
Github上では「VRM Add-on for Blender」という名前で公開されています。検索の際はご注意ください。

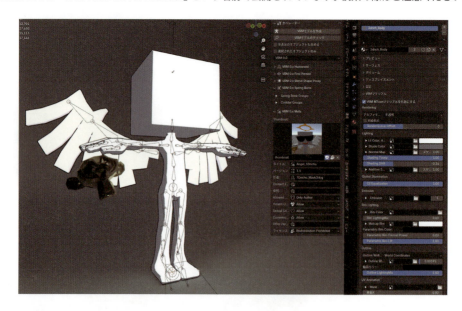

VRM形式のキャラクターを制作する際に、必須と言われているツールセットアドオンです。Unityを仲介せずにVRMデータを作れるのは魅力的ですよね。

関連アドオン
似た方向性で無料のアドオンとして「MMD Tools」がExtensionsやGithubで配布されております。このアドオンはMMD形式のフォーマット（.pmd .pmx .vmd .vpd）などのデータ読み書きや制作を補助するためのツールセットです。

VDMブラシを簡単にベイク可能！
VDM Brush Baker

スカルプティング　ベイク　VDM

開発者	Robin Hohni	入手先	標準搭載　Extensions　Superhive　Gumroad
価格	無料／有料版：$5	難易度	対応バージョン　3.6　4.0　4.1　4.2　4.3

このアドオンの特徴
- ワンクリックでVDM作成
- カスタマイズ可能なスカルプト平面を作成
- 作成したブラシのEXRファイルの自動保存
- 平面の境界の自動マスクで高品質な仕上がりに
- 機能拡張された有料版もあり（Sculpting Brush Texture Editor）

どんな人にオススメ？
複雑なディスプレイスメントマップやリアルなスカルプトブラシを手軽に作成したいBlenderユーザーに最適です。簡単で無料なので初心者にもおすすめです。

VDM Brush Bakerは、ベクターディスプレイスメントマップ用のブラシデータを素早く生成することができます。専用の平面にディテールを加えてそれをベイクするだけのお手軽設計となっており、効率的にVDMブラシデータを量産できます。

Column：VDM (Vector Displacement Map)とは？

VDM（ベクターディスプレイスメントマップ）は、従来のハイトマップよりも複雑なディスプレイスメントを可能にする技術です。ハイトマップが単一方向（通常は表面法線方向）にのみ変形を加えるのに対し、VDMは異なる方向に変位を加えることができ、複雑な凹凸やオーバーハング（表面が折り返すような構造）を再現することが可能です。これにより、たとえば角や突起、曲がった形状など、リアルで複雑なディテールを再現できるため、よりリアルなスカルプトやテクスチャリングに活用されています。

スカルプターの方は導入必須ですね。自作のディテールをVDMブラシライブラリとして保持しておくと良いですよ！ 個人的にサムネイルも自動で作ってくれる有料版のほうがオススメです。

関連アドオン

同作者が公開している有料アドオン「Sculpting Brush Texture Editor」（$5）は「VDM Brush Baker」の基本機能に加え、ブラシのバッチ処理インポート、プレビューサムネイルの自動生成、などの追加機能を提供し、さらなる利便性を実現しています。

047

ヌルっとプリミティブを繋げてサクッとベースメッシュ成形！
Blob Fusion

`スカルプティング` `ベースメッシュ` `Blob` `SDF`

開発者	Bartosz Styperek	入手先	Superhive / Gumroad
価格	$22	難易度	★★

対応バージョン: 3.6　4.0　4.1　4.2

このアドオンの特徴
- プリミティブを使ったBlobモデリング
- スカルプトのベースメッシュを素早く構築
- 任意のメッシュをBlobに変換
- ブロブの色を自由に設定できるツール
- 構造の参考になるBlobアセットライブラリーが付属

どんな人にオススメ？
簡単な操作で複雑なキャラクターやクリーチャーのモデリングをしたい3Dアーティストにオススメです。特に、直感的なモデリングを求めるユーザーに最適です。

Blob Fusionは、プリミティブを使った直感的なモデリングをサポートするBlender用のアドオンです。球体やカプセルなどの基本形状を使い、メタボールのように連結していくことで形状を構築することができます。さらに、1.6バージョン以降ではBlobの色をカスタマイズできる機能や、メッシュのプリミティブ対応が追加され、より多彩な表現が可能になりました。ただし、バージョン1.6以降はBlender 4.2以降の対応となっており、最新バージョンでしか利用できない点に注意が必要です。

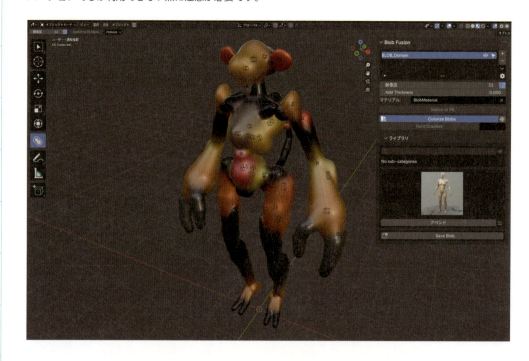

理想のシルエットをサクッと短時間で作成できる点が素晴らしく、普段から落書きスカルプトを行う際に愛用しているアドオンです。ただし、操作には独自のショートカットを覚える必要があり、最初は少し慣れが必要かもしれません。ですが、その分操作に慣れると、効率的なモデリングが可能になります。最新版では扱えるプリミティブが増えかなり表現の幅が広がりました。

Woolly Tools & Shaders

ワンクリックでモフモフ！手芸風のディテールを手軽に実装！

`ヘアー&ファー` `プロップ` `布` `フェルト` `手芸風`

開発者	DoubleGum (Rahul Parihar)	入手先	Superhive
価格	$40	難易度	

対応バージョン 4.1 4.2 4.3

このアドオンの特徴
- ワンクリックでフェルトなどのユニークな表現を実装
- 多彩な素材表現二対応
- カーブやメッシュモディファイアでプロ仕様のエフェクトを追加
- ドラッグ&ドロップで簡単に適用

どんな人にオススメ？
手芸風やファブリック表現を求めるアーティストや、プロ品質のテクスチャを短時間で手軽に追加したい方に最適です。

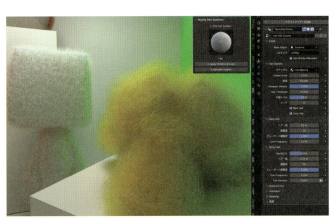

Woolly Tools & Shadersは、フェルトやスパンコール、クロシェ素材といったユニークな質感をBlenderで簡単に再現するためのアドオンです。シンプルでわかりやすく構成されたヘアシステムでは、フェルト、ファズ、スパンコールなどの表現でモデルを柔らかい質感に変え、立体的な装飾を一瞬で可能にします。幾つかアセットが付属しており、カーブやメッシュモディファイアを使えば、縫い目や編み込み、ビーズなど、多彩なディテールをシンプルな操作で付け加えることができます。自作の手芸作品をそのまま再現したかのようなリアルな質感を手軽に実現できます。

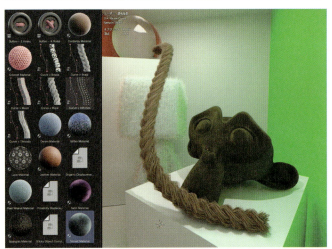

シンプルな形状でもこのアドオンの効果を加えるだけでかなり高ディテールな作品に変化します。ファブリック表現が必要な方にとって、かなり頼れるツールだと思いますよ！ただちょっと重いのでマシンスペックは高いほうが良いかもしれません。

049

多機能なヘアー＆ファー制作ツールセット！
3D Hair Brush

ヘアー＆ファー　Grooming

開発者	VFX Grace	入手先	Superhive　Gumroad
価格	$85	対応バージョン	3.6　4.0　4.1　4.2　4.3

このアドオンの特徴
- ヘアグルーミングを効率的する3Dブラシ
- ノイズ、クランプなどのモディファイアをレイヤー管理
- 男女用42種類の高品質ヘアスタイルプリセットを搭載
- パーティクルヘアをリアルタイムでヘアカードに変換
- カーブからヘアへの変換やABC形式でのエクスポート

どんな人にオススメ？
ヘアスタイリングの精度を高め、プロ並みの仕上がりを目指す3Dキャラクターアーティストに最適です。

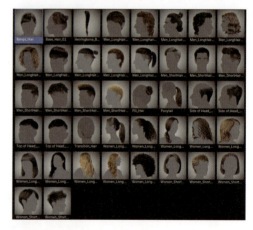

3D Hair Brushは、新旧両方のヘアシステムに対応したBlender用の強力なヘアグルーミングツールです。3Dブラシを活用して、直感的で洗練されたヘアスタイリングが可能となり、32種類のプリセットで多様なスタイルにも簡単に対応します。また、パーティクルヘアのヘアカード化や、リアルタイムのテクスチャ調整、CyclesHair Renderを活用した高度なレンダリングができるため、スタイリッシュでリアルな髪表現を手軽に実現できます。

ヘアーをレイヤー管理で非破壊編集できるので便利です。最初からリアルな髪のプリセットが入っていますが、どちらかと言うと縫いぐるみのようなモフモフ表現や、リアルな動物の体毛などで活用するのが相性が良い気がしています。また新機能はBlenderの新しいバージョンで追加されることが多いため、4.2以上の使用を推奨します。

| モデラー | テクスチャ/シェーダー | アニメーター/リガー | ライター/コンポジター | FX | ALL |

ヘアカードやシェルヘアをプロシージャルで生成できるツールセット！

Hair Tool

`ヘアー＆ファー` `ヘアーカード`

開発者	Bartosz Styperek	入手先	Gumroad
価格	$52	難易度	

対応バージョン 3.6 4.0 4.1 4.2

このアドオンの特徴
- ジオメトリノードとカーブを活用したヘアカードやシェルヘア生成
- ヘアーを特定のメッシュ形状に沿わせるガイドメッシュ
- 描画ツールでカスタムヘア作成
- UV割り当てやジグルフィジックスによるヘアーアニメーション
- ヘアライブラリやテクスチャベイク機能

どんな人にオススメ？
キャラクターの髪を精細に作り込みたい3Dアーティストや、ゲームなどのリアルタイム向けコンテンツに適したヘアーモデルを効率的に作成したい方におすすめです。

Hair Toolはプロシージャルにヘアカードを生成するためのアドオンです。Geometry Nodesとカーブツールを活用し、複雑なヘアスタイルからリアルなアニメーションまで、幅広いヘア表現が可能です。UVの自動割り当て、物理シミュレーション、便利なライブラリなど、キャラクターアーティストに必須の機能が揃っています。

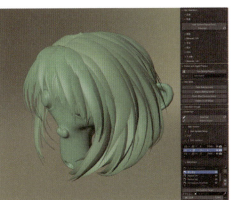

● 機能
- **プロシージャルヘア生成**：ジオメトリノードでヘアカードを生成し、複雑なヘアスタイルも簡単に作成
- **カーブモデリング**：カーブの再サンプリング、半径調整、分割などの操作が可能
- **UV自動管理**：UV割り当ての自動化で、UV編集の手間を軽減
- **ジグルフィジックス**：リアルなヘアアニメーションを可能にする物理シミュレーション
- **ヘアライブラリ**：さまざまなヘアスタイルのプリセットを収録し、すぐに使用可能
- **多彩なテクスチャベイク**：AOやノーマルなど、各種テクスチャを自動でベイク可能
- **短毛やシェル構造のヘアーにも対応**

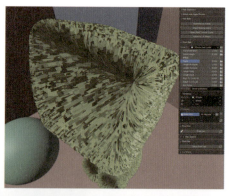

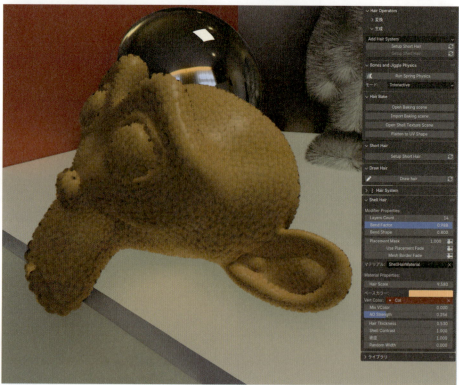

シェル構造のヘアー

板ポリベースのヘアカードやシェルヘアーなど、ゲームでも使えそうなヘアー形状に特化したアドオンとしては唯一無二な存在。ツールの機能は豊富ですが学習するための情報が散らばっているのが少々難点ではあります。

モデラー | テクスチャ／シェーダー | アニメーター／リガー | ライター／コンポジター | FX | ALL

衣装や布シミュレーションを手軽かつ簡単にしてくれるツールセット！

Simply Cloth Create Cloth Simply And Fast

クロス

開発者	Vjaceslav Tissen	入手先	Superhive / Gumroad
価格	Lite：$9 Studio：$36／Studio+Asset：$63	難易度	

対応バージョン 3.6 4.0 4.1 4.2

このアドオンの特徴
- 簡単に布オブジェクトを生成可能
- カット＆ソー機能での衣装デザイン
- 高度なピンシステムで布の動きと衝突を管理
- 動的プリセットでシルクやデニムなど多彩な布地タイプを選択
- 200種類以上のプリセットパターンを含むアセットライブラリ

どんな人にオススメ？
キャラクターの服装や布のシミュレーションが必要なアーティストや、ゲーム開発者、アニメーターにおすすめです。初心者から上級者まで、幅広いスキルレベルのユーザーに対応し、作業効率を向上させます。

Simply ClothはBlenderでの布シミュレーションを簡単に行うための必須ツールです。布の生成やリアルなシミュレーション、ピンによる制御、さらに縫製やカスタムパターン作成機能まで、布に関するすべてを網羅しています。シンプルなUIで直感的に操作できるため、初心者から上級者まで手軽に利用可能です。充実したアセットライブラリも搭載し、様々な布素材や衣装を素早く追加できます。

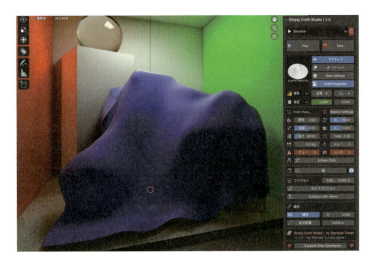

● 機能
- **布の生成とシミュレーション**：ワンクリックで布を生成し、リアルな動きをシミュレーション
- **パターン作成＆縫製**：簡単な操作で布をカットし、縫い合わせる機能
- **ピン固定**：布の特定箇所を固定し、リアルな干渉を実現
- **プリセットライブラリ**：シルクやデニムなど、布素材に応じた設定を用意
- **アセットライブラリ**：200種類以上のプリセットパターンを提供
- **高度なコリジョン管理**：布同士や他のオブジェクトとの干渉を防止

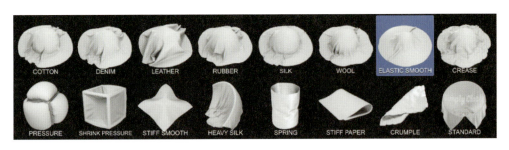

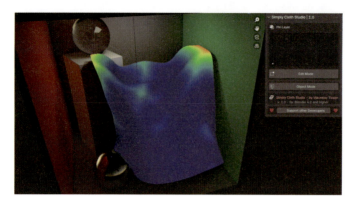

● ライセンスタイプ

● **Simply Cloth Lite - $9**

基本機能版。シンプルな布シミュレーションツールを必要とするユーザーに最適です。基本的な布オブジェクトの作成とシミュレーションが可能ですが機能は限定されています。

● **Simply Cloth Studio - $36**

フル機能版。すべての布作成・シミュレーションツールが含まれ、ピン固定や縫製、布のプリセットが利用可能な完全版です。

● **Simply Cloth Studio + Cut & Sew アセットライブラリ - $63**

完全版のアドオンに加えて、200種類以上の衣装パターンを収録したCut & Sewアセットライブラリが付属しています。衣装作成の迅速なスタートを希望するユーザーに最適です。

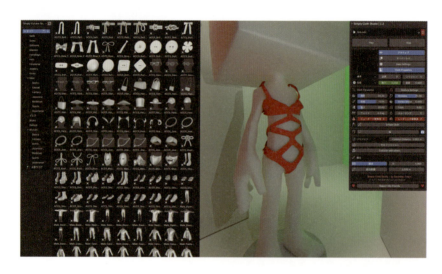

初心者から経験者まで使いやすい設計が魅力。素材のプリセットやカスタムパターンが豊富で、リアルな布動作を簡単に追加できるので、クロスシミュレーションがより身近に感じられるようになると思います。

関連アドオン

衣装系アドオンとして、Bartosz Styperek氏が公開している「Garment Tool」はMarvelous Designerのように2Dのベジェ曲線から衣服をデザインし、縫い合わせ、三角形分割して最終的なシミュレーション可能な布メッシュを作成する一連の工程を支援してくれるツールセットを提供してくれるアドオンです。Gumroad上で$54で入手することができます。

| モデラー | テクスチャ/シェーダー | アニメーター/リガー | ライター/コンポジター | FX | ALL |

ランダムでメッシュを生成し、Sci-Fiディテールを迅速に構築！
Random Flow

`ハードサーフェス` `モデリング拡張` `操作改善` `Sci-Fi`

開発者	Blender Guppy	入手先	Superhive / Gumroad
価格	$15	難易度	★★
対応バージョン	3.6 / 4.0 / 4.1 / 4.2 / 4.3		

このアドオンの特徴
- ループエクストルードでランダムな形状を生成
- パネルデザインやセル構造のランダム作成
- ランダムな頂点カラーやアニメーションの生成
- ケーブルやパイプディテールの生成
- クワッドスライスで四角形トポロジーへの変換

どんな人にオススメ？
ハードサーフェスモデリングで手早くランダム要素を追加したいアーティストや、コンセプトアートに独特のディテールを取り入れたい方に最適です。

Random Flowは、ハードサーフェスモデリングのプロトタイプ作成を効率化するBlenderアドオンです。ランダムなメッシュ生成や面の分割、エクストルード、スキャッタリングを簡単に行い、数分で複雑なデザインを作成できます。全プロセスが非破壊的で、編集が柔軟なため、創造的なデザインを自由に楽しめます。

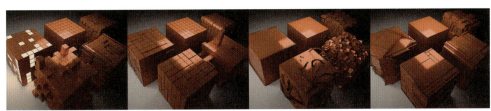

● **注目の機能：ランダムパネル生成**
ランダムなパネル生成機能により、選択した面にディテールを簡単に追加。パネルの高さもランダム化でき、ハードサーフェスにリアルな表現を加えます。

● **インストールの注意点**
アドオンには付属のプリセットファイルが存在します。このプリセットは手動でBlenderのプリセットフォルダに入れる必要があります。プリセット無しでも運用は可能ですが、プリセットを使うと初期のパラメータ設定を参考にできるのでオススメです。

メッシュ表面を一気にディテールアップできるアドオン！ 生成後のメッシュは静的な状態になってしまうので、パラメータの再編集などはできませんが、少しの操作で複雑なディテールが付与できるので、プロジェクトのプロトタイピングに役立ちます。

055

凹凸のディテールの視差マップ付きデカールを非破壊的にペタペタ！
DECALmachine

`ハードサーフェス` `デカール` `非破壊`

開発者	MACHIN3	入手先	Superhive / Gumroad
価格	$54.99	難易度	★★
		対応バージョン	3.6 / 4.0 / 4.1 / 4.2 / 4.3

このアドオンの特徴
- レイキャストに基づいた素早いデカール挿入
- リアルタイムで深さ感を付与する視差マップ効果
- 非破壊的な操作でデカールの結合や分離が可能
- UVの代わりにオブジェクトベースのディテール管理を実現
- デカールアトラス、トリムシート、ベイクしエクスポートも可能

どんな人にオススメ？
ハードサーフェスモデリングや表面ディテールに時間をかけたくない方、ゲームエンジン向けのUV調整を省略し、効率よくテクスチャリングを行いたい方に最適です。

DECALmachineは、Blender内で非破壊的かつUVなしで表面ディテールを追加できる強力なアドオンです。レイキャストによる素早いデカール挿入や、ノーマルマップとパララックスを活用したリアルなディテール追加が可能。さらにトリムシートやデカールアトラスのサポートにより、UnityやUnreal Engineなどへのエクスポートが簡単になります。作業効率を上げながらも視覚的なクオリティを追求したい3Dアーティストには欠かせないツールです。

● 投影による形状マッチング
デカールはオブジェクトの凹凸に沿う形で形状変形させることができます。視差マップ効果もありデカールとは思わせない自然なディテールを提供します。

● 自動マテリアルマッチング
デカールを貼り付ける際に、既存のメッシュのマテリアルと滑らかに質感が統合されます。

● リアルタイムでのデカール調整
インタラクティブなツールを使って、位置や回転、スケール、パネルの幅を素早く調整できます。

● トリムシート対応
トリムシートの追加や削除、位置やスケール変更が可能で、エクスポート時のテクスチャ作成も簡単に行えます。

● 独自のデカール制作と豊富なドキュメント
オリジナルのデカールを製作するツールセットも付属

● スライスデカール
オブジェクトの交差点にデカールメッシュを生成する機能。

 元の形状を維持しながら複雑なディテールを追加でき、一度使うとデカールなしのハードサーフェスモデリングは考えられません。また、自作デカールの作成やゲームエンジン向けのベイク機能など、非常に多機能で至れり尽くせりです。ただし、機能が豊富すぎて把握するのには少し難易度が高い点もあります。

モデリング

アニメーション

リギング

ライティング

マテリアル＆
シェーディング

レンダリング

コンポジ
ティング

パイプライン

シミュレーション

UV展開

カメラ

アセット
ライブラリ

インター
フェイス

キャラクター

背景

配置・
レイアウト

057

ハードサーフェス特化の多機能モデリングツールセット！

MESHmachine

`ハードサーフェス` `モデリング拡張`

開発者	MACHIN3	入手先	Superhive / Gumroad
価格	$44.99	難易度	対応バージョン 3.6 4.0 4.1 4.2 4.3

このアドオンの特徴
- チャンファーとフィレットを相互変換可能
- フィレットを自在に調整しエッジデザインが可能
- 面のフラット化やカスタムノーマルの転送、対称化が簡単
- ボロノイによる交差面の自動クリーニング機能
- ユーザー作成のプラグライブラリを活用したディテール追加

どんな人にオススメ？
ハードサーフェスモデリングを効率的に行いたいアーティストや、精度の高いメッシュ修正が必要なプロジェクトに取り組む方に最適です。

MESHmachineは、Blenderでのハードサーフェスモデリングを劇的に向上させるメッシュモデリング用アドオンです。エッジのチャンファーやフィレット、ベベルなどを自由に編集し、複雑なジオメトリをきれいに修正することが可能です。さらに、複雑なブール操作を簡素化し、プラグを使ってディテールを追加できるため、より洗練されたモデリングが可能です。カスタムノーマルのシンメトリー処理やスタッシュ機能も搭載され、プロのニーズにも応えます。

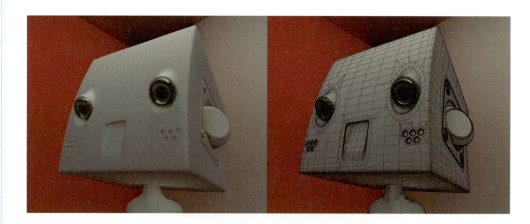

● チャンファーとフィレットの双方向変換

複雑なエッジデザインを簡単に行える双方向変換で、エッジを思い通りにカスタマイズ可能です。

● 便利なプラグ機能
ディテール付きモデルをすばやくメッシュに統合することができます。カスタムのプラグを作ることで複雑なメッシュ構築効率が向上します。

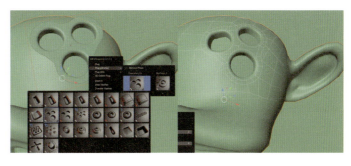

● その他多数の便利機能
既存ベベルの幅や滑らかさの再調整、ベベルの解除、三角形のベベル コーナーを四角形コーナーに変換、歪んだ法線の修正機能、対称機能の拡張、様々なことに再利用できるオブジェクト形状のバックアップ機能「Stash」、選択機能の拡張、最小角度パラメータに基づいてエッジをループ選択する「LSelect」機能、頂点グループを選択する「VSelect」、メッシュの端を複雑な形状にする「Wedge」、標準アドオン「Looptools」の拡張など、モデリング時に役立つ便利な機能を多数搭載。

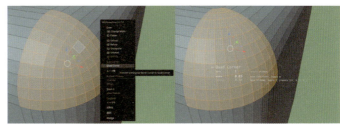

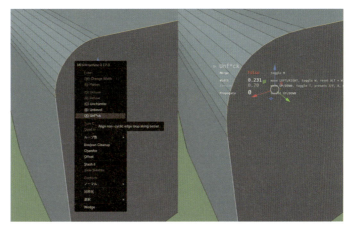

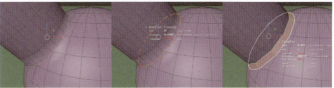

エッジ処理や複雑な面構造の修正に最適なツールを多く備えたアドオン。多機能すぎて把握するのが大変ですが、ドキュメントも充実してるので、まずはそれをチェックすると良いですよ。

関連アドオン

MACHIN3氏は他にも多数のアドオンを開発しています。中でも珍しいのはメッシュカーブを細かく編集＆制御可能な「CURVEmachine」は「MESHmachine」の弟分という存在で、カーブ半径/円弧や非円形ブレンドの作業を基本的に非破壊で行うことが可能です。「CURVEmachine」はSuperhiveやGumroadにて$17.50で販売中です。

キットバッシングワークフローで高密度なモデルをスピーディーに制作！
Kit Ops 3

`ハードサーフェス` `モデリング拡張` `操作改善` `非破壊` `Kitbash`

開発者	Chipp Walters	入手先	Superhive / Gumroad
価格	FREE:無料／PRO:$35	難易度	★★
対応バージョン	3.6 / 4.0 / 4.1 / 4.2 / 4.3		

このアドオンの特徴
- 超高速のキットバッシングツールキット
- アセットの管理や適用が可能なアセットブラウジング機能
- Sci-Fiテーマなど、様々なプリセットを豊富に用意
- INSERTをオブジェクトの面やエッジにスナップして正確に配置可能
- マテリアルやデカールをスムーズに追加、変更可能

どんな人にオススメ？
複雑なキットバッシングや素材管理が必要なアーティストに最適です。特にSci-Fiデザインや工業系デザインを手早く作成したいユーザーにおすすめです。

Kit Ops 3は、Blenderにおけるキットバッシングのワークフローを劇的に向上させるアドオンです。インサートを直感的に配置し、ブーリアン操作で形状を削り取りながら、複雑な構造を短時間で構築できます。新しいエンジン設計により、動作速度が向上し、大量のアセットを使ってもスムーズに作業が進められます。また、Sci-Fiテーマを含む多彩なプリセットを収録。アセットのスナップ配置、素材管理、デカール機能など、多彩な機能を備え、作業効率が格段に上がります。

● 柔軟なキットバッシング
既存のモデルアセットを瞬時に組み立ててモデルを構築することが可能で、ブーリアン機能も連動させることで、より複雑なモデルディテール表現が可能です。また、オリジナルのキットバッシング用アセット（INSERTS）をサムネイル付きで簡単に制作することもできます。

● FREE版とPRO版について

● KIT OPS FREE

FREE（無料）版には基本的なKIT OPS Blenderアドオン、INSERTSのセット、およびドキュメントが含まれています。所有しているKPACKSから自由にINSERTSを追加可能ですが、booleanモディファイアの使用やカスタムサムネイル作成などの高度な機能（FACTORY機能）は利用できません。また、MaterialsやDecalsの保存もサポートされていません。

● KIT OPS PRO

PRO版には、FACTORYモードを搭載した完全版のKIT OPSアドオンが含まれています。このモードにより、独自のINSERTSを簡単に作成でき、MATERIALSをKPACKSに保存する機能が追加されます。また、その他の便利なユーティリティや、お気に入りリスト、Masterfolderのセット管理など、数多くの拡張機能も利用可能です。

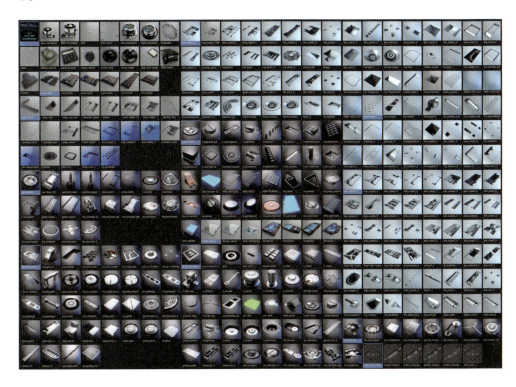

シンプルにBlenderでキットバッシュを活用したフローを行う方はこのアドオンを選んでおいたほうが幸せになれると思います。

関連アドオン

Dragonboots Studiosによる「Creature Kitbash」アドオンは、クリーチャーを作成するのに役立つ200超の部位パーツを収録したKitbashアドオンで、Superhiveにて$35で販売中です。

061

サクサクメッシュをブーリアンカットしモデリング！
Boxcutter

`ハードサーフェス` `モデリング拡張` `操作改善` `非破壊`

開発者	TeamC	入手先	Superhive / Gumroad
価格	$20	難易度	★★

対応バージョン: 3.6 / 4.0 / 4.1 / 4.2 / 4.3

このアドオンの特徴
- 非破壊・破壊の選択が可能なカッティングツール
- 各種カットモード（カット、スライス、インセットなど）を搭載
- カスタムカッターによる複雑な形状のカットが可能
- 高度なスナッピングで正確な配置を実現
- クリック&ドラッグで簡単操作が可能

どんな人にオススメ?
ハードサーフェスモデリングを効率化したい3Dアーティストにオススメ。シンプルな操作で高度な形状の編集を行いたい方にも最適です。

Boxcutterは、柔軟な3Dカッティングツールで、即座にブーリアンを実行し、非破壊的なモデリングを実現します。ショートカットキーやポップアップメニューから多数のカットモード、ベベルなどの後処理を実行し素早く直感的な作業が可能です。

● 特徴
- 円や四角、カスタムシェイプでの即時ブーリアン
- 多彩なスナッピングオプション
- グリッドラインブーリアンやWedgeによる斜めのくり抜き
- ブーリアンメッシュにベベルやミラーリング、配列などのモディファイア適用
- 非破壊モードと破壊モード（即時ブーリアン適用）を選択可能

作業スピードを大幅に向上させるBoxcutterは、一度使うと他のカッティングツールには戻れません。直感的な操作と多機能なカスタマイズが魅力です。この手のハードサーフェス系モデリングアドオンは数多く存在しますが、Boxcutterは特にブーリアンに特化しているという印象です。

| モデラー | テクスチャ/シェーダー | アニメーター/リガー | ライター/コンポジター | FX | ALL |

ハードサーフェスに特化したモデリングツールキット
HardOps

`ハードサーフェス` `モデリング拡張` `操作改善` `非破壊`

| 開発者 | masterXeon1001 TeamC | 入手先 | Superhive / Gumroad |
| 価格 | $20 | 難易度 | ★★ |

対応バージョン: 3.6 / 4.0 / 4.1 / 4.2 / 4.3

このアドオンの特徴
- モディファイアを活用した高効率な非破壊モデリング
- 直感的なブーリアン操作で形状を切り抜く
- カスタマイズ可能なミラーオプションや放射状の配列システム
- [Q] キー一つで必要なツールにアクセス
- [Alt] + [V] でレンダールックやルックデブを瞬時に切り替え

どんな人にオススメ?
複雑なハードサーフェスモデルを高速で効率的に作りたい3Dアーティストやプロフェッショナル向け。レンダリングやゲーム開発の現場でも役立つため、AAAゲームのキャラクターやプロップ制作にも最適です。

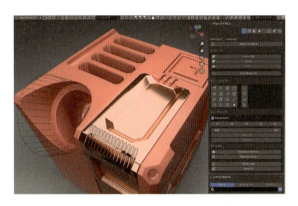

HardOpsは、ハードサーフェスモデリングを改善するために設計されたツールキットです。非破壊のワークフローを中心に構築され、モディファイアを使った効率的な操作や、ブーリアンカット、ダイナミックなミラーリング、円形アレイなど多彩な機能を提供します。ワークフローの簡素化に重点を置き、[Q] メニューや [Alt] + [V] のビュー設定で操作をスムーズにサポート。3Dモデリングからレンダリングまで、手早く作品を仕上げるための強力なツールを提供します。

● Boxcutterとの連携を推奨
同開発者によるBoxcutterで構築された非破壊なブーリアン校正のメッシュを、後から編集・活用する際にHardOpsが活躍します。同アドオンとのバンドル版も販売されております。

ハードサーフェスモデリング系アドオンは数多くありますが、こちらも昔から人気の製品の一つです。機能がとても豊富でショートカットキーベースのワークフローは最初は少し慣れが必要かもしれませんが、慣れてくるとあらゆるハードサーフェスモデリングに欠かせない存在になるでしょう。Boxcutterと併せて使うのが断然オススメです。

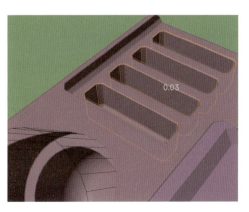

独自UI＆直感操作で非破壊なハードサーフェスモデリングを実現！

Fluent Stressless Modeling Tool

`ハードサーフェス` `モデリング拡張` `操作改善` `非破壊`

- 開発者：CG Thoughts
- 価格：$20／Power Trip：$29
- 入手先：Superhive / Gumroad
- 対応バージョン：3.6 / 4.0 / 4.1 / 4.2 / 4.3

このアドオンの特徴
- スナッピンググリッドを活用した直感的なモデリング
- 非破壊的なワークフローでいつでも編集が可能
- 独特で直感的なUIとホットキーで高速な操作＆日本語対応
- ミラー、配列、インセット、ベベルなどの強力なツール
- プレート、パイプ、布パネルなどの追加機能（Power Trip版）

どんな人にオススメ？
Blenderで新たな非破壊的ハードサーフェスモデリングを行いたい方。ブーリアンを活用したモデリングに興味がある方。

Fluentは、Blender用の高度なハードサーフェスモデリングアドオンで、プロフェッショナルなモデリングを迅速かつ効率的に行うためのツールを提供します。基本的に独自のUIと操作方法で制御を行います。またほとんどの機能は非破壊でオブジェクトへ適用されるのも特徴です。

基本バージョンは高精度なカッターとして機能し、Power Trip版はプレート、パイプ、ワイヤー、グリッドなどの追加機能を提供します。

Fluentの独自の機能には、グローバルなベベル機能やオートブーリアンサポートがあり、複雑な形状の作成が容易になります。また、3Dウィジェットでのオブジェクトスケーリングと操作、プリセット管理とプロジェクトテンプレートのサポート、リアルタイムプレビュー機能とヒストリーレコードなど、プロフェッショナルなモデリングに必要なすべてのツールが搭載されています。

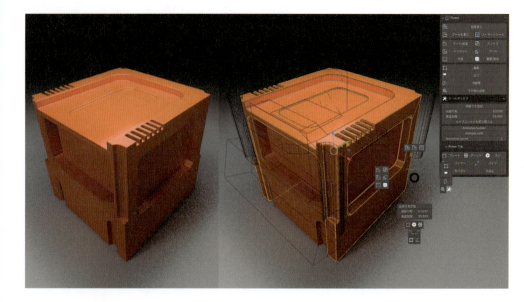

● 非破壊的なワークフロー
Fluentでは、ユーザーが作業中に行った形状やパラメータを自由に調整でき、最終的な形状に至るまでのすべてのステップを追跡して編集できるため、試行錯誤が容易なのが特徴です。ブーリアンカットしたオブジェクトはシーン上に不可視状態で管理され、Fluentのメニューから可視化することが可能です。

Column：非破壊とは？

非破壊とは、CG制作において、編集や操作を行っても元のデータに直接変更を加えず、いつでも元の状態に戻すことができる手法です。これにより、制作過程で試行錯誤を行いやすく、様々なパラメータや設定を後から調整することが可能になります。モデリングやシェーディングなど、複数の作業工程で活用され、作業の自由度と効率を高めるために重要な概念です。

● グリッド＆ドット描画機能

モデル上に精密なスナッピンググリッドを表示し、オブジェクトの配置や移動を正確に行うためのツールです。この機能で特定の間隔でオブジェクトを配置したり、整列させたりすることが可能です。そして表示したグリッドガイドをもとに、図形を描いたり、自由にドットをつなぎ合わせて好みの形状を描く機能があります。

この機能は、ユーザーが指定した点を基準に形状を生成するもので、複雑なパターンやデザインを容易に作成できます。ドットの位置や間隔を細かく調整することで、自由な形状を作り出すことができます。作り出した形状をもとにブーリアンを適用します。

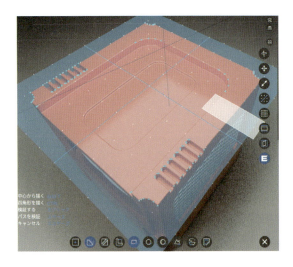

● 全体の自動ベベル

Fluentの全体の自動ベベル機能は、モデル全体に均一なベベルを適用するツールです。この機能により、すべてのエッジに対して均等なベベルが施され、滑らかな形状とリアルな見た目が実現します。ベベルの幅や角度は自由に調整可能で、プロジェクトに合わせたカスタマイズが可能です。

● Screwの配置（Power Trip版のみ）

FluentのScrew配置機能は、モデルにスクリューやボルトを簡単に追加するためのツールです。この機能を使用すると、スクリューの位置や数、サイズを自由に設定でき、モデルにリアルなディテールを加えることができます。スクリューの形状やテクスチャもカスタマイズ可能で、多様なデザインに対応できます。

● プレート機能（Power Trip版のみ）

様々な形状のプレートを素早く追加するためのツールです。プレートは、ハードサーフェスモデルにディテールや補強を加えるために使用され、複雑なデザインを簡単に実現できます。プレートの形状やサイズはカスタマイズ可能で、ボタン一つでモデルに統合できます。

● パイプやワイヤー＆ケーブル生成機能
　（Power Trip版のみ）

モデルにパイプやワイヤー＆ケーブルを追加するためのツールです。2つの面をクリックするだけで簡単に生成可能です。これにより、配管やケーブルのような要素を簡単に生成できます。パイプの直径や曲率、長さなどはユーザーが自由に調整でき、モデル全体に自然にフィットさせることができます。追加機能としてコイル巻きなどのディテールも加えることが可能です。
ケーブル機能は生成後に簡易的な物理シミュレーションを与えて自然な撓みを作ることも可能です。

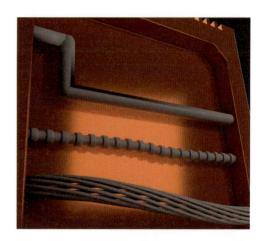

● 布パネル機能（Power Trip版のみ）

布パネル機能は、モデルに布やテキスタイルの要素を追加するためのツールです。布のしわや折り目などのディテールを簡単に生成でき、リアルな布地の質感をモデルに追加します。この機能を使うことで、キャラクターの衣装や家具のカバーなど、複雑な布地のデザインが容易になります。

● プリセット管理

頻繁に使用する設定や形状をプリセットとして保存し、簡単に呼び出すことができます。これにより、同じ設定を繰り返し使用する際の手間が省け、作業効率が向上します。

Blenderで一風変わったハードサーフェイスモデリング環境をお探しの方にオススメのアドオン。これに慣れてしまうと通常のワークフローに戻れなくなる危険性があります。独特の操作方法は習得に少し時間を必要としますが、非破壊的なワークフローと多機能なツールセットが非常に魅力で、作業時間を大幅に短縮できます。
価格も手頃で、初心者から上級者まで幅広いユーザーにおすすめです。謎のSci-Fiプロップを量産できますよ！UIが日本語にも対応しているのは地味にポイントが高いです。

関連アドオン

非破壊に着目したハードサーフェスモデリングを実現するアドオンで、HugeMenaceによる「ND」は、Fluentのアプローチに近い形で、ショートカットキーとグラフィカルなUIによるモディファイアを活用した非破壊モデリングが可能です。「ND」はBlender Extensionsから無料で入手することができます。

066

モデラー

直感的なレイヤーベースのUIで本格的な自然地形をデザイン！
True TERRAIN 5

`地形` `Cycles`

開発者	True-VFX	入手先	Superhive
価格	$99	難易度	

対応バージョン 4.1 4.2

このアドオンの特徴
- 直感的なUIでレイヤーベースの地形をデザイン
- 多様な地形プリセット
- リアルタイム侵食シミュレーション
- カスタムテクスチャサポートやシェーダーコントロール
- 高度な散布システム

どんな人にオススメ？
フォトリアルな地形の作成を簡単かつ自由に行いたいモデラーに最適です。

True-Terrainは、レイヤーベースの地形作成を可能にするBlender用アドオンです。ジオメトリノードを活用し、直感的なUIで簡単にリアルな地形をデザインできます。さらに、リアルタイムの侵食シミュレーション機能により、自然でリアリティのある地形の表現が可能です。高品質なテクスチャと散布機能を駆使して、まるで現実の風景のようなシーンを素早く作り上げることができます。

● 主な機能
- **レイヤーベースで地形を作成**：複数の地形レイヤーを追加してデザイン
- **プリセットの豊富な選択**：地形や素材のプリセットで即座に結果を確認
- **侵食のリアルタイムシミュレーション**：水流や熱侵食の効果をリアルタイムで追加
- **シェーダーコントロール**：ディテール強度、深度、色の微調整が可能
- **動的なマスクオプション**：地形や環境要素に応じたマスク設定が可能
- 地形にオブジェクトを効率的に配置する散布システム

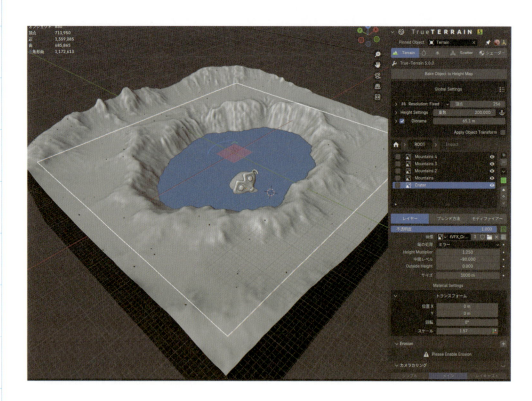

レイヤー上にディテールを重ねていくだけで直感的に理想の地形を作ることができます。Blender向けの地形作成アドオンの数はあまり多くないのですが、その中でも歴史も長くかなり本格的なアドオンの一つです。お値段もそれだけしますけど…。

関連アドオン

Blenderの標準搭載アドオン「A.N.T.Landscape」は簡単なパラメータ調整で多彩な地形メッシュや惑星メッシュを生成することが可能です。シンプルに地形風メッシュが欲しい時に重宝します。アドオン管理パネル、またはエクステンションからアクティブ化するだけで利用でき、手軽に使用することができます。

| モデラー | テクスチャ/シェーダー | アニメーター/リガー | ライター/コンポジター | FX | ALL |

モデルのUVテクスチャ密度を簡単に計算・調整！
Texel Density Checker

`効率化` `チェッカーマップ` `操作改善`

開発者	Ivan Vostrikov	入手先	Extensions / Github / Superhive / Gumroad
価格	無料／寄付：$10	難易度	対応バージョン 3.6 / 4.0 / 4.1 / 4.2 / 4.3

このアドオンの特徴
- モデルのテクセル密度を簡単に計算
- UVスケーリングで希望のテクセル密度に調整
- 他のオブジェクトへテクセル密度をコピー
- 同じ密度を持つフェースを選択
- 頂点カラーでテクセル密度を視覚化

どんな人にオススメ？
ゲーム開発者や3Dモデラーで、モデルのテクスチャ品質を最適化したい方、効率的にUV展開を行い、モデルのテクスチャ密度を整えたい方、異なるサイズのテクスチャを扱う必要がある制作現場で働く方

Texel Density Checkerは、モデルのテクセル密度を素早く計算し、目的に応じてUVスケールを調整することが可能です。さらに、他のオブジェクトへのテクセル密度のコピー、フェースの選択、密度の視覚化、そしてUVの歪みの可視化機能も搭載しており、UV展開作業がスムーズになります。最新バージョンでは25％の速度向上が図られ、さらに効率よく作業が進められます。

● UVスケーリングの詳細
Texel Density Checkerでは、UVスケーリングを行う際に、選択範囲の平均点やコーナー、2Dカーソルなど、スケールの基準点を自由に設定することができます。これにより、より正確かつ効率的なUV調整が可能です。

Column：テクセル（Texel）とは？
テクセル（Texel）は、3Dグラフィックスにおける「テクスチャのピクセル（Texture Pixel）」を意味し、3Dモデルの表面に貼り付けられる2Dテクスチャ画像の1つのピクセル単位です。テクセルは、3Dモデルの表面上でどのようにテクスチャが表示されるかを左右する要素であり、視覚的な解像度やディテールに直接影響を与えます。3Dグラフィックスでは、モデルの大きさとテクスチャの解像度に基づいて、どれくらいの領域に1つのテクセルが割り当てられるかTexel Density（テクセル密度）が計算されます。適切なテクセル密度を保つことで、モデル全体の見た目が統一され、ディテールが潰れることなく表示されます。

ゲームモデルやシーン全体のテクスチャ密度を均一に保ちたい時に役立ちます。また、UIがシンプルで分かりやすいので、初心者でも使いやすいところがいいですね。

モデラー | テクスチャ/シェーダー | アニメーター/リガー | ライター/コンポジター | FX | ALL

UVチェッカー適用をお手軽に！
Zen UV Checker

`チェッカーマップ` `操作改善`

開発者	Sergey Tyapkin	入手先	Extensions
価格	無料	難易度	🐵

対応バージョン 4.2 4.3

このアドオンの特徴
- 1クリックでチェッカーテクスチャを適用
- 既存のマテリアルを壊さずにチェッカーを適用可能
- 複数解像度のカラー＆モノクロのチェッカーが付属
- 独自のチェッカーやテクスチャライブラリを使用可能
- Alt+Tショートカットでチェッカーを即座に適用可能

どんな人にオススメ？
UV展開を効率よく確認したいモデラーに特におすすめです。

Zen UV Checkerは、UV展開の確認を迅速かつ効率的に行うためのアドオンです。既存のマテリアルを損なうことなくチェッカーテクスチャを適用し確認が可能です。さらに、独自のカスタムチェッカー画像の追加も可能で、UV作業をよりスムーズに行うことができます。

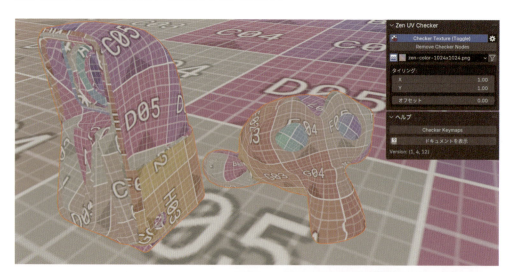

UV展開アドオン「Zen UV」に搭載されている1つの機能をBlender Extensions向けに無償公開したというちょっと経緯が面白いアドオン。入れておいて損はないですよ！

UV編集を行う全人類へ！
TexTools

`ベイク` `チェッカーマップ` `UV調整` `操作改善`

開発者	renderhjs,SavMartin,fran Marz	入手先	Github
価格	無料	難易度	

対応バージョン 3.6 4.0 4.1 4.2 4.3

このアドオンの特徴
- UVの調整や整理（各種整列機能や、対称化、スナッピング）
- チェッカーマップ作成
- 類似UVやオーバーラップの検出
- テクスチャのベイク（合計40種）
- カラーID割当やメッシュUVツール

どんな人にオススメ？
BlenderでUV展開や編集を行う人やマテリアルのベイクを行いたい方。

TexToolsは、Blender用のUV編集アドオンです。複雑なUV展開やテクスチャリング作業を支援します。このアドオンは、UVレイアウトの細かな調整ツールの他に、法線マップ、AOマップ、ディフューズマップなどのテクスチャベイク機能も搭載されています。このアドオンは無料で提供されており、GitHubからダウンロードしてすぐに使用可能です。

● UVレイアウト
TexToolsは、ユーザーがUVマップを均一化し、整理するのに役立つツールを提供し、UVシェルのスナッピングやスケール、回転、ミラーリング、対称化など、さまざまな操作が可能です。これにより、UV調整作業が大幅に効率化され、時間を節約できます。

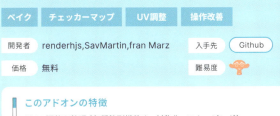

071

● ベイキング

シェーダーノードで構築したマテリアルの表現を各種テクスチャへベイクすることができます。40種類のテクスチャマップへのベイクに対応しておりこの機能を目的にアドオンを使用している人も多いです。

● カラーID割当やUVメッシュツール

マテリアルや頂点カラーに対してカラーIDを割り当てることができ、IDマップのベイクやコンポジットの際に役立てることができます。またUV展開状態のシェイプキーを生成し他のメッシュを表面にラッピングすることもできます。

● 開発を引き継いだリポジトリが存在

TexToolsは数年前にrenderhjsによって開発され、その後SavMartin氏によって作成されたオープンリポジトリで改修。そして最新のBeInderで動作させたい場合はfran Marz氏のGithubリポジトリから入手が可能です。
https://github.com/franMarz/TexTools-Blender

BlenderのUV展開って…少し不便ですよね。そんな悩みを解決する無料アドオン。ほんとこれは標準搭載して欲しい…と願ってしまいます。無料で利用できるのも大きな魅力です。

　関連アドオン　

無料のUV編集アドオンを他にもお探しの方。正直沢山有りすぎて迷うと思いますが、Blender Extensionsには、nutti氏による「Magic UV」というアドオンと、Alex Dev氏による「UV Toolkit」なども存在します。どちらも多機能ですので、一度試してみると良いですよ。

無料UV編集ツールの新定番！
UniV

`チェッカーマップ` `UV調整` `操作改善`

開発者	Oxicid	入手先	Extensions / Github / Gumroad / Superhive
価格	無料／寄付：$25	難易度	対応バージョン 3.6 4.0 4.1 4.2 4.3

このアドオンの特徴
- 便利なUV編集ツールセット
- 多機能かつ必要な機能を絞り込んだシンプル設計

どんな人にオススメ？
複雑なUV編集を効率的に行いたい3Dアーティストに最適です。

UniVは、BlenderのUVエディターであらゆる操作を簡単かつ強力に行えるアドオンです。このアドオンでは、UVマップの編集に必要な様々な機能が一つに統合され、作業効率を飛躍的に向上させます。特に、複数のアイランドの整列やスタック、リラックス、カットといった多様な機能が備わっており、精密なUV作業が可能です。

● Quick Snap
アイランドやジオメトリ要素を頂点、エッジ、フェースの中心を基準に素早く整列させるツールです。キー操作により、すぐに最寄りの変形要素が選択され、精度の高い編集が可能になります。

● Stack & Weld
Stack機能を使用すれば、類似の形状を持つUVアイランドを簡単に重ね合わせ、同じ空間に配置できます。さらに、Weld機能で選択した頂点を結合することで、複雑なメッシュも整理しやすくなります。

● Stitch & Unwrap
Stitch機能では、UVアイランドを接続し、自然な比率を保ちながら統合が可能です。また、Unwrap機能は標準のUV展開ツールと異なり、既存の配置を維持しながら展開することができます。

● Qiadrify & Straight
選択形状を格子状に整列したり、選択頂点を元にストレートに変形なども可能！

● 他の機能
- **Relax**：UVの引き伸ばしを抑え、境界線を展開
- **Quadrify**：選択したUVを矩形配列に整列
- **Sort & Space**：アイランドを、均等な間隔で配置

多機能ですが、ある程度機能が絞られているのでUIを見て混乱することも少ないはず。無料でBlender Extensionsから手軽に導入できるところも評価が高いです。

| モデラー | テクスチャ／シェーダー | アニメーター／リガー | ライター／コンポジター | FX | ALL |

無料UV編集ツールの新定番！
Mio3 UV

`チェッカーマップ` `UV調整` `操作改善` `UDIM`

| 開発者 | mio | | 入手先 | Extensions / Github |
| 価格 | 無料 | | 難易度 | ● | 対応バージョン | 4.2 / 4.3 |

このアドオンの特徴
- 元の位置・サイズ・角度を維持しながらUV展開
- グリッドや矩形展開、ストレート展開など多彩な展開モード
- シーム整列や軸に沿った整列機能を搭載
- 複数のソートオプションでアイランドを効率的に整理
- 日本語のUIに対応

どんな人にオススメ？
UV展開を行うすべての人。特にキャラクターモデリングで、精密かつ効率的なUV展開を求めるモデラーに最適です。

Mio3 UVは、UV展開をもっと楽しめるようにするための強力なツールです。特にキャラクターモデリングに向けた機能が充実しており、元の位置やサイズを維持しながらUVを展開することで、デザインの整合性を保ちながら作業が進められます。また、選択されたエッジループを直線化したり、グリッド状に展開する機能など、用途に応じて多彩な展開方法が選べます。アイランドのソート機能も搭載されており、効率的に整理されたUVを素早く作成することが可能です。

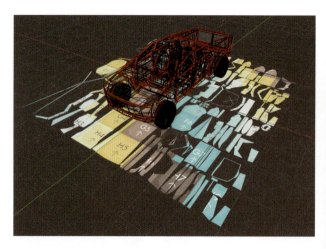

● チェッカーマップやUV Mesh Nodes
チェッカーマップやUV形状にモデルをモーフィングさせるGeometry Nodesモディファイアなども搭載

日々進化する多機能なUVアドオン！ これさえあればUV展開で困ることは少ないはず。また、開発者が日本人で、UIが日本語対応しているため、英語に不安がある方でも安心して使用できますよ！

074

3Dビューポート上で直感的なUV編集を実現！
DreamUV

`操作改善` `UV調整` `トリムシート`

開発者	Bram Eulaers	入手先	Github
価格	無料	難易度	★

対応バージョン 3.6 4.0 4.1 4.2

このアドオンの特徴
- 3DビューポートでUVを直接操作クスチャを割り当て
- 移動、回転、スケールをリアルタイムで調整
- 面を選択して他のUVアイランドと接合
- トリムやテクスチャアトラスへのホットスポット設定
- UVのミラーリングおよびUV範囲(0-1)への自動配置

どんな人にオススメ？
繰り返しテクスチャやトリムシートを活用したりビューポート上から直感的にUVを展開したいモデラーに最適です。

DreamUVは、BlenderでのUV展開を3Dビュー上で直感的に操作できるアドオンです。繰り返しテクスチャやトリムシートに特化した機能を備え、面ごとに独立したUV調整やアトラスへの割り当てが可能です。また、ホットスポットツールを使えば、特定のテクスチャアトラスに合わせた自動配置も簡単に行えます。

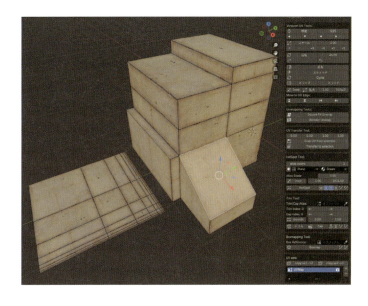

● 機能
- UVを3Dビューポートで移動、回転、スケールを調整
- 選択した面のUVを他のUVアイランドとステッチする機能
- UVのミラーリングおよび正方形フィット機能
- UV範囲(0-1)への自動配置機能
- テクスチャアトラスに基づくホットスポット配置によるUVマッピング
- UVの位置・スケール・回転をステップごとに調整する機能
- UVアイランドの重複、反転、伸びを可視化
- UDIMタイルの作成・管理
- 選択した面やエッジのシーム、シャープエッジ、UV境界の自動マーキング

ビューポート上で行える直感的なUVツールの一つとしても有名なアドオン。シンプルな機能からユニークな機能まで色々あるので触ってみるとよいですよ！

075

超高速かつ高精度なUVパッキングを実現！ギチギチに詰めてくれます！
UV-Packer for Blender

`UVパッキング` `操作改善` `UV調整`

開発者 : 3d-io
価格 : 無料
入手先 : 公式サイト
難易度 : ★
対応バージョン : 3.6　4.0　4.1　4.2

このアドオンの特徴
- 高速で正確なUVパッキング
- 自動的にUVスペースを最適化し、無駄な領域を最小限に
- シンプルかつ直感的なUIで簡単に使用可能
- パディングとUVクラスタの配置を精密に計算しオーバーラップを回避
- 無料でWindowsとMacに対応！

どんな人にオススメ?
UVパッキング作業の効率化を図りたいすべての3Dアーティストに最適です。

UV-Packer for Blender
は、3DアーティストのUVパッキング作業を自動化し、1クリックで精密なUV配置が可能な無料のアドオンです。従来の手動での配置作業を排除し、アーティストの貴重な時間を節約します。14年以上培われたエンジニアリングを背景に、正確で効率的なUV配置を実現します。

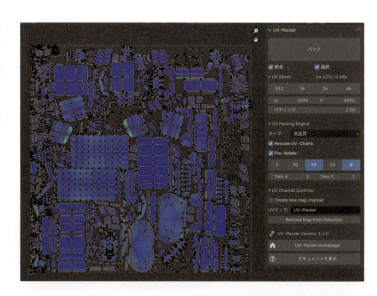

● 導入時の注意
パッキング処理には外部プログラムの導入が必要なので注意して下さい。アドオンをインストール後、アドオンが展開された場所に別途ダウンロードした外部実行プログラム（Windowsの場合はEXEファイル、Macの場合はDMG）を手動でアドオンのインストールディレクトリに配置する必要があります。

UV-Packerはとにかく速く、精密！重いポリゴン数のオブジェクトも1クリックで美しいUV配置が完了するので、作業が楽になります。この性能で無料というのが驚きですよね。for Blenderとあるように、このパッキングツールは他にUnreal Engineや3ds Max、スタンドアロンツールとしても展開しています。

076

モデラー / テクスチャ/シェーダー / アニメーター/リガー / ライター/コンポジター / FX / ALL

高性能＆高速なUVパッキング＆多機能UV展開ツール！
UVPackmaster 3 PRO

UVパッキング　最適化　操作改善　UV調整　UDIM

開発者	glukoz	入手先	Superhive　Gumroad
価格	$44	難易度	対応バージョン 3.6　4.0　4.1　4.2　4.3

このアドオンの特徴
- CPU＆GPUフル活用で高速UVパッキング
- 高精度なUVスタッキング
- 高度なグルーピング機能やUDIM対応
- パッキング以外のUVツールも多数搭載
- Windows、Mac、Linux対応

どんな人にオススメ？
高速かつ効率的なUVパッキングが求められるゲームスタジオ、アーカイブビジュアルの制作現場、テクスチャ作業が多い3Dアーティストに最適です。

UVPackmaster 3は、CPUと複数のGPU、Cudaを活用することで、圧倒的な速度と効率でUVパッキングを実現するBlenderアドオンです。3D空間のオリエンテーションに基づいたUVスタッキング、自動調整、カスタムスクリプトによる操作の自由度が大きな特徴で、複雑なUDIMにも対応しています。使いやすいインターフェースとスクリプト可能なアーキテクチャにより、最も要求の高いワークフローにも対応可能です。

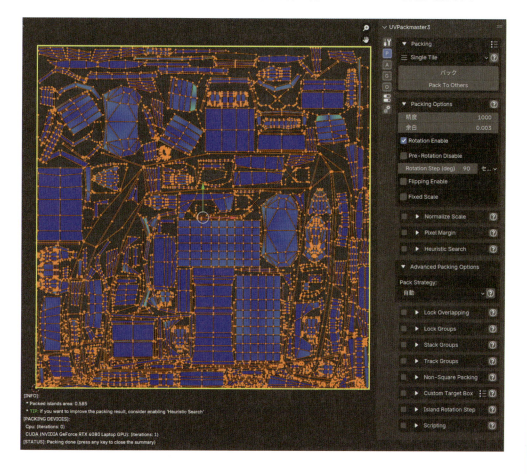

077

● **パッキング以外のツールも搭載**

パッキングツール以外の補助ツールも搭載。これらも高速に実行できます。形状を自動認識して類似選択する機能や、マテリアルやメッシュなどでグループ化を行いUDIMや任意のタイル状に並べる機能など。

● **導入時の注意**

メインのパッキング処理には外部プログラムの導入が必要なので注意して下さい。アドオンと一緒に、各OS向けてUVPackmasterEngineのインストーラーが提供されています。インストール後はアドオンのプリファレンス画面にてEngineのパスを設定しておく必要があります。

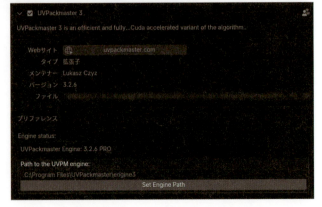

高速なUVパッキングが可能なので昔から愛用しています。細かなUV調整ツールも便利ですが、中でもグルーピング機能が秀逸で素晴らしいですよ。

UV展開プロセスを効率化できる多機能ツールセット！

Zen UV

`操作改善` `UV調整` `チェッカーマップ` `UDIM`

開発者	Sergey Tyapkin	入手先	Superhive / Gumroad
価格	$39	難易度	★★

対応バージョン 3.6 4.0 4.1 4.2 4.3

このアドオンの特徴
- 3DビューとUVエディタでの直感的な操作が可能
- 有機モデル向けの独自アンラッピング機能
- トリムシートを作成し、UVアイランドを簡単にマッピング
- シンメトリー機能やUVアイランドのスタック機能
- UVマップのクリーンアップ、リネーム、同期をサポート

どんな人にオススメ？
複雑なUV編集を効率的に行いたいすべての3Dアーティストに最適です。

Zen UVは、多機能なUV作成ツールセットです。このアドオンにより、3DビューとUVエディタの間でシームレスに作業ができ、UVのスタック、シンメトリ処理、トリムシートによるマッピングなど、煩雑なUV作業が大幅に効率化されます。特に、複雑な形状を持つモデルやシンメトリーが求められるモデルのUV展開に強力な機能を提供します。

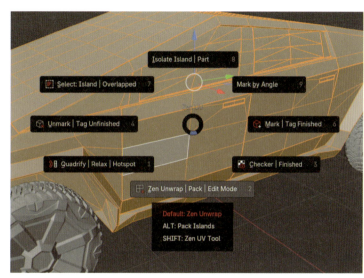

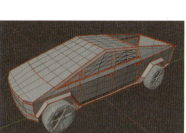

● 機能
- Pieメニューやポップアップメニューによるアクセス
- UVアイランドの移動、回転、スケール、整列、反転
- 有機モデル向けの自動アンラッピング機能
- 3Dビュー上にUV用のギズモ表示
- ユニークなアンラッピングアルゴリズムによる有機物の展開
- トリムシートへのUVアイランドマッピング
- 複数のUVアイランドを簡単に重ねる・外す機能
- ワールド空間にあわせたUVの回転補正機能
- ミラーリングモデルに対応したUVシンメトリー機能
- 四角面の並べる機能やストレート機能など細かな便利ツール
- UVのテクセル密度を取得・設定し、シーン全体で統一
- UVアイランドの重複、反転、伸びを可視化
- UDIMタイルの作成・管理
- 選択した面やエッジのシーム、シャープエッジ、UV境界の自動マーキング

● 3Dビュー上での直感的なUV操作
ビュー上で瞬時にパーツの可視化やシームの設定、UV調整などが可能です。

● 多機能なUVツール群
UV編集に必要な機能はほぼ揃っており、シンプルなアイコン型のタブで機能セットを切り替えることが可能です。

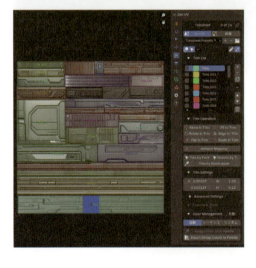

● トリムシート用ツールセット
トリムシートの構築と管理＆運用に特化したツールセットも付属

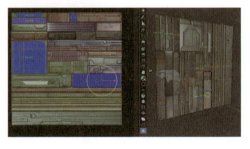

基本的なUV機能は網羅しつつ、直感的な操作で制御可能なツールが多く、好んで使用しています。とりあえずこれさえあればUV展開時に困ることは無いです。機能が多い分全貌を把握するのには少し時間を要しますが、初心者から上級者まで幅広くオススメしたいUV展開アドオンです。

Ucupaint

柔軟なレイヤーベースのテクスチャペイントツール！

`ペイント` `ベイク` `PBR`

開発者	ucupumar	入手先	Extensions / Github
価格	無料	難易度	対応バージョン 3.6 4.0 4.1 4.2 4.3

このアドオンの特徴
- ペイントをレイヤーで管理
- 必要に応じてチャンネルを追加・削除可能
- マスクやレイヤーを迅速に調整
- 法線マップやベクターディスプレイスメントマップをサポート
- ベイク機能搭載

どんな人にオススメ？
レイヤーベースでテクスチャペイントを行いたいユーザーに最適です。

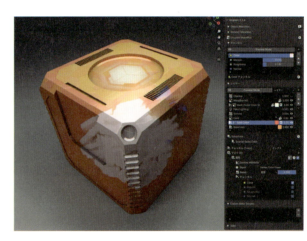

Ucupaintは、レイヤーベースのテクスチャペイントを管理できるアドオンです。複数の画像やテクスチャをレイヤーとしてスタックし、カラーマップや数値操作で細かく調整できるのが特徴です。さらに、AOやノーマルマップ、ベクターディスプレイスメントのベイクもサポートしており、他のノードグループとも簡単に連携できるため、効率的なワークフローを実現します。

● レイヤー管理
Ucupaintでは、テクスチャレイヤーを重ねて作業でき、各レイヤーごとにカラー調整やマスクの追加が可能です。レイヤーの不透明度やブレンドモードも簡単に設定でき、レイヤーごとにマスクを設定して、ペイントや非表示を柔軟に操作できます。

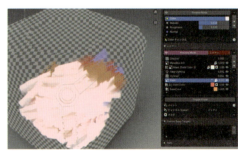

● ベイク機能
マルチレゾリューションやAO、他オブジェクトのノーマルマップをベイクし、必要に応じて他のソフトウェアにエクスポートすることができます。特定のチャンネルやレイヤーをまとめてベイクし、外部エクスポートする際にも最適な状態で出力が可能です。

● プレビューモード
Ucupaintにはプレビューモードがあり、レイヤーやチャンネルのカラーを確認しながら作業を進めることができます。これにより、リアルタイムでの結果確認や微調整がスムーズになります。

柔軟なレイヤー管理機能が揃っており、直感的にテクスチャ作業を進められる優れたアドオンです。ノードベースに馴染めない方はこのアドオンでテクスチャを制作すると効率的だと思います！レイヤーやマスクの設定次第では複雑なPBRペイントも実現可能です！

レイヤーベースのUIでパワフルなPBR対応テクスチャを作成！
Philogix PBR Painter

`ペイント` `PBR`

開発者	Philogix studio	入手先	Superhive
価格	$37.50	難易度	★★

対応バージョン　3.6　4.0　4.1　4.2

このアドオンの特徴
- PBRワークフローをサポートしたテクスチャリング
- レイヤーベースで直感的に管理可能
- スマートマテリアルを活用した高品質な仕上がり
- ブラシライブラリで多彩なペイントオプション
- 柔軟なエクスポート機能で他ソフトウェアとも連携

どんな人にオススメ？
テクスチャ作成を効率化したい、レイヤーベースで制御したい3Dアーティストやデザイナーに最適です。

Philogix PBR Painterは、Blender内でプロフェッショナルなPBRテクスチャリングを実現するための強力なアドオンです。このアドオンを使えば、外部ソフトウェアを使わずにBlender内で直接テクスチャを作成し、レイヤーベースの管理で柔軟な編集が可能です。スマートマテリアルの活用や、メッシュ情報を基にしたテクスチャリングが簡単に行え、初心者から上級者まで幅広いユーザーに対応します。

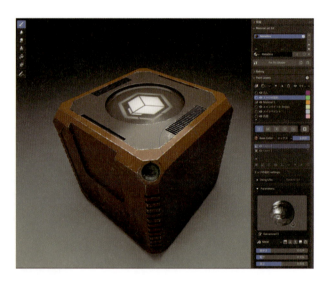

● 主な機能
- **PBRワークフロー対応**：Metallic RoughnessとSpecular Glossinessの2つのPBRワークフローをサポート
- **レイヤーシステム**：Substance PainterやPhotoshopのようなレイヤーベースのワークフローを提供
- **スマートマテリアル**：メッシュ情報を活用したスマートマテリアルを作成可能
- **高度なペイント機能**：ブラシライブラリを利用して、自由自在にテクスチャをペイント
- **エクスポート機能**：作成したテクスチャを簡単にエクスポート可能

ノードワークフローを行わずにPBR対応本格マテリアルを構築可能です。機能が多いので全貌を把握するのが少し大変ですが、分かりやすいYoutubeチュートリアル動画も公開されておりますので、安心して使用することができます！ UIに差はありますが、Substance 3D Painterなどに慣れている方は取っつきやすいかもしれません。

関連アドオン
PBR対応ペイント系アドオンは他にも多数存在します。ByteBrush Studioによるアドオン「PBR Painter」もほぼ同様の機能が搭載されております。「PBR Painter」はSuperhiveにて$32で販売されています。

フローマップをペイントできるブラシを追加するシンプルなアドオン！
Flow Map Painter

`液体・流体` `ペイント` `フローマップ`

開発者	Clemens Beute	入手先	Gumroad
価格	無料	難易度	★

対応バージョン：3.6 / 4.0 / 4.1 / 4.2

このアドオンの特徴
- ブラシツールで直感的にフローマップをペイント
- UV、オブジェクト、ワールドスペース対応
- 高品質なフローマップの保存に対応
- 通常のブラシ設定とスムーズに統合

どんな人にオススメ？
フローマップを使用して流体の動きや髪の動きを表現する必要がある方におすすめです。

Flow Map Painterは、フローマップを簡単にペイントできるアドオンです。2D画像エディターや3Dビューポートのペイントモードを活用し、リアルタイムで流体や動きなどで使えるフローマップのペイントを可能にします。画像のカラースペースは線形（Linear）で設定し、EXR形式を使用することで最高品質のフローマップを作成できます。初心者から上級者まで幅広いユーザーが効率的に利用できる設計となっています。

● **サンプルシーン付き**
フローマップを使用したテクスチャスクロールが適用されたサンプルシーンも付属しています。

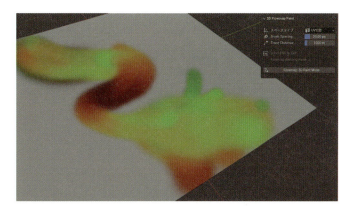

シンプルな操作でフローマップをペイントできます。結構ニッチなアドオンかもしれませんね。あまり手動ペイントはしたくないですけどね…。

083

ノード操作をさらに効率化！Blenderユーザー必須のアドオン！
Node Wrangler

操作改善　ノード　エディター拡張

開発者	Bartek Skorupa, 他数名	入手先	標準搭載　Extensions
価格	無料	難易度	

対応バージョン　3.6　4.0　4.1　4.2　4.3

このアドオンの特徴
- 便利なショートカット操作を追加
- ノード制御を大幅効率化
- 未使用ノード自動的削除機能

どんな人にオススメ？
Blenderでシェーダーやノードを多用するアーティストにオススメです。特に複雑なノードツリーを扱う中級以上のユーザーに最適です。

Node Wranglerは、Blenderでのノード編集を効率化するための必須アドオンです。このアドオンは、ノードを素早く接続したり、不要なノードを自動的に整理したりする機能を提供し、複雑なシェーダーやテクスチャの作業をスムーズにします。特に「Lazy Connect」や「Lazy Mix」などの機能により、大規模なノードツリーの操作が劇的に簡単になります。ノードを直感的に操作したいすべてのBlenderユーザーにとって、時間を大幅に節約できる強力なツールです。

● よく使う機能3選
- [Ctrl]＋[Shift]＋[左クリック]：選択ノードをプレビュー
- [Alt]＋[右クリック]：同じ色のソケットを自動接続
- [Alt]＋[Shift]＋[右クリック]：ソケットを選択して接続

● 使い方に困ったら
ノードエディタのサイドバーにあるパネルを使うか、[Shift]＋[W]を押してクイックアクセスメニューを表示して機能を把握できます。また、アドオンの環境設定パネルでショートカットリストを調べることもできます。

Blenderのノード関連操作って結構不満が多いんですよね。このアドオンはBlenderを導入したら必ず有効化するようなものです。小さいことの積み重ねが時間の節約につながりますよ。尚このアドオンはBlender4.2でもExtensions化されておらずアドオンメニューから有効化できます。

シェーダーノードにプレビューをサムネイル表示！
Node Preview

`エディター拡張` `ノード`

開発者	Simon Wendsche	入手先	Superhive / Gumroad	
価格	$25	難易度		対応バージョン 3.6 4.0 4.1 4.2 4.3

このアドオンの特徴
- ノード上にレンダリングされたサムネイルを表示
- 編集時、影響を受けたノードが自動更新
- プレビューはバックグラウンドでレンダリング

どんな人にオススメ？
複雑なシェーダーノードを扱うテクスチャ/シェーディングアーティストや、ノード管理を視覚的に行いたい方におすすめです。

Node Previewは、Blenderでシェーダーノードの編集を視覚的に行いやすくするアドオンです。各ノードの上に小さなサムネイルを表示し、ノードの機能や効果を直感的に確認することができます。特に複雑なマテリアルやシェーダーを扱う場合、この機能が非常に役立ち、ノード間の調整や編集がスムーズになります。また、プレビューはバックグラウンドでレンダリングされるため、作業中のパフォーマンスを損なうことがありません。

● プレビューの自動更新
編集内容に応じて、該当するノードのプレビューが自動的に更新されるため、リアルタイムで結果を確認しながら作業を進められます。

● 高解像度ディスプレイ対応
Blenderの解像度スケール機能に対応しており、4Kや5Kなどの高解像度ディスプレイでも快適に使用できます。

ノードの毎の結果が一目で分かるため、シェーダー作業のストレスがかなり低減します。シェーダーノードを視覚的にわかりやすく作業したい方には必須のアドオンですね

085

ワンクリックで高品質な摩耗と汚れを自動追加！
Grungit 1-Click Wear And Tear

`ハードサーフェス` `プロップ` `劣化表現` `ベイク`

開発者	Abdou Bouam	入手先	Superhive / Gumroad
価格	無料/寄付：$1	難易度	対応バージョン 3.6 / 4.0 / 4.1 / 4.2 / 4.3

このアドオンの特徴
- ワンクリックで摩耗、汚れ、ダメージを自動追加
- EEVEE対応、高速レンダリング
- トポロジーに依存せず、複数オブジェクト/マテリアルを同時処理可能
- クイックモードで軽微な汚れも簡単に追加
- アニメーション可能でリアルタイム調整可能

どんな人にオススメ？
リアルな表面の劣化やダメージ表現を簡単に追加したいモデラーや、リアルなレンダリングを求めるユーザーに最適です。

Grungitは、ワンクリックで高品質な摩耗や汚れを自動的に追加できるアドオンです。EEVEEに完全対応し、シンプルで高速な動作を実現。モデルのエッジや表面に軽微なダメージから大きな損傷まで幅広く表現できます。高度なカスタマイズ機能を備えつつ、初心者にも扱いやすい設計になっています。
PBRテクスチャへのベイク機能も備えております。

手軽にダメージを追加できるので、特にハードサーフェスモデルにリアリズムを足したいときに便利です！ またこの手のプロシージャルマテリアルの基礎的な学習サンプルとしても使えると思います！

モデラー | テクスチャ/シェーダー | アニメーター/リガー | ライター/コンポジター | FX | ALL

豊富なノードライブラリの組み合わせで多彩な質感表現を実現！
Fluent : Materializer Material Tool Suite

劣化表現　ベイク　ノード

開発者	CG Thoughts	入手先	Superhive / Gumroad
価格	$35	難易度 ★★★	対応バージョン 3.6 / 4.0 / 4.1 / 4.2 / 4.3

このアドオンの特徴
- 豊富なノードライブラリでマテリアルを作成
- カスタマイズ可能なデカール機能でディテール追加
- ノードを自動接続するシンプルなUIと操作性
- 手軽なベイク機能で外部エクスポートも簡単
- ノードツリーを整理して理解しやすい構造に

どんな人にオススメ？
プロシージャルでのマテリアル制作を手軽に行いたい方や、簡単に高品質なディテールを追加したいテクスチャアーティストやシェーダーの方におすすめです。UV展開せずに多様なパターンを取り入れたい人にも最適です。

Fluent : Materializerは、130以上のノードを用意し、プロシージャルなワークフローで無限のマテリアルを作り出すことができるBlenderのアドオンです。このツールは、特にエッジの擦れや汚れ、塗装の剥がれ、傷、泥などのディテールを手軽に追加でき、よりリアルでストーリー性のあるマテリアルを作成できます。また、ベイク機能により、カスタムマテリアルを1クリックで1Kから8Kまでの解像度でエクスポート可能です。

膨大なノードに圧倒されることなく、分かりやすいマスクと質感を組み合わせるだけで、しっかりしたディテールが出せるので、作業の効率がとても上がりますよ。
ある程度シェーダーノードへの理解度は必要なのでご注意ください。
あとやり過ぎると流石にシーンは重くなります…。

Blender 4.2注目の新機能を高速設定しポータルを簡単に実現！
Portal Projection

`Ray Portal` `Cycles`

開発者	ucupumar	入手先	Superhive
価格	$5	難易度	★★

対応バージョン `4.2` `4.3`

このアドオンの特徴
- Ray Portal BSDF活用設定簡略化
- ワンクリックでポータルセット環境を追加
- シーンの一部をオブジェクトに投影
- 6つのプリセット付きで、スタートも簡単

どんな人にオススメ？
ポータルや次元を超えた視覚エフェクトを手軽に作りたいアーティストにオススメです。Blenderでビジュアルエフェクトに興味がある中級者や上級者に最適です。

Portal Projectionは、Ray Portal BSDFを活用しポータルや次元間の視覚エフェクトを簡単に作成できるアドオンです。ワンクリックでシーンの一部をディスプレイオブジェクトに投影することが可能で、次元を超えたポータル、ミラー、ドア、そして抽象的なエフェクトまで、驚くべき視覚効果を瞬時に作成できます。

6つのプリセットと7つのカスタマイズ可能なマテリアルで、あらゆるシーンに合ったプロジェクションを設定できます。

ちょっと不思議なシーンを作りたい、そんな時に役立つのがこのPortal Projectionアドオン。注目の新機能であるRay Portal関連を難しいことを考えずに簡単に実装できるところが魅力ですよ！

高品質テクスチャの即時ベイクで素材作り！
GrabDoc

`ベイク` `トリムシート` `PBR`

開発者	razed、Ethan Simon-Law
価格	無料／寄付：$8

入手先：Extensions / Github / Superhive / Gumroad
難易度：★★
対応バージョン：3.6 / 4.0 / 4.1 / 4.2 / 4.3

このアドオンの特徴
- メッシュを瞬時にテクスチャにベイク
- リアルタイムでテクスチャのプレビュー
- Workbench、EEVEE、Cycles対応のベイク
- 高速でファイルサイズを抑えたテクスチャ生成
- PNG、TIFF、TGA、EXRなど多様なフォーマット対応

どんな人にオススメ？
Trimシートやタイル可能なテクスチャマップを効率的に生成したいアーティストや、Blender内でスムーズにベイクプロセスを行いたい人に最適です。

GrabDocは、Blender 4.2以降対応の便利なベイクツールで、手軽に指定範囲内にあるオブジェクトを撮影し、テクスチャとしてベイクできます。ワンクリックでシーンをセットアップし、テクスチャの生成からプレビュー、出力までを1つのパネルから制御可能です。リアルタイムにマテリアルの見栄えを確認しながらモデリングを進められるので、エディットのたびに再度画像を出力する手間が省けます。

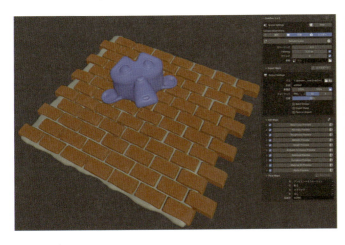

対応ベイクタイプはNormal、Curvature、AmbientOcclusion、Material ID、Emissive、Metalness、Roughnessなど多岐にわたり、短時間で高品質なテクスチャを作成できます。Marmoset Toolbagとのブリッジ機能も提供されており、より高品質な出力を求めるプロフェッショナルのニーズに対応。さらに、多くのテクスチャ形式に対応し、ベイク後のファイルサイズも小さく圧縮できるため、効率的なワークフローを実現します。

無料で提供されている点も嬉しく、Blenderでのベイク作業が一段とスムーズになりました。ちょっとしたデカール素材を作る際にも重宝しますよ。

簡単な設定でPBRテクスチャやライトのベイクを実現！

SimpleBake Simple Pbr And Other Baking In Blender

ベイク　最適化

開発者	HaughtyGrayAlien	入手先	Superhive
価格	$20	難易度	

対応バージョン   4.3

このアドオンの特徴
- 複数のPBRテクスチャをワンクリックでベイク可能
- 高ポリゴンから低ポリゴンへシームレスにベイク
- ベイクテクスチャやメッシュの自動エクスポート
- Cyclesでのライトベイク対応
- バックグラウンド動作のベイク対応

どんな人にオススメ？
ベイク作業に苦労しているBlenderユーザーや、ゲームエンジン向けに効率的にPBRマップやライトベイクを行いたい方に最適です。

SimpleBakeは、BlenderでのPBRベイクや他のテクスチャベイクをシンプルにするために設計されたアドオンです。通常のBlenderのベイク作業は複雑で手間がかかりますが、SimpleBakeを使えば複数のマテリアルやオブジェクトに対してワンクリックでベイクが可能です。ハイポリメッシュからローポリメッシュへのベイク、ケージモデルの生成、Cyclesを使用したライトベイクにも対応しており、ゲームエンジン向けのテクスチャ作成が非常に簡単に行えます。

その他にバックグラウンドでのベイク処理、自動メッシュ＆テクスチャエクスポートなど細かく設定が可能です。既存のワークフローを壊すことなく、ベイク作業の効率を大幅に向上させることができるアドオンです。

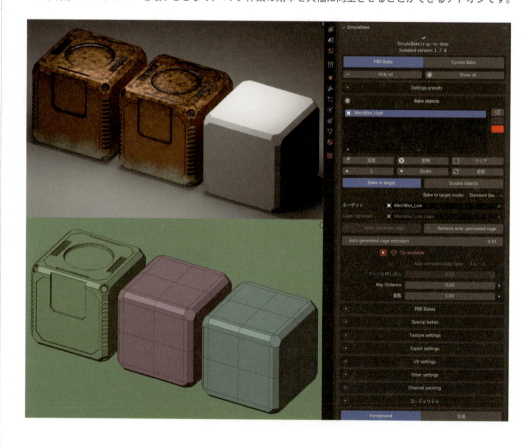

● チャンネルパッキング
テクスチャのRGBAチャンネルのそれぞれにベイクしたマップを格納することができます。

● ライトベイク機能
SimpleBakeは、リアルタイムライティングの負荷を軽減するための「ライトベイク」に対応しており、間接照明や面光源の影を高品質に焼き付けることができます。Blenderの通常のベイク機能と比べて、複雑な操作を自動化してくれるため、スムーズなワークフローを提供します。

Blenderでのベイク作業は本当に面倒ですが、SimpleBakeを使うとすべてが劇的に簡単になります！ とりあえずベイク環境をなんとかしたい方はこのアドオンを導入すべきでしょう。最新アップデートは4.2以降のBlenderに対応しています。

関連アドオン

もう少し安いアドオンをお探しの方はCogumelo Softworksが公開している「Baketool」もBlenderのベイク系アドオンとしてかなり有名です。基本的にできることは近く、Superhiveにて$14.95で販売中。
その他に「Daniel Bystedt」の「Bystedts Blender Baker」は無料でPBRベイクが可能のアドオンです。

モデラー | テクスチャ/シェーダー | アニメーター/リガー | ライター/コンポジター | FX | ALL

ワンクリックでImpostorを生成しEEVEEパフォーマンスを向上！
Instant Impostors One-Click Impostor Generation (Eevee)

`ベイク` `EEVEE` `最適化`

開発者	Alex Heskett	入手先	Superhive / Gumroad
価格	Lite：$20／Full：$50	難易度	★★★
		対応バージョン	3.6 / 4.0 / 4.1 / 4.2

このアドオンの特徴
- 任意のメッシュを一瞬でImpostorに変換
- EEVEE描画時のパフォーマンス向上
- 3Dパララックス、自己シャドウ、透過を再現
- 高度なシェーダーベースのレンダリング
- EEVEEレンダーエンジンに最適化

どんな人にオススメ？
大規模なシーンでパフォーマンスを最適化したいアーティストや、EEVEEを使用してリアルタイムレンダリングを効率化したい方におすすめです。

Instant Impostorsは、BlenderのEEVEEに特化したImpostor生成アドオンです。高解像度メッシュを、低ポリゴンで効率的なインポスターに変換し、3Dパララックスや自己シャドウを活用して、元のメッシュのディテールを忠実に再現します。ワンクリックで大規模なシーンにも対応できるため、アニメーション以外のリアルタイムレンダリングシーンで大幅なパフォーマンス向上を実現します。

Column：Impostorsとは？

Impostors（インポスター）は、3Dオブジェクトの見た目を簡略化しつつ、視覚的な再現性を保つための技術です。オブジェクトをさまざまな方向から見た画像（キャプチャ）を1枚のテクスチャにまとめ、そのテクスチャを使用して立体的な表示を擬似的に再現します。表示する際には、このビルボードとともにUVオフセットを利用して、カメラの視点に応じた画像を選択的に表示します。実際の3Dモデルをレンダリングするのではなく、1枚のテクスチャを使った平面オブジェクトで見た目を再現することで、リアルな立体感を保ちながらも処理の負荷を軽減できるのが、Impostors技術の特徴です。

EEVEE描画で大規模なシーンを作りたい場合に活用できます。またシェーダーを用意する必要はありますが、Impostor素材を外部ゲームエンジンで活用することも可能なので個人的にかなり注目度の高いアドオンです。

Grease Pencilで3Dイラストを手軽に作成！
Deep Paint Blender 3D Model & Paint tool Set

`Grease Pencil` `ペイント` `立体絵画`

開発者	GAKU	入手先	Superhive / Gumroad
価格	$50	難易度	★★
		対応バージョン	3.6 / 4.0 / 4.1 / 4.2

このアドオンの特徴
- 立体絵画制作に役立つツールパネル
- Grease Pencilで簡単に立体ペイント
- 頂点カラーペイント
- 便利なカスタムブラシでのテクスチャペイント
- ペイント時に必要なモディファイアを瞬時に適用

どんな人にオススメ？
手描き風の3Dイラストを作りたい方、Grease Pencilを活用したアート構築に興味のあるBlenderユーザーに最適。

Deep Paintは、BlenderのGrease Pencilを使ってスタイライズされた3Dイラストを作成できるアドオンです。簡単な操作でメッシュ生成、アウトライン追加、カスタムブラシによるペイントができ、手描き風の質感を3Dに反映させられます。

● **Grease Pencilからのメッシュ生成**
Grease Pencilストロークをメッシュやカーブに変換可能です。Blender以外の環境やゲームエンジンなどにデータ出力する際に活躍します。

● **クイックモディファイア適用**
履歴を残さず瞬時にモディファイアを適用し、迅速なモデリングが可能です。

 Blenderを1つのアートツールとして扱うことができるとてもユニークなアドオンです。作者であるGAKU氏の作品はBlender 4.0のスプラッシュスクリーンにも採用されております。彼の作品に惹かれたら、彼の公開するチュートリアルコースも合わせて確認してみると良いですよ！

スプラッシュスクリーンに採用されたGAKU氏の作品

立体絵画教室などの講座も展開

モデラー | テクスチャ/シェーダー | アニメーター/リガー | ライター/コンポジター | FX | ALL

Grease Pencilに新たな2Dデザインの可能性を！

NijiGPen

`Grease Pencil` `イラスト` `NPR`

開発者　Chaosinism　　入手先　Github　Gumroad
価格　無料　　難易度　🍄🍄　対応バージョン　3.6　4.0　4.1　4.2　4.3

このアドオンの特徴
- 手軽に使えるブーリアンやオフセット/インセット
- 2D形状を3Dメッシュに変換
- ベベルや押し出し、スマート塗りつぶしなどの便利機能
- 手描き線画のクリーンアップ機能

どんな人にオススメ？
Grease Pencilで2Dデザインを行いたいアーティストや、他のペイント／デザインツールと併用して使いたい方に最適です。

NijiGPenは、BlenderのGrease Pencilに2Dデザイン機能を追加する無料のオープンソースアドオンです。日本語の「二次元」と「gpencil」を組み合わせた名前の通り、2Dグラフィックやイラスト制作に最適化されており、2D形状のブーリアン操作や手描きスケッチのクリーンアップ機能を提供します。

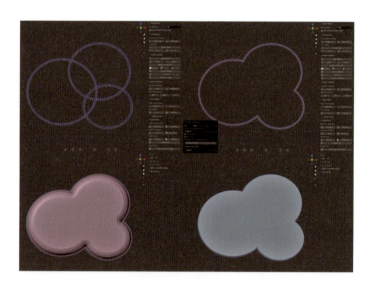

● 主な機能
- 2D図形のブール演算（和、差、交）
- オフセット／ベベル／押出
- スマート塗りつぶし機能
- ラインのクリーンナップ
- 厚み調整や隙間をなくす機能
- 2D形状の3Dメッシュ変換
- 画像から線画/フラットカラーを抽出
- CBR／ABRブラシ、XMLパレットの読み込み
- PSDへの出力

スマート塗りつぶし

Grease Pencilを使った2D制作に幅広い機能がプラスされます。無料にもかかわらず機能が豊富で、標準機能に物足りなさを感じたら直ぐに導入することをオススメします！ちなみに導入の際にはプリファレンス画面から依存関係のインストールが必要になるので注意が必要です。アドオンと一緒にPDFドキュメントも配布されているので確認しながら進めてください。

| モデラー | テクスチャ/シェーダー | アニメーター/リガー | ライター/コンポジター | FX | ALL |

手描き風のブラシストロークを簡単に追加可能！
Brushstroke Tools

`NPR` `Geometry Nodes`

| 開発者 | Blender Studio | 入手先 | Extensions |
| 価格 | 無料 | 難易度 | | 対応バージョン | 4.2 4.3 |

このアドオンの特徴
- Geometry Nodes活用の3Dブラシストローク生成
- 表面塗りつぶしと直接描画のブラシレイヤー
- ブラシストロークにPBRや筆の質感を適用
- 豊富なプロシージャル設定で細かな調整
- アニメーション対応ブラシストロークも実装

どんな人にオススメ？
手描き風のスタイライズを目指す3Dアーティストにおすすめ。ブラシの質感や動きで独特な演出を加えたい方に最適です。

Brushstroke Toolsは、Blender Studioが開発した3Dアセットに手描き風のブラシストローク効果を加えるアドオンです。このアドオンはジオメトリーノードを活用し、表面塗りつぶしや直接描画によって、プロシージャルに生成されたブラシストロークをアセットに追加できます。ユーザーは、ブラシの形状や色、質感を設定する「Shape」「Material」パネルから、簡単にスタイルを操作できます。また、ブラシの種類は実物の筆の質感を再現しており、リアルなPBRマテリアルとの組み合わせで、深みのある表現が可能です。さらに、アニメーション対応のブラシストロークも実装されているため、動きのある表現を追加できます。ブラシストロークを使ったスタイライズ表現が求められるシーン制作に、ぜひ活用してください。

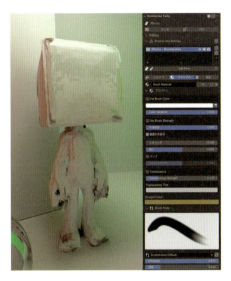

● 主な機能
- ジオメトリーノードでブラシストロークを生成
- 表面を塗りつぶすレイヤーと、直接描画レイヤー
- PBRマテリアルを使ったリアルなブラシスタイル
- プロシージャル設定で詳細な調整が可能
- アニメーションブラシ機能を搭載

Blender Studioが技術映像とともに突如リリースしたアドオン。実際に作品制作に使われた機能ということもあり、安心して使うことができますね。触っていてかなり楽しいアドオンですよ！

095

アニメ現場でも使われた実績のある高品質なライン&トゥーン表現！
Pencil+ 4 Line for Blender

`NPR` `イラスト` `ライン描画`

開発者	PSOFT	入手先	Github / 開発者サイト
価格	Render App：¥67,760	難易度	★★

対応バージョン： 3.6 / 4.0 / 4.1 / 4.2 / 4.3

開発者サイト

このアドオンの特徴
- 漫画風の「入り」「抜き」やその他多様なライン表現が可能
- ノードエディターを使った細かな表現設定
- リアルタイムでラインを確認できるビューポートプレビュー
- のある抑揚豊かなライン描画
- EPS / PLD形式でベクトルファイル出力対応

どんな人にオススメ？
手描き風のライン表現を必要とするアニメーションプロジェクトや、プロダクトデザイン分野のアーティストに最適です。

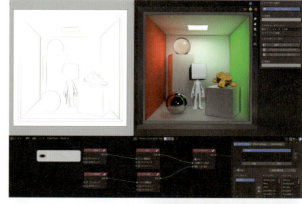

Pencil+ 4 Line for Blender は、手描き風の高品質なラインをBlenderで描画できるアドオンです。可視線や隠線、抑揚のあるライン表現に対応し、アニメーションやプロダクトデザインで活躍します。さらに、EPS / PLD形式でのベクトル出力やPencil+ 4 Bridgeによる他ソフトウェアとの設定共有機能も備えており、異なるツールを使うプロジェクトでのワークフローを効率化します。

● **主な機能**
- **可視線、隠線、描画機能**
- **高度なラインカスタマイズ**
- **エッジ検出設定**：アウトライン、オープンエッジ、オブジェクト、交差、スムージング境界、マテリアル境界、選択エッジ、法線角度、ワイヤ
- **ラインのビューポート表示やベクトルファイル出力**（EPS / PLD 形式）

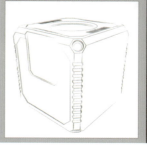

● **線の描画には有料のRender Appが必要**

「Pencil+ 4 Line for Blender」のアドオン本体は無料でGithub上で公開されておりますが、ライン描画を実行するためには有料のアプリケーション「Pencil+ 4 Line Render App」（ダウンロード版：67,760円）が必要になります。また、こちらにはセル画調やイラスト調の表現が可能なトゥーンシェーダーアドオン「Pencil+ 4 Material for Blender」も含まれており、「Pencil+ 4 Material for Blender」は単体で購入も可能です（ダウンロード版：7,480円）

知る人ぞ知るライン描画ソリューションですね。遂にBlender対応まで来たということで業界で話題になりました。既に劇場アニメなどでも採用されており、かなり多彩なライン描画やNPR表現が可能です。

異なるオブジェクト間で簡単に頂点ウェイトをコピー！
Mio3 Copy Weight

`スキニング` `ウェイト`

開発者	Mio	入手先	Extensions / Github
価格	無料	難易度	対応バージョン 4.2 4.3

このアドオンの特徴
- 異なるオブジェクト間の選択頂点のウェイトをコピー
- シンプルな操作性
- ミニマルなUIで直感的

どんな人にオススメ？
リギングやモデリングでキャラクターのウェイト設定を効率化したい方におすすめです。特に異なるオブジェクト間でのウェイトコピーが必要な場面で重宝します。

Mio3 Copy Weightは、Blenderの頂点ウェイトを異なるオブジェクト間でコピーできる便利なアドオンです。標準機能では同一オブジェクト内でしかコピーできないウェイトを、複数のオブジェクト間でも簡単に共有できるようにします。最後に選択した頂点のウェイトを他の選択頂点に適用でき、ウェイト設定の効率を飛躍的に向上させます。

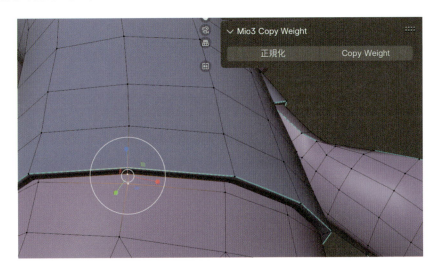

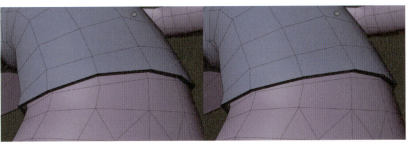

キャラクターの装飾品など、オブジェクトが別れている物に対してウェイトを簡単にコピペすることができます。シンプルな機能ですが、キャラクターモデラーの方は導入必須なのではないでしょうか？

スキンウェイト調整をより快適にする機能補助アドオン！
EasyWeight

`スキニング` `ウェイト`

開発者	Mets		入手先	標準搭載	Extensions
価格	無料		難易度		

対応バージョン 3.6 4.0 4.1 4.2 4.3

このアドオンの特徴
- アーマチュアを表示・選択せずウェイトペイントモードに入れる
- ブラシストローク後にゼロウェイトを自動でクリーンアップ
- ウェイトペイント用パイメニューに便利なオプションを集約
- メッシュ上の不要なウェイトを簡単に特定
- ミラーモディファイアの強制適用

どんな人にオススメ？
細かいウェイトペイントの管理を効率化したいキャラクターアーティストや、すっきりとしたウェイトマップを作成したいリガーに最適です。

Easy Weightは、Blenderでのウェイトペイント作業をちょっとだけ改善するアドオンです。有効にしておくと、アーマチュアが非表示状態でもウェイトペイントモード切替時に自動表示したり、ゼロウェイトを自動で削除したり、常にノーマライズをオンにしたりと、細かな管理ができるため、クリーンでスムーズなウェイトペイントが可能になります。シェイプキー付きのメッシュに対するミラーモディファイアの適用や、ミラーリングにおける頂点グループの調整もワンクリックで行えます。

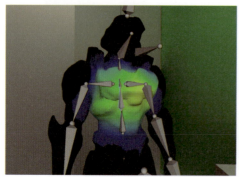

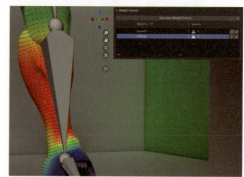

● アーマチュア自動表示
アーマチュアを非表示にしていても、ウェイトペイントモードに入ると自動で表示してくれるようになります。

● 不要なウェイトアイランド検出機能
メッシュ上の意図しない「浮遊ウェイト」を検出し、一覧化する機能で、不要なウェイトを見逃すことなく削除できます。

ウェイトペイント作業の小さな手間を減らし、ウェイト調整の効率を上げてくれます。とりあえず有効にしておくだけで恩恵を受けるアドオンですよ。

| モデラー | テクスチャ/シェーダー | アニメーター/リガー | ライター/コンポジター | FX | ALL |

ボクセルベースで自動スキニングを実現！
Voxel Heat Diffuse Skinning

`スキニング` `ウェイト`

| 開発者 | Mesh Online | 入手先 | Superhive |
| 価格 | $30 | 難易度 | | 対応バージョン | 3.6 4.0 4.1 4.2 4.3 |

このアドオンの特徴
- ボクセルベースのウェイト設定
- 詳細なエリアでも正確なスキニングを実現
- 滑らかな頂点ウェイトを保持するCorrective Smooth Baker
- 大規模な装備品を含むキャラクターでも短時間で完了

どんな人にオススメ？
キャラクターの自動スキニングに時間をかけず、効率的に高精度のウェイト設定を行いたい3Dアーティストに最適です。

Voxel Heat Diffuse Skinningは、キャラクタースキニングをより効率的かつ精密に行えるアドオンです。伝統的なヒートマップディフューズスキニングでは対応が難しかった非シームレスなメッシュに対し、ボクセル技術を用いた革新的なスキニングアプローチで、数分で完璧なボーンウェイトを生成します。高度なスキニング機能を備え、ゲームエンジンへのエクスポートや詳細なウェイト調整が必要なプロジェクトにも対応。特にキャラクターモデリングやゲーム開発において強力なサポートを提供します。

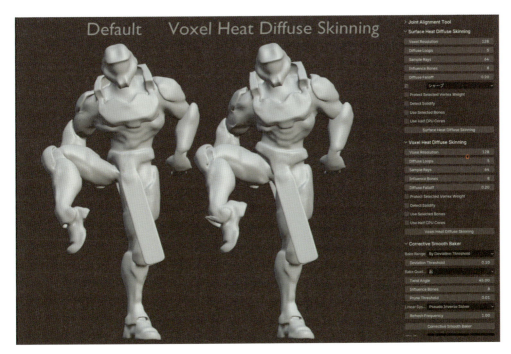

初回設定のウェイトがいい具合になることで、手動ウェイトペイント作業負担がかなり減ります。そして複雑な装備品が多いキャラクターでもスムーズにスキニングが行えます。キャラクターモデラーの方はこの手のアドオンは抑えておくべきでしょう。

099

| モデラー | テクスチャ/シェーダー | アニメーター/リガー | ライター/コンポジター | FX | ALL |

理想的なウェイトスムージングを実現！
smoothWeights

`スキニング` `ウェイト`

開発者	brave rabbit	入手先	Gumroad
価格	€3	難易度	

対応バージョン： 3.6　4.0　4.1　4.2

このアドオンの特徴
- 高速動作のウェイトスムージングを実現
- サーフェスやボリュームの2つのモードで滑らかさをカスタマイズ
- メッシュの境界を越えてウェイトを滑らかに
- 特定の領域を一度にスムージング
- 位置ベースのシンメトリーをサポート

どんな人にオススメ？
高度なキャラクタリギングを行う3Dアーティストに最適で、複雑なウェイト管理を簡素化したい方におすすめです。

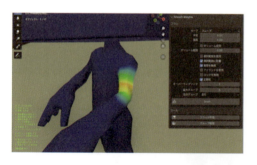

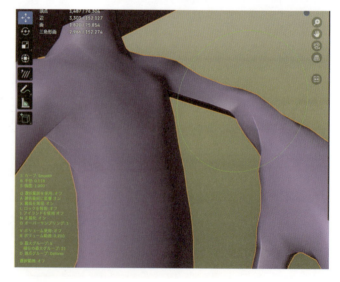

smoothWeightsは、メッシュウェイトのスムージングを劇的に効率化するアドオンです。軽量高速に動作するウェイトスムージングブラシを、ウェイトペイントモードや、オブジェクトモード時でも実行できます。また、シンメトリーマップやアイランド対応、フラッディング機能など、ウェイトをよりスムーズにコントロールするための多彩なオプションが搭載されています。アニメーション制作や複雑なキャラクターモデリングに必須のアイテムです。

ウェイトペイントの手間を大幅に削減できる便利なアドオンです。ウェイトをペイントしてボカして…といったワークフローがメインの方はこのアドオンが役立つと思います。Blender標準のぼかし機能と比較しても理想的なスムージング挙動ですよ。リリース初期は無料でしたが、最新版では有料化されました。

手作業でのウェイト調整を支援してくれるツールセット！
Handy Weight Edit

`スキニング` `ウェイト`

開発者	young
価格	$25

入手先：Superhive
難易度：
対応バージョン：3.6 4.0 4.1 4.2 4.3

このアドオンの特徴
- 編集モードで頂点を直接選択してウェイト値を調整
- 選択した頂点のウェイトを滑らかにする
- 左右対称のボーンや頂点に簡単にウェイトをミラーコピー
- 設定した閾値以下のウェイトを自動的に除去
- ウェイトのバックアップやボーン影響グループの切り替えなど

どんな人にオススメ？
キャラクターのスキニングやリグのウェイト調整を正確に行いたいリガーや、複雑なウェイトペイントが苦手なアーティストに適しています。特にゲーム用キャラクターのウェイトを最適化したいユーザーに最適です。

Handy Weight Editは、Blenderの編集モードでウェイトペイントのような操作を実現する強力なアドオンです。個々の頂点のウェイトを直接調整でき、複雑な形状や小さなエリアにも正確にウェイトを割り当てることが可能です。また、ウェイトのミラーリングや不要なウェイトの削除機能も備えており、最適なウェイト管理が簡単に行えます。

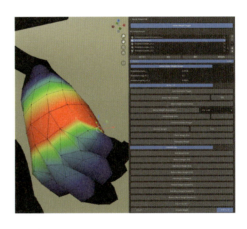

● 選択頂点が影響するVertex Groupの切り替え
選択している頂点が関連している頂点グループの表示を切り替えることで、どのウェイトが割り振られているのか把握しやすくなります。

● インポート/エクスポート機能
ウェイトのバックアップや転送が簡単にできるため、作業中のデータの保全や別メッシュへのウェイト転送が容易です。

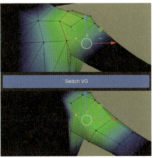

頂点を選んで設定、チクチクと進めるペイントしない昔ながらのウェイト調整が好きという方はこういうアドオンを頼ると良いですよ。

関連アドオン
ウェイト情報の書き出しや読み込みを行いたい方は、cvELD氏による「cvELD_SkinWeights」というアドオンも要チェックです。Armatureモディファイアのスキンウェイト情報を外部データ（.sw）に書き出し＆読み込みが可能です。「cvELD_SkinWeights」はSuperhiveやGumroadにて$6、BOOTHでは¥850で販売中です。

ウェイトテーブルや数値入力でウェイトを調整可能に！
Lazy Weight Tool

`スキニング` `ウェイト`

開発者	忘却野
価格	¥2,700／$27

入手先: BOOTH / Superhive / Gumroad
難易度: ★★
対応バージョン: 3.6 / 4.0 / 4.1 / 4.2

このアドオンの特徴
- ウェイト値と頂点グループを表形式で表示＆編集
- 正確な数値でウェイトを設定可能（置き換え・加算・減算に対応）
- 別オブジェクト間でウェイトをコピー＆ペースト
- シンメトリー設定を反映し、対称頂点にウェイトを自動適用
- 指定の閾値以下のウェイトを自動削除し、軽量化

どんな人にオススメ？
ウェイトペイントをより精密に管理したいアーティストや、複数オブジェクト間でのウェイト統一が必要なリガーに最適です。細かい調整や対称設定、複雑な頂点管理が求められるシーンで重宝します。

Lazy Weight Toolは、Blenderでのウェイトペイントをサポートする多機能アドオンです。ウェイトテーブルの表示・編集機能により、各頂点のウェイトを数値で精密に調整でき、複数オブジェクトに対して一括処理が可能です。シンメトリー設定やコピー＆ペースト機能も充実しており、特に複雑なリグの作業効率を向上させます。

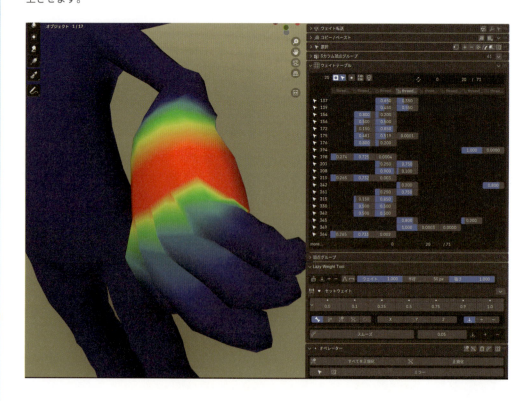

ウェイト調整をテーブルで行うのは他のDCCツールを使っていた方には馴染み深いですよね。個人的にローポリキャラクターモデルのウェイト編集はこういったフローのほうがすきですね。またこのアドオンはそれ以外にも多数の機能を搭載しているので便利ですよ。

ポーズモード時に使える便利なリギングサポートツールセット！

cvELD_QuickRig

`自動リギング` `操作改善` `ボーン操作`

開発者	cvELD	入手先	BOOTH　Superhive　Gumroad	
価格	¥1,700／$15	難易度	★★★	対応バージョン　3.6　4.0　4.1　4.2

このアドオンの特徴
- 直感的なリギング操作をPoseModeで完結可能
- 多彩なボーン生成や整列、スナップ機能
- ボーンに基づいたメッシュ生成機能

どんな人にオススメ?
リギングプロセスを効率化したいアーティストや、迅速に複雑なキャラクタ構造を作成する必要があるリガーに最適です。

cvELD_QuickRigは、ポーズモード時にリギング作業を可能にする強力な支援ツールです。ボーンセットアップの他にボーンカラーの変更、ミラーリング、ボーンコレクションの作成など、リギング時に役立つ便利な機能が多数搭載されています。Blenderでの視認性や操作性を高め、スムーズなワークフローを実現します。

● 主な機能
- PoseModeでリギングやボーンの色や形状変更が可能
- 円形や放射状のボーン配置を自動生成
- 選択ボーンをもとにポリゴンメッシュやカーブオブジェクトを生成
- ボーンの色とコレクション設定を他の選択されたボーンにコピー
- ボーンコレクションの作成や割り当る機能
- シェイプキーを保持しながらモディファイア適用する機能
- 特定ボーンにエンプティを生成し拘束する機能
- 近隣ボーンへのスナップやボーンの整列機能
- IK/FKスライダーの作成
- オフセットボーン、トラックボーン、ストレッチボーンなどの生成
- PoseModeでのペアレント化
- ペアレントのクリア
- カスタムシェイプの割当
- その他様々な便利ツール

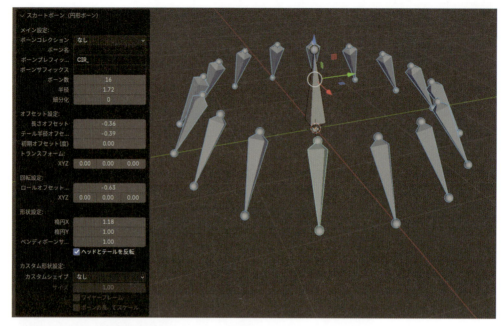

円形や放射状のボーン配置を自動生成

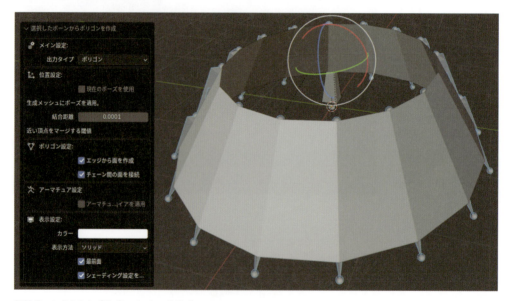

選択ボーンをもとにポリゴンメッシュを生成

ポーズモードで色々できるというのだけでかなり魅力的なアドオンです。単純にボーン構築するときにあると便利な機能が多いですよ。きっとどれか刺さる機能があるはず？

関連アドオン

cvELD氏によるリギング系アドオンは他にも存在します。「cvELD_QuickBBone」は　選択したボーンに対してコマンド一発で、BendyBoneに変換してRIGをセットアップしてくれます。「cvELD_QuickBBone」はSuperhiveやGumroadにて$15、BOOTHでは¥1,700で販売中です。

3Dキャラクターを手軽に高精度リギング！
Auto-Rig Pro

`自動リギング` `スキニング`

開発者	Artell	入手先	Superhive
価格	Lite：$25／Full：$50	難易度	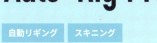

対応バージョン　3.6　4.0　4.1　4.2　4.3

このアドオンの特徴
- ワンクリックでのスマート自動リグ
- 高度なフェイシャルリグサポート
- 多様なエクスポート対応（FBX, GLTF）
- モジュラー設計でカスタマイズ可能
- ゲームエンジン向けに最適化されたツール

どんな人にオススメ？
キャラクターアニメーション制作を効率化したいアニメーターやリガー、ゲームエンジン向けのリグエクスポートを必要とする開発者に最適です。

Auto-Rig Proは、Blenderでのキャラクターリグを迅速かつ効率的に行えるアドオンです。スマートな自動リグ機能により、ヒューマノイドキャラクターのリグ作成がワンクリックで完了します。また、非ヒューマノイドのリグも柔軟にカスタマイズできるモジュラー設計となっており、スパイダーやケンタウロスのような複雑なリグも対応可能です。さらに、FBXとGLTF形式のエクスポートに対応し、UnityやUnreal Engineなどのゲームエンジンへも容易にリグを移行できます。

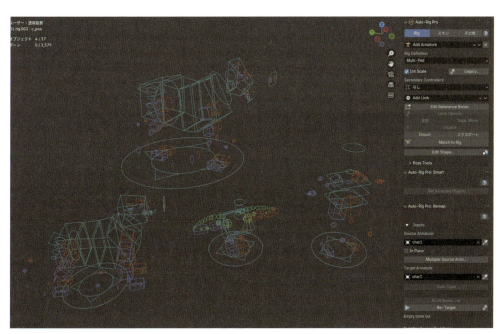

多彩な機能と、アニメーションの細部にまでこだわった調整が可能なため、初心者からプロまで幅広いユーザーが愛用しています。今までのBlenderリグ制作の常識を覆す革新的なアドオンです。

● 優秀な自動リギング
首、顎、肩、腕、腰のルート、足首を指定するだけで自動的にアーマチュア生成＆スキニングを行い、そのまま自動リギングまで可能です。

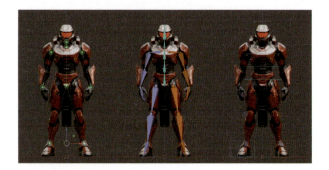

Blenderでリギングの情報を調べるとかならずこのアドオンに行き着きます。それくらい有名かつ多くの採用例が存在するアドオン。安心して導入できるのではないでしょうか？

関連アドオン

「Auto-Rig Pro」には拡張用のアドオンが幾つか存在します。公式のArtellからリリースされている「Auto-Rig Pro: Quick Rig」(Superhiveにて$12.50)は様々なモデルをAuto-Rig Pro用アーマチュアに変換できます。Joris氏による様々な動物のリグを収録したリグライブラリ「Auto-Rig Pro: Rig Library」(Superhiveにて$26)なども存在します。
また、無料のリギングアドオンをお探しの方は、Blenderに標準搭載されている「Rigify」や、Blender Studioも採用した「BlenRig 6」などもチェックしてみると良いですよ。

| モデラー | テクスチャ／シェーダー | アニメーター／リガー | ライター／コンポジター | FX | ALL |

筋肉シミュレーションを手軽に実装可能なツールセット！
X-Muscle System

`筋肉シミュレーション` `リギング`

| 開発者 | k44dev Software | 入手先 | Superhive / Gumroad |
| 価格 | Standard：$34.97／XL：$54.97 | 難易度 | ★★★ | 対応バージョン | 3.6 / 4.0 / 4.1 / 4.2 / 4.3 |

このアドオンの特徴
- 物理ベースの筋肉シミュレーション
- 形状やサイズなどのパラメータを直感的に調整
- 左右対称に筋肉を複製し、時間短縮が可能
- 自動ウェイトペイントでボーンに筋肉を簡単にアタッチ
- 様々なリグに対応：Rigify、Auto-Rig Proなどにも対応

どんな人にオススメ？
リアルなキャラクターアニメーションを目指すアニメーターや、筋肉システムを求めるモデラーに最適です。

X-Muscle Systemは、Blenderでのリアルな筋肉シミュレーションと組織作成を可能にするアドオンです。物理ベースのシミュレーションにより、筋肉や脂肪、骨が体積保存に基づいて正確に変形し、キャラクターに高度なリアリズムをもたらします。簡単操作で複雑な筋肉構造やアニメーションを構築でき、スピーディーなワークフローと直感的なツールがアーティストの創造性を引き出します。

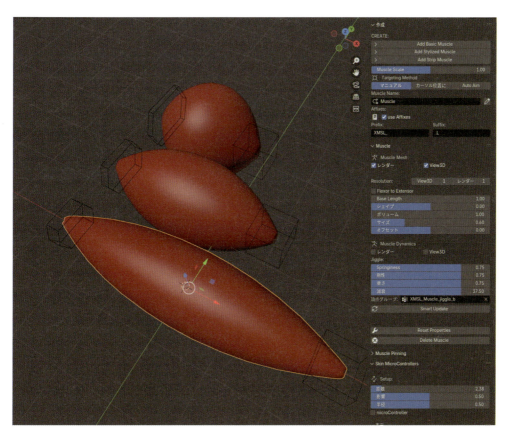

107

● 主な機能
- サイズ、プロパティ設定、コントローラーなど、アニメーション可能な筋肉パラメーター
- 筋肉のシェイプキーをサポート
- シェイプキーを持つボディメッシュに対応
- Mirrorモディファイアを持つボディメッシュに対応
- Auto-Aimモードによるボーンへの自動アタッチ機能
- 屈筋と伸筋タイプ
- 進化したマイクロスキンコントローラー
- 筋肉のミラーリング
- Rigify、Pitchipoy、ManuelBastioniLAB、BlenRig5、Blenrig6、Auto-Rig Proを含む様々なタイプのアーマチュアとカスタムリグをサポート
- パラメータと設定をシンプルかつパワフルにコントロール
- リアルタイム実行で複数の筋肉プロパティを同時に調整可能
- 強力な統合ネーミングシステム
- 物理ベースの組織シミュレーション - ジグリングマッスルは、脂肪、胸、お尻、頬、皮膚、または骨のような剛体のような体の特定の部分をシミュレート
- 強力なオートエイム機能でメッシュを筋肉アシストに変換
- マテリアル管理
- 独自のPieメニュー追加のアドオンが付属

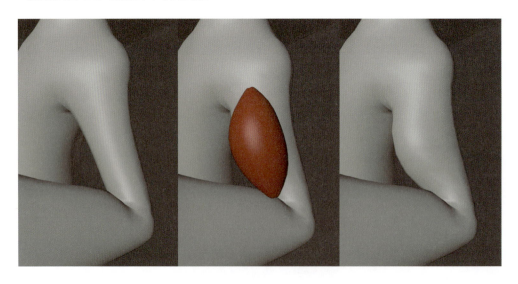

● Standard版とXL版について
アドオンとしての機能はStandard版にすべて備わっております。リギングされた人体骨格モデルを含まれます。XL版は人体骨格バンドルのフルセットとベータ版機能への早期アクセスが含まれます。

かなり昔から存在するアドオンです。簡単に筋肉挙動を実装できます。Blenderで唯一無二の汎用的なマッスルシステムならこれ！ というか残念ながら他の選択肢がほとんどありません…。

108

直感的なフェイシャルリギング＆モーションキャプチャツール！

Faceit Facial Expressions And Performance Capture

`操作改善` `フェイシャル` `ARKit`

開発者	FBra	入手先	Superhive / Gumroad
価格	$99	難易度	★★★

対応バージョン: 3.6 / 4.0 / 4.1 / 4.2 / 4.3

このアドオンの特徴
- 自動フェイシャルリグや表情の柔軟なカスタマイズ
- ARKitやAudio2Faceからのリアルタイムキャプチャ
- リギングプロセスに戻れる非破壊的なワークフロー
- ランドマークを基にしたウェイトの自動設定
- 異なるモデル間でのシェイプキーアニメーションのリターゲット

どんな人にオススメ？
キャラクターのフェイシャルアニメーションを効率よく制作したいアニメーターや、モーションキャプチャデータを活用したいリガーに最適です。

Faceitは、Blenderにおけるフェイシャルリギングとモーションキャプチャ対応のオールインワンツールです。直感的な操作で顔のリグとシェイプキーを素早く設定でき、カスタム表情も自由自在。リアルタイムでモーションキャプチャデータを受信・記録し、ARKitやAudio2Faceなどにも対応しています。非破壊的なワークフローにより、リグの調整も容易で、アニメーション制作の効率を大幅に向上します。

● 主な機能
- 半自動フェイスリギング
- 自動で正確なウェイト付け
- プリセットからの自動表情（FACSベースなど）
- カスタム表情とカスタムプリセット
- 非破壊的な表情編集
- ARKitとAudio2Face用のモーションキャプチャーインポーター
- リアルタイムでアニメーションデータの受信と記録
- 特定の顔領域へのフィルタリングやスムージング
- ARKitモーションキャプチャーとキーフレームアニメーション用の柔軟なシェイプキーコントロールリグ
- シェイプキーリターゲット
- シェイプキーユーティリティ
- Faceit Rigify Armatureを任意のボディリグに結合
- 完全に非破壊的なワークフロー

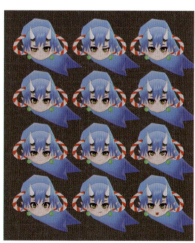

※ますく氏より画像をご提供いただきました。

Blenderで複雑なフェイシャルアニメーションを効率よく制御＆制作したい方は、これ一択ですね。使用者の評判もとても良さげでした。

物理ベースのリアルな車両リグを素早く作成！ゲーム間隔で操作！

RBC A Physics-Based Vehicle Rigging Addon

`カーリギング` `自動リギング` `物理演算`

開発者	aka studios	入手先	Superhive / Gumroad		
価格	Free：無料／Pro：$49	難易度	★★	対応バージョン	3.6 4.0 4.1 4.2 4.3

このアドオンの特徴
- 直感的UIで簡単に車両リグをセットアップ
- ゲームパッド、ガイドオブジェクト、キーボードに対応
- カスタマイズ可能な速度メーターで速度表示
- カーブを使って車両の滑らかな動きを実現

どんな人にオススメ？
物理ベースのリアルな車両アニメーションを素早く作成したいアニメーターや、シミュレーションを活用した詳細なリグが必要なアーティストに最適です。

RBC Addonは、物理ベースの車両リグを簡単に作成できるBlenderアドオンです。直感的なインターフェースと高度なチューニングオプションにより、リアルな車両挙動を素早く調整可能です。豊富な制御オプションも備え、ドライバーやキーボード、ゲームパッド、ガイドオブジェクトによる多様な操作ができます。また、速度メーター表示やガイドパス機能により、より高度な車両シミュレーションやアニメーションが実現可能です。Free版では機能制限された1種の車両リグが構築可能です。

手間をかけずに精密な物理シミュレーションが行える点が非常に魅力的。自分の車をとりあえず動かしたい時にこういうアドオンは必須ですよ！ゲームコントローラーを使用し、ゲーム間隔で動かせるのが大きなポイントです。

モデラー | テクスチャ／シェーダー | **アニメーター／リガー** | ライター／コンポジター | FX | ALL

簡単・リアルな車両アニメーションを実現！
RIGICAR

`カーリギング` `自動リギング`

開発者	Picto Filmo	入手先	Superhive / Gumroad
価格	$22	難易度	
		対応バージョン	3.6 4.0 4.1 4.2 4.3

このアドオンの特徴
- 数ステップで車両を走行簡単セットアップ
- ボーンやリグなしで直感的に車両アニメーション作成
- 速度に応じて自動スピンや操舵角度を調整。
- リアルタイムで有効化できる車両の動的なダンパー。
- 車体やホイールに関連するオブジェクトを簡単にリンク

どんな人にオススメ?
迅速かつリアルな車両アニメーションを求めるアニメーターや、リアルタイムでの車両動作を活用してダイナミックな演出を行いたいテクニカルアーティストに最適です。

RIGICARは、Blenderでリアルな車両アニメーションを手軽に作成できるアドオンです。ボーンやリグを使わず、メッシュ指定やタイヤ位置調整などの工程を数ステップ行うだけでリギングが完了し、リアルタイムでのアニメーション作成が可能になります。また、アンカーヘルパー機能で車軸やブレーキ、ステアリングなどのメッシュとの連携、前後異型ホイール設定、わかりやすいUIなども特徴的です。

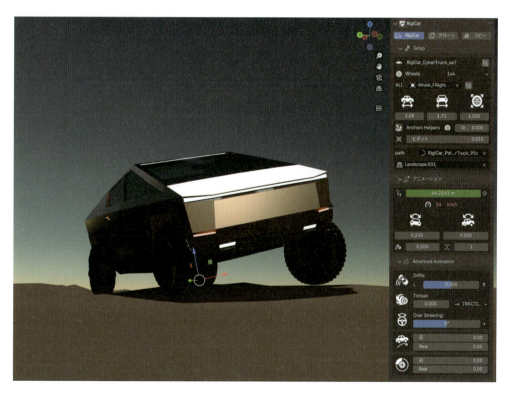

とにかくセットアップが簡単にできる車両リグアドオンなのがポイント。セットアップから走行までのフローがシンプルで分かりやすいのも特徴です。複雑な動きを求められないプロジェクトでは手軽に導入できますよ。

モデリング
アニメーション
リギング
ライティング
マテリアル＆シェーディング
レンダリング
コンポジティング
パイプライン
シミュレーション
UV展開
カメラ
アセットライブラリ
インターフェイス
キャラクター
背景
配置・レイアウト

111

| モデラー | テクスチャ/シェーダー | **アニメーター/リガー** | ライター/コンポジター | FX | ALL |

驚異の車両リギング&アニメーションツール!
Launch Control Auto Car Rig

`カーリギング` `自動リギング`

| 開発者 | Daniel Vesterbaek | 入手先 | Superhive | Gumroad |
| 価格 | $49 | 難易度 | 対応バージョン |

このアドオンの特徴
- タグ付けでワンクリックで車両リグ作成
- リアルタイム物理挙動でジャンプやスピンを実現
- 複数車両のアニメーションが可能で、各車両の管理も簡単
- タイヤの圧力に応じたタイヤ痕生成
- 車両が接触する地面やオブジェクトの自動検出

どんな人にオススメ?
リアルな車両アニメーションを素早く制作したいアニメーターや、カスタマイズ可能な物理エンジンを活用してダイナミックな演出を行いたいアーティストに最適です。

Launch Controlは、車両リグやアニメーション制作に特化したBlenderアドオンで、リアルタイム物理シミュレーションやスピード調整機能など、アニメーションに必要な強力なツールを搭載しています。ワンクリックでの簡単なリグ設定に加え、複数の車両を同時に操作できるマルチカー対応が特徴です。

● タイヤ痕生成
地面を検出しタイヤの圧力に応じて自動でタイヤ痕を生成することができます。

 本格的なカーチェイスアニメーションを作る際には結構使用している人が多いアドオンです! 簡単な設定でも本格的な自動車挙動を表現できるので楽しいですよ! ヘッドライト表示やタイヤ痕など、細かな機能がついているのも嬉しいです。

| モデラー | テクスチャ/シェーダー | **アニメーター/リガー** | ライター/コンポジター | FX | ALL |

アニメーターによるアニメーターのためのツールセット！
AbraTools

`操作改善` `モーション編集`

開発者	Francois Rimasson	入手先	Github
価格	無料	難易度	
		対応バージョン	3.6 4.0 4.1 4.2

このアドオンの特徴
- モーション編集のための細かなツールセット
- 使いたい機能を選択可能なカスタムツールシェルフ
- 非選択Fカーブを自動非表示、自動フレームイン
- ワンクリックでモーションパスを設定
- シェイプキーやリグ全体に簡単にキーを打つ機能

どんな人にオススメ？
手動でアニメーションを作成する際に作業効率を上げたいアニメーターに最適です。

AbraToolsはBlenderにおけるアニメーション作成の効率を飛躍的に向上させるツールセットです。簡単なUIで、Fカーブの管理やモーションパス設定、シェイプキーの一括キーフレーム作成、キーフレームのリタイムなど、複数の機能をワンクリックで実行可能。さらに、ツールシェルフをカスタマイズできるため、必要なツールだけを表示してスムーズに作業が進められます。

● **主な機能**
- **ToolShelf**：ビューポートヘッダーのアイコンからアクセス可能なツールシェルフ
  シェルフの色や各ツールの表示状態、ホットキーなどもカスタマイズ可能
- **Isolate Curves**：選択されていないFカーブを自動的に隠す。[Shift]＋[H]が不要に
- **Auto Frame**：現在のフレーム範囲のF-Curvesを自動的にフレーム化して表示
- **Smart Keyframe Jumping**：キーフレームジャンプと自動選択により、キー間の移動を高速化
- **Quick Motion Path Setup**：ワンクリックでモーションパスをセットアップ
- **Quick View Curves**：移動・回転・スケールなどをフィルターし最も重要なカーブを素早く表示
- **Key All Shape Keys**：シェイプすべてにキーを打つ
- **Key Whole Armature**：リグ全体にキーを打つ
- **Retime Scene**：カメラマーカーとシーン内の他のすべてのキーフレームを自動的に移動するリタイム機能
- **Bake Keys**：1、2、または好きな間隔でキーをベイク
- **Selection Sets+**：セレクションセットへのアクセスや管理をより迅速に
- **Quick Pivot**：3Dカーソルを使ってピボットポイントを素早く変更
- **Quick Copy/Paste**：プレイヘッド位置のキーをコピーし、別のフレームでペースト

 本当に細かいツールが集まっている印象です。個人的にBlenderのカーブエディタは見づらいと感じていたので、表示周りを改善できる機能だけお世話になっていますよ。あと使いたい機能だけに絞ったりと、カスタマイズ性も豊富なので嬉しいです。

NLAエディタを活用したアニメーションレイヤー管理アドオン！
Animation Layers

`操作改善` `アニメーションレイヤー`

開発者	Tal Hershko	入手先	Superhive
価格	$28	難易度	🍄🍄

対応バージョン: 3.6 / 4.0 / 4.1 / 4.2 / 4.3

このアドオンの特徴
- 標準的なアニメーションレイヤーUIで管理
- NLAエディタと統合した挙動を実現
- シェイプキーも含むオブジェクトデータのレイヤー化も可能
- レイヤーごとに速度とオフセット調整が可能
- キーフレームの表示制御やスマートベイク機能を搭載

どんな人にオススメ？
複雑なアニメーションを多層的に管理したいアニメーターに最適です。特に、キャラクターアニメーションやモーションキャプチャデータを編集するプロジェクトで役立ちます。

Animation Layersは、BlenderのNLA（Non-Linear Animation）エディタを標準的なアニメーションレイヤー管理ワークフローに変える強力なアドオンです。追加や削除が簡単にできるアニメーションレイヤー機能により、複雑なアニメーションの編集がスムーズに行えます。モーションキャプチャデータの整理やスマートベイク、カスタムフレームレンジ設定など、多機能なツールで作業効率を大幅に向上させます。

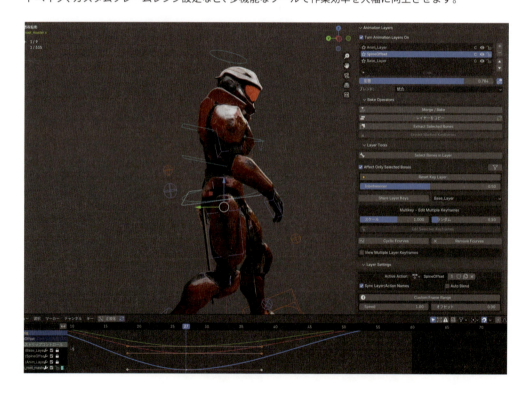

NLAエディタはそもそも通常考えられるアニメーションレイヤーとは考え方が違っているみたいなので、こういうアドオンが登場したわけですね。NLAに不満がある人はコチラを使うと不便な所が改善されます。

ボーン揺れを簡単に適用できる強力ツール！
Wiggle 2

揺れ物

開発者	shteeve3d	入手先	Github

| 価格 | 無料 | 難易度 | |

対応バージョン 3.6 4.0 4.1 4.2

このアドオンの特徴
- シンプルで扱いやすい物理ロジックでリアルな動きを実現
- ピン留め機能で特定のボーンを固定可能
- コリジョン対応で、衝突や摩擦をシミュレート
- ワンクリックでベイクし、揺れボーンをキーフレームに変換

どんな人にオススメ？
ボーンに手軽な揺れ挙動を追加したいアニメーターにオススメです。

Wiggle 2はBlender向けの揺れボーンアドオンで、物理シミュレーションを駆使してリアルな揺れを表現することができます。特に、アホ毛やチェーンのような連動した動きを再現する際に強力です。
また、便利なピン留め機能の他に、衝突や摩擦、バウンドや粘着性など細かな調整が可能です。揺れのシミュレーションは、ベイクしキーフレームに変換することでループアニメーションも作成できます。

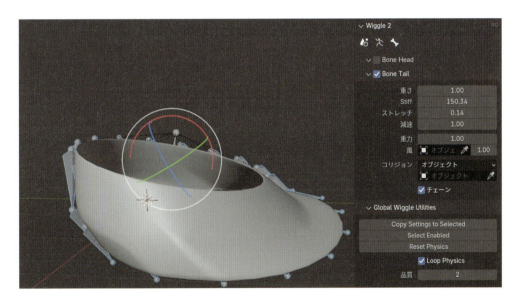

 揺れボーンの設定は複雑に思えるかもしれませんが、このアドオンがあれば簡単に行えます。特にリアルな動きが求められるシーンで威力を発揮します。物理シミュレーションとキーフレーム化の両立ができるため、非常に便利です！とにかく揺らしまくれ！

関連アドオン
揺れ骨アドオンは他にも多数存在します。morelewdの「Bonedynamics Pro」は$0〜$15の価格でSuperhiveやGumroadで販売中。Bartosz Styperekによる「Wobly Wiggler」は$9でGumroadから入手可能です。

SMEAR

動きを強調するスタイライズ効果を適用！

`アニメーション効果` `Geometry Nodes`

開発者	Jean-Basset
価格	無料

入手先: `Extensions` `Github`

難易度: 🐵🐵🐵

対応バージョン: `3.6` `4.0` `4.1` `4.2` `4.3`

このアドオンの特徴
- 既存のアニメーションにスミアエフェクトを生成
- エッジの伸ばしやモーションライン、中間フレーム効果
- フレームの長さや位置、ノイズ、重み付けなど調整可能
- カメラ視点に基づいたスミアフレームの生成

どんな人にオススメ？
手描きアニメーションのスタイルや動きの強調をアニメーションに加えたいアーティストにオススメです。

SMEARはBlenderで3Dアニメーションに独自の「スミアフレーム」を簡単に加えられる無料アドオンです。MoStyle ANRプロジェクトの一環としてJean Bassetらが開発し、Siggraph 2024で紹介された先進的なシステムで、物体の動きに応じたさまざまなスタイライズエフェクトを提供します。たとえば、素早い動作に合わせて物体を引き伸ばす「エロンゲート・インビトウィーン」や、軌跡に沿ってモーションラインを追加する「モーションライン」、そして多重フレームで動きを強調する「マルチ・インビトウィーン」など、ダイナミックなアニメーション表現が可能です。

スタイライズド表現でよくある効果、日本だと「おばけブラー」と呼ばれることが多いかな？ そんな効果を手軽に追加できる素敵なアドオンです！

プロシージャル破壊＆テキストアニメーションを手軽に制作！
ANIMAX Procedural Animation System

`モーショングラフィックス` `アニメーション効果` `Geometry Nodes` `破砕`

開発者	Monaime	入手先	Superhive / Gumroad
価格	$35	難易度	★★☆

対応バージョン: 3.6 / 4.0 / 4.1 / 4.2 / 4.3

このアドオンの特徴
- 簡単なUIとワークフローで直感的に操作可能
- メッシュをピースに分割する破砕ツール
- 12種のエフェクト、34種のアニメ、13種の破砕プリセット
- カスタムプリセットを保存・読み込み
- コレクション内のオブジェクトもアニメーション化

どんな人にオススメ？
複数のインスタンスを使ったプロシージャルアニメーションを効率的に作成したいモーショングラフィックスアーティストや、アニメーターに最適です。

ANIMAXは、Blenderで複雑なプロシージャル破壊アニメーションを簡単に作成できるアドオンです。エフェクトやプリセットを選び、パラメータを調整するだけでアニメーションが完成。テキストやコレクション内オブジェクトのアニメーション、ジオメトリノードとの連携も可能です。ANIMAXを使えば、難解な数式やノードの設定を行わずに高度なアニメーション表現が可能になります。

● エフェクトと破砕プリセット
12種類のエフェクトや34のアニメーションプリセットに加え、13の破砕プリセットが提供されており、さまざまなパターンのアニメーションがすぐに利用できます。カスタムプリセットも作成可能で、自分だけのアニメーション設定を保存・再利用できます。

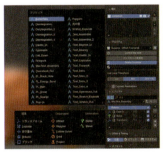

パネル内からポチポチと設定していくだけで複雑なアニメーションを構築できます。設定項目が多くすべてを理解するまで少し時間がかかるかもしれませんが、使い方のチュートリアル動画も用意されているので安心ですね！私もまだ使いこなせていませんけど…。

GP Animator Desk

Grease Pencilで2Dアニメーション制作環境を快適に！

`Grease Pencil` `イラスト` `操作改善`

開発者	Calm Dude	入手先	Superhive
価格	$16	難易度	

対応バージョン 3.6 4.0 4.1 4.2 4.3

このアドオンの特徴
- Grease Pencil用のナビゲーションとレイアウトボタンを追加
- 従来型のオニオンスキン設定とカラー切り替え機能
- 「Draw with Hints」モードで手描きアニメーションを効率化
- 参照画像の管理をDrawing Modeから実行可能
- ツールのホットキー設定で作業スピードを最適化

どんな人にオススメ？
Grease Pencilを使ったアニメーション制作を効率化したいアーティストや、描画時にスムーズなツールアクセスを求める方に最適です。

GP Animator Deskは、BlenderのGrease Pencilアニメーション作業を快適にする多機能ツールセットです。ボタンやパネルを拡張し、特にタブレットでの描画時にワークフローを大幅に向上させます。「Draw with Hints」モードにより、ストロークの方向やキーフレームの整頓が簡単になり、さらに滑らかなアニメーションを作成できます。従来のオニオンスキン機能も改善され、4種類のカラー設定を素早く切り替えられるため、アニメーションの確認も効率的です。

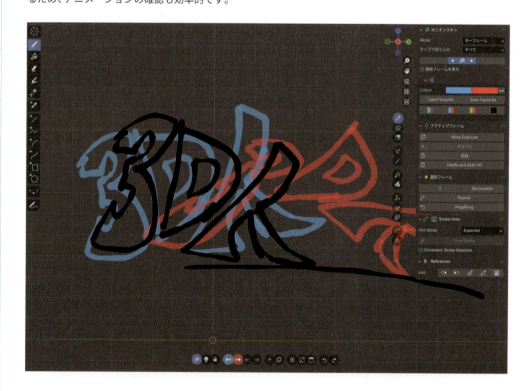

Grease Pencil系アドオンの中でも中々ニッチな部類に入ると思います。2Dアニメーションを作りたい方やコンテ作成など、色々と活用の幅が広がりそうですよ。

| モデラー | テクスチャ/シェーダー | **アニメーター/リガー** | ライター/コンポジター | FX | ALL |

重いモディファイアを無効化しビューポートパフォーマンスを改善！

Simplify+ Viewport Perfomance

`高速化` `最適化` `操作改善` `ビューポート`

開発者	Cosmo Mídias	入手先	Superhive / Gumroad
価格	Limited Edition：無料〜$1 Full：$29.99	難易度	対応バージョン 3.6 4.0 4.1 4.2 4.3

このアドオンの特徴
- モディファイアの表示を一括で切り替え
- パフォーマンスを可視化しし高負荷な要素を素早く発見
- プレイバックやポーズモード時に有効
- 選択オブジェクトをコレクションから隔離＆復元
- 一部機能が制限された無料版あり

どんな人にオススメ？
Blenderの作業効率を上げたいモデラーやアニメーターに最適です。多くのモディファイアを管理する複雑なプロジェクトや、迅速にビューを切り替える必要があるプロジェクトでの活用が推奨されます。

Simplify+は、Blenderの3Dビューを最適化し、作業効率を大幅に向上させるために設計されたアドオンです。モディファイアの負荷状況可視化やトグル機能が管理パネルに表示され一括制御が可能。ショートカット設定やトグル機能を活用して、特定のオブジェクトやコレクションを迅速に軽量化できるため、複雑なシーンでの作業もスムーズに進められます。
またプレイバック時やポーズモード時にだけ有効化することも可能です。

● **Limited Edition（無料〜$1）**
主要機能が制限され、6種類のモディファイアトグル機能のみ搭載のバージョンです。プレイバック中のアクティブ操作やコレクションの分離機能などが省かれた、コストを抑えたエントリーレベルの選択肢です。

モディファイアの管理やビューの整理がワンクリックで行えるため、複雑なシーン作成やアニメーション作業がより効率的になります。負荷の状況も分かりやすいので便利ですね。重いシーンを扱う際にはこの手の機能は必須になってくると思っています。

モデリング / アニメーション / リギング / ライティング / マテリアル＆シェーディング / レンダリング / コンポジティング / パイプライン / シミュレーション / UV展開 / カメラ / アセットライブラリ / インターフェイス / キャラクター / 背景 / 配置・レイアウト

119

| モデラー | テクスチャ／シェーダー | アニメーター／リガー | **ライター／コンポジター** | FX | ALL |

シーンのライトやHDRIをマネジメントしライティング作業を劇的に効率化！
Gaffer Light & HDRI Manager

`ライト管理` `HDRI` `操作改善`

| 開発者 | Greg Zaal | | 入手先 | Github Superhive |
| 価格 | 無料／寄付：$19 | | 難易度 | | | 対応バージョン | 3.6 4.0 4.1 4.2 4.3 |

このアドオンの特徴
- すべてのライトを管理できる便利なUI
- HDRI管理システムで環境マップの切り替え調整
- 各ライトをソロで表示する機能
- ランプサイズの視覚化やライト名の視覚化
- 無料の無制限トライアル版も提供

どんな人にオススメ？
効率的にシーンのライティングを行いたい方に最適です。特に、複雑なライト設定を一箇所で管理したいライティングアーティストにおすすめです。

Gafferは、ライティング作業をスピーディに行えるように設計されたアドオンです。シーン内に点在するライトを1つのパネルで管理することができます。ソロ表示機能や視覚化ツールを活用して、各ライトの効果をすぐに確認できるため、作業効率が向上します。また、HDRI管理システムにより、迅速な切り替えと調整が可能で、最適な環境を手早く設定できます。

シーンのライトが多くなるとそれを管理するのは結構大変ですよね。昔からあるこのアドオンはライティング作業をかなり効率化してくれます。シーン内のライトが迷子になってしまう方には必須のアドオンです。

三点照明を瞬時にセットアップ！
Tri-lighting

`操作改善` `ライティング`

開発者	Daniel Schalla	入手先	`標準搭載` `Extensions`
価格	無料	難易度	対応バージョン `3.6` `4.0` `4.1` `4.2` `4.3`

このアドオンの特徴
- 3ポイントライティング（三点照明）をワンクリックで追加
- シンプルな設定画面

どんな人にオススメ？
初心者やライティングに詳しくない人にオススメです。Blenderで素早くライティングを設定したい人に最適です。

Tri-lightingは、ワンクリックで3ポイントライティングをセットアップできるアドオンです。照明は選択対象に向かって常に固定されるため、設定の手間を最小限に抑えつつ、プロのような照明を実現します。スタジオライティングの基本である3ポイントライティングが数秒で完了し、後からも詳細な調整が可能。ライティングの手軽さと効率化を追求したい方に最適なツールです。

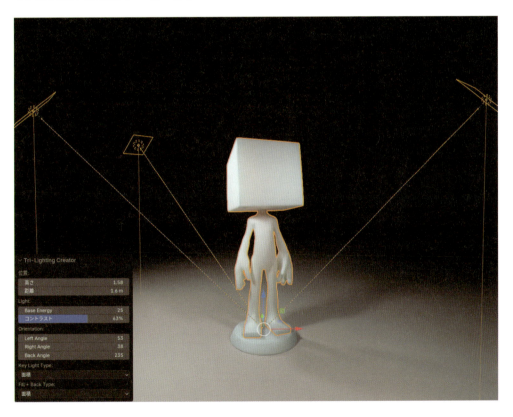

手早くライティングしたい時に重宝しています！ 特に初心者にはライティングに悩まされることが多いと思いますが、このアドオンを使うことで一瞬でスタジオライクなライティングが実現できるので入れていて損はないですよ。

モデラー | テクスチャ／シェーダー | アニメーター／リガー | **ライター／コンポジター** | FX | ALL

ライティングフローを効率化し直感的にシーン構築！
Light Wrangler　Essential Lighting Add-On For Blender

操作改善　照明ライブラリ　HDRI　ベイク　Gobo　ライティング

開発者	Leonid Altman	入手先	Superhive
価格	非商用：$14／個人商用：$29　スタジオ：$69	難易度	

対応バージョン　 3.6　4.0　4.1　4.2　4.3

このアドオンの特徴
- インタラクティブにオブジェクトへ光源配置調整
- HDRI光源ライブラリ付き
- 配置したライトをHDRIとしてベイク可能
- エッジをボカシた扱いやすいScrimライト
- Goboテクスチャで簡単に魅力的な影や反射効果を追加

どんな人にオススメ？
より高品質なライティングを迅速に設定したい方に最適。シーンの雰囲気を精密にコントロールしたいクリエイターにおすすめ

Light Wranglerは、Blenderでのライティング作業を劇的に効率化し、プロフェッショナルなクオリティの演出が簡単に実現できるアドオンです。マウスとホイール操作で視覚的かつ直感的な操作が可能で、ビューポート内でのカーソル基準の光源配置や、オブジェクトのサーフェイス基準に光源を配置することが可能です。

●便利なライブラリ
パラメータ調整可能なエリアライトや、HDRIの光源ライブラリ、Goboライブラリも搭載し高品質なシーン構築を実現できます。

● HDRIベイク

配置したライトをHDRIテクスチャとしてベイクすることも可能です。

とにかく使いやすく、しかも効率的に高品質なライティングが行えます。他のライト関連アドオンも沢山試しましたが、このアドオンは個人的に欲しい機能を網羅しつつ、ユーザーの手に馴染むような配慮が多く見られる製品でした。
開発者のYouTubeチャンネルでは日本語で解説した動画も公開されておりますので、使用する際には是非チェックすることをおすすめします。

関連アドオン

ライティングを効率化するアドオンは他にも多数存在します。Blender Controlの「Light Control（無料／フル版：$10）」はオブジェクトに対してワンクリックでライトを配置＆照射が可能な直感的なツールを提供します。Bproductionの「Light Studio（$36.90）」は多くの光源ライブラリを直感的に配置し対象物をライティング可能です。Casey_Sheepの「Better Lighting V2（$16.75）」は多くの幻想的なライティングプリセットを収録したアドオンです。それぞれSuperhiveから購入することができます。

| モデラー | テクスチャ／シェーダー | アニメーター／リガー | ライター／コンポジター | FX | ALL |

ワンクリックで陰影をライトマップにベイク！
Real Time Cycles

`ベイク`　`外部連携`

開発者	Blender Bits	入手先	Superhive
価格	商用：$7.99／スタジオ：$59.99	難易度	対応バージョン 4.0 4.1 4.2 4.3

このアドオンの特徴
- ワンクリックでCyclesの陰影をベイク
- 展開時にライトマップUVを自動展開
- 解像度や品質の設定が可能

どんな人にオススメ？
高品質のレンダリングをリアルタイムで行いたいアーティスト、Cyclesシーンを高速化したい人、ゲームエンジンなどにそのままシーンを持っていきたい人。

ライティングシーン

ベイク済みシーン

Real Time Cyclesは、BlenderのCyclesレンダリングをリアルタイム環境で実現するアドオンです。このアドオンを使用することで、レンダリングの品質を維持しながら、スムーズなプレビューや即時の結果を得ることができます。通常のCyclesのビジュアルクオリティをリアルタイムで体験できるため、特にアニメーションや大規模なプロジェクトにおいて時間の節約が可能です。

● ワンクリックベイク

解像度を指定してボタンを押すと、自動的にライトマップ用のUVが追加生成され、すぐにライトマップが生成されます。既存の計算はライトマップに乗算され放射ノードに自動的に接続されます。

複雑な設定はできないですがとてもシンプルに焼き込みすることができます。アドオン作者の目的はCyclesレンダリングを高速化するためのものですが、外部エンジンにライティング環境をそのまま反映させたい場合にも活用できると思います。1オブジェクトに対してライトマップは1つなので、複数オブジェクトでライトマップをまとめたい場合はメッシュを結合する必要があります。

リアルなカメラ挙動とライティング環境を提供するツールセット！
Photographer 5 Physical Cameras and Lights Toolset

操作改善 / 照明ライブラリ / カメラ演出 / Gobo / IES / HDRI / ライト管理

開発者　Fabien Christin　　　入手先　Gumroad
価格　$24　　　難易度　★★　　対応バージョン　3.6　4.0　4.1　4.2　4.3

このアドオンの特徴
- ISO、シャッタースピード、絞りなどの物理カメラ挙動と露出管理
- レンズの歪み、色収差、フィルムグレインなどのエフェクト
- シーン内のすべてのライトをコントロールするライトミキサー
- HDRIとワールド素材を管理し、リアルな影や反射を再現
- ゴボとIESライトでリアルな光の質感を再現

どんな人にオススメ？
リアルな照明とカメラ効果でシーンを演出したいアーティストやビジュアライザーに最適です。

Photographer 5は、Blender用の高機能カメラ・ライティングアドオンです。物理ベースのカメラ設定やライティングツールを備え、短時間でプロ品質のレンダリングを実現します。露出やホワイトバランスの調整、HDRIやBokehテクスチャ、レンズ効果やポストエフェクト、ゴボやIES搭載ライトなど多彩な要素を1つのパネル上で一括管理可能。さらに、シャッタースピードやISOの反映、Lens ShiftやDolly Zoom、カメラ位置のブックマーク機能など多彩なツールを搭載しています。

● カメラレンズエフェクト
レンズの歪み、色収差、フリンジ、シャープ、フィルムグレインなどを様々なエフェクトを簡単に追加可能です。

● HDRIとグランドメッシュ
HDRI画像をライティングで活用するのに加え、地面のメッシュとして活用可能で、オブジェクトと環境をうまく統合します。

● GoboライトとIESテクスチャ
リアルな影や光の質感を付加するためのGoboとIESテクスチャをCyclesで使用可能です。独自の光の効果で、質感のあるシーン表現を簡単に行えます。

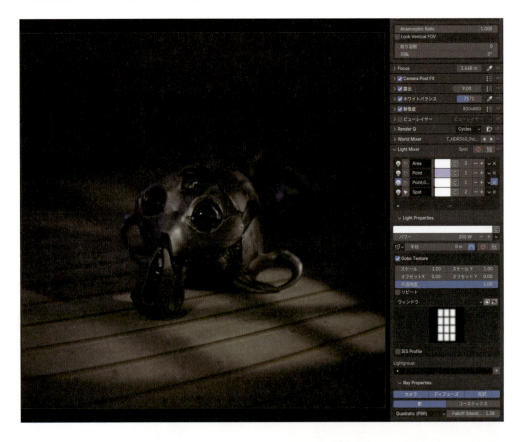

カメラ＆HDRI＆ライティング＆ポスト処理と一通り網羅しているアドオン。リアルなシーン作りを求める人にぴったり。カメラエフェクトやGoboライトなど、シーンに深みを加える機能がたくさん揃っているので、思い通りの雰囲気を作り出せます。

関連アドオン

Håvard Dalen氏が公開している「Lens Sim」は現実世界のレンズを完全にシミュレートし、Cycles上で高度なビジュアル効果を実現するアドオンです。自作のレンズも作成可能で、繊細なジュアルを実現可能ですが、少々重めなので注意が必要です。「Lens Sim」アドオンはSuperhiveにて$40で入手することができます。

大量のHDRIを保有している方必見！
Easy HDRI

`HDRI` `アセット管理` `操作改善`

開発者	Code of Art	入手先	Gumroad
価格	無料	難易度	

対応バージョン: 3.6 / 4.0 / 4.1 / 4.2

このアドオンの特徴
- HDRI画像フォルダのプレビューとお気に入り設定
- 照明に影響を与えずに背景変更が可能
- 簡単な色調整とHDRIのぼかし機能とランダム画像選択
- 擬似的な地面投影機能

どんな人にオススメ？
リアルな照明を素早く設定したい3Dアーティストや、HDRIの管理・選択を効率化したい方にオススメです。

Easy HDRIは、BlenderでのHDRI環境のセットアップを簡単に行えるアドオンです。HDR画像フォルダをプレビューし、スムーズに切り替え操作を行いながら、IBL（イメージベースドライティング）が可能で、よりリアルなシーンを短時間で構築できます。Blenderのワークフローにスムーズに統合し、効率的なライティング設定を提供するツールです。

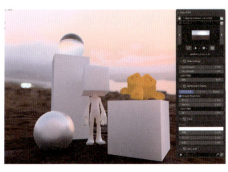

● GroundProjection
地面を擬似的に作成し接地感を向上させます！

膨大なHDRIの管理と適用が一段と簡単になり、シーンのライティング設定もスムーズに行えます。最近は無料のHDRI素材が簡単に入手できるようになりましたからね、かなり活用できると思いますよ！

HDRIをドーム状に生成しモデルとの接地感を高める!
HDRI Maker

`HDRI` `アセット管理` `操作改善`

開発者	Andrew_D	入手先	Superhive
価格	2Kパック:$29／4Kパック:$39 8Kパック:$49／プロパック(16K):$69	難易度	★★

対応バージョン: 3.6 / 4.0 / 4.1 / 4.2 / 4.3

このアドオンの特徴
- HDRi環境をドームや3D形状にマッピング
- 影の投影機能！EeveeとCycles両方で動作
- アニメーション可能な霧や埃
- インタラクティブなUI
- 119のHDRI (EXRs) が付属

どんな人にオススメ?
リアルな背景とライティングが必要なアーティストや、シーン全体に統一感を持たせたい方に最適です。

HDRi Makerは、で美しいライティングとシーンの背景を手軽に生成できる高機能アドオンです。480種類以上のHDR/EXR背景を含み、ユーザーはシーンに簡単にカスタマイズ可能なドームを追加できます。特徴的な「Wrap」機能で、地形のリアルな表現も可能です。また、影の投影やボリューム効果を活用して、シーンにより深いリアリズムを加えられます。ユーザーの所有するHDR / EXR画像も即座にインポートでき、ライブラリに保存可能です。特に照明が大切なアニメーションやフォトリアルなシーンを作成する際には、HDRi Makerが圧倒的な利便性を提供します。

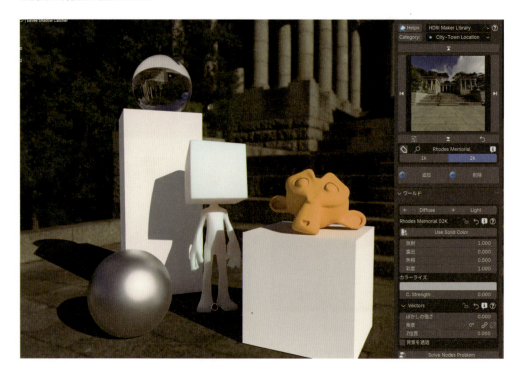

● 柔軟なドームシステム
ドームを使用することでオブジェクトがHDRIに設置しているように見せることができます。ドーム（5種）、半球（3種）、立方体（1種）、円柱1種のドームを設定可能で、形状は「Hooks」機能を使って編集することができます。「Wrap」システムを使用すると地面の起伏も調整が可能です。

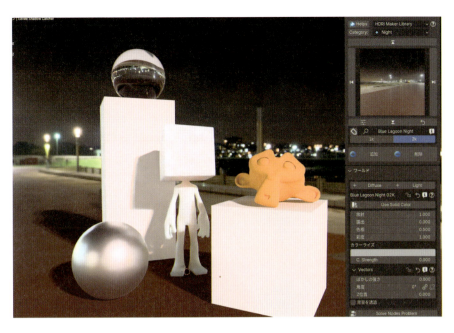

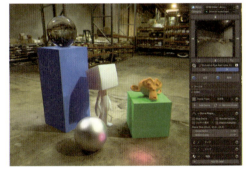
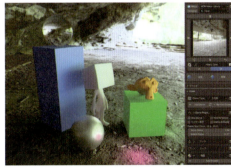

● **アニメーション可能ボリュームメトリックフォグ**
ワンクリックでアニメーション可能なボリュームメトリックフォグを作成可能です。HDRI背景との馴染ませやすくなります。

● **CyclesとEEVEE対応のシャドウキャッチャー**
シャドウキャッチャーは通常Cyclesでしか使えませんが、HDRi MakerではEeveeでも使えるシャドウキャッチャーを生成することができます。

HDRiをただの環境光ではなく背景として適用できるので、オブジェクトとの親和性が大幅に向上する素晴らしいアドオンです！ 接地感が出しやすいので本当に便利です。HDRIライブラリもかなりの量が入っているので有り難いですね。

Dynamic Sky

EEVEEとCycles対応の軽量シンプルな空を作成！

`大気生成` `EEVEE` `Cycles` `クラウド`

開発者	Community、Pratik Solanki	入手先	標準搭載 Extensions
価格	無料	難易度	★

対応バージョン: 3.6 / 4.0 / 4.1 / 4.2 / 4.3

このアドオンの特徴
- プロシージャルな空と太陽をワンクリックで生成
- EEVEEとCyclesに対応
- シンプルで直感的な光源調整UI
- 軽量で手軽に使える
- リンク切れの心配不要でシンプルなライティングを作成

どんな人にオススメ？
HDRIを使わず、シンプルかつ軽量な空間ライティングを手早く設定したいユーザーにおすすめです。

Dynamic Skyは、標準搭載されているプロシージャルな空と太陽を生成できるアドオンです。数クリックで自然なライティングを簡単に設定でき、シーンに即座に反映されます。シンプルで使いやすいインターフェースを備えており、EEVEEとCyclesの両方に対応しています。ライトやHDRIを使わずに自然な空を作成できるため、リンク切れなどの煩わしい問題も発生しません。シンプルながらも即座に使える、軽量な空間ライティングが欲しい方にピッタリのツールです。

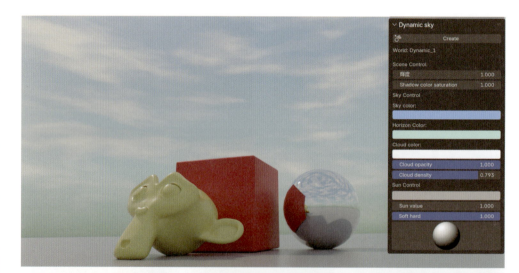

シンプルかつ軽量に扱えるアドオンです。最近はリアルな空ソリューションが増えましたが、この空が一番手軽で軽量ですね。リアルさには期待しないほうが良いですが、ちょっとしたグラデーションを背景に設定できるので重宝します。

手軽にワンクリックでリアルな空を設定！
Real Sky

`大気生成` `Cycles` `EEVEE` `クラウド`

開発者	Marco Pavanello	入手先	GitLab
価格	無料	難易度	

対応バージョン 3.6 4.0 4.1 4.2 4.3

このアドオンの特徴
- 物理的な公式に基づいたリアルなライティング
- 地球の大気を通した太陽光線の散乱を正確にシミュレート
- 月と日の値で調整可能な太陽の位置
- スカイカラー方式とスカイテクスチャ方式の2つの空メソッド
- プロシージャルクラウドを生成

どんな人にオススメ？
HDRIライティングではなくリアルなSKY環境が欲しいすべての人。

Real Skyは物理的な計算式に基づいたアドオンで、最も一般的な環境である空からの正確な照明を提供します。1年のどの時期でも、地球の大気を通過する太陽の光の散乱を綿密にシミュレートし、リアルで物理的に正確な照明と空の状態を保証します。ユーザーは、月と日の値を簡単に変更し、空における太陽の正確な位置を得ることができます。

お手軽空生成では定番のアドオン！CyclesとEEVEEに対応していますが、Blender 4.x系のEEVEEはうまく描画されないので現状はCycles用として使うことをおすすめします。

ボタン一つでリアルな空を実現！

True-Sky

`大気生成` `Cycles` `クラウド`

開発者	True-VFX	入手先	Superhive
価格	$49	難易度	

対応バージョン 3.6 4.0 4.1 4.2 4.3

このアドオンの特徴
- 物理的に正確な太陽と空のライティングを実現
- 昼夜の自動トランジション機能
- 星や星雲、ブラックホールを生成可能なナイトスカイ機能
- ワンクリックで追加できるボリューム雲
- 霧や地表に沿ったフォグエフェクトを簡単に作成

どんな人にオススメ？
リアルで物理的に正確な空や大気効果を手軽に追加したいアーティストや、時間経過による昼夜変化を活用してシーンに深みを持たせたいクリエイターにおすすめです。

TrueSKYは、物理的に正確な空とライティング環境を簡単に作成できるBlenderアドオンです。昼夜サイクル、プロシージャルな雲や星空、フォグといった多彩な要素を、直感的なコントロールパネルから一括管理できます。初心者でも美しいリアルなビジュアルを手軽に作成でき、柔軟な表現が求められるプロジェクトに最適です。

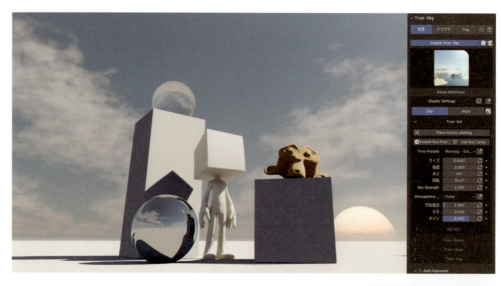

● 主な機能
- 物理的に正確な太陽と空のライティングを簡単に設定
- 昼夜サイクルをワンタッチで自動トランジション
- 星や星雲などのプロシージャルな星空生成機能
- ボリューム雲をワンクリックで追加し、密度やカバー率を調整
- フォグやヘイズによるリアルな霧エフェクトを設定可能
- ACESカラーとAgXワークフロー対応による正確な色再現

これ一つでリアルな空の表現が完璧に。雲や星空の質感が圧倒的で、シーンの深みが増します。昼夜の自動変化ができるのも便利ですね！ Cycles専用でリアルな空を求めている方は是非チェックです。最新版は4.2以降のBlenderをサポートします。

Physical Starlight And Atmosphere

EEVEE&Cycles対応のリアルな大気表現を手軽に実現可能な有名アドオン！

`大気生成` `EEVEE` `Cycles` `クラウド`

開発者	Physical Addons	入手先	Superhive
価格	$70	難易度	

対応バージョン： 3.6 4.0 4.1 4.2 4.3

このアドオンの特徴
- 物理ベース大気シミュレーションでリアルな空表現
- 時間帯の変更によるリアルタイムでの環境調整
- 地球規模のスケールで精密な光のシミュレーションが可能
- シンプルなUIで直感的に操作可能
- EEVEE＆Cycles両対応

どんな人にオススメ？
リアリスティックなライティングや自然環境を作成したいアーティストに最適。特に屋外のシーンや、大気の効果が重要なビジュアライゼーションにおいて役立ちます。

Physical Starlight And Atmosphereは、Blenderにおけるリアルなライティングと大気のシミュレーションを可能にするアドオンです。このアドオンを使用することで、物理に基づいた精密な昼夜の空、太陽、月、星などの照明効果を瞬時に作成できます。EEVEEにも対応したリアルタイムでの調整や、地球規模の正確な光のシミュレーションに優れており、映画やビジュアライズにおいてリアルなルックを求めるユーザーに最適です。

設定項目も豊富で大気の表現で困ることは無いと思います。2つの太陽など、地球以外の非現実的な表現も手軽に設定できます！　雲の表現は少し物足りないので別途雲用アドオンもあると良いです。

カメラごとに異なる解像度を設定！
Per-Camera Resolution

`カメラ` `効率化`

開発者	pioverfour	入手先	Extensions
価格	無料	難易度	

対応バージョン 4.2 4.3

このアドオンの特徴
- カメラごとに個別に解像度を設定
- タイムラインマーカーでカメラ変更時も自動更新
- レンダーボーダーを使った新しいカメラを生成する機能
- アニメーションレンダリング対応の新しいオペレーター

どんな人にオススメ？
シーン内で複数のカメラを使用して、異なる解像度でレンダリングしたいアーティストに最適です。

Per-Camera Resolutionは、シーン全体ではなく、カメラごとに異なる解像度を設定できるアドオンです。シーンのカメラを切り替えるたびに、それぞれのカメラに割り当てられた解像度が自動で適用されるため、特定の解像度が必要なシーンでの作業が非常に効率的になります。また、レンダーボーダーを設定して、指定したエリアを新しいカメラとして生成する機能も備わっており、細かい部分だけをレンダリングする際に便利です。

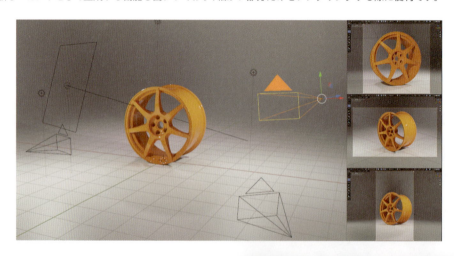

● Custom Resolution
カメラのプロパティ内に項目が追加され、カメラごとの解像度を指定することができます。

● レンダーボーダーのベイク
カメラがアクティブ時にレンダーボーダー（Ctrl+B）を使用し、特定の領域を設定後、そこから新しいカメラを生成することができます。

挙動としてはアクティブなカメラに設定されたパラメータが、自動的に出力プロパティの解像度に反映されるイメージです。最近流行りの縦長のショート用動画を、カメラを分けて管理したくなることって多いんですよね。そういうときにも役立つアドオンです！

モデラー | テクスチャ／シェーダー | アニメーター／リガー | **ライター／コンポジター** | FX | ALL

iOSデバイスで3Dトラッキング&LiDARスキャンVFX制作をサポート！
Omniscient Importer　VR LiDAR Tracking

`実写合成` `トラッキング` `iOS` `スマホ連動` `LiDAR`

開発者	Stellaxis OÜ	入手先	Extensions　公式サイト　Github
価格	無料／Premium：週¥300 月¥600／年¥5,000	難易度	🤯🤯　対応バージョン　4.1　4.2　4.3

このアドオンの特徴
- iOSアプリで3DカメラトラッキングとLiDARスキャン
- 業界標準フォーマット（.abc, .obj, .fbx, .usd）で出力
- シーンの実写スケールを再現（1単位=1メートル）
- 最高4Kまで対応（HDは無料、4Kはプレミアム）
- Blenderアドオンで自動シーンセットアップを提供

どんな人にオススメ？
VFXやモーショングラフィックスの制作に取り組むクリエイター、iPhoneやiPadを使って手軽に3Dトラッキングやスキャンを導入したい人にオススメです。

Omniscient Importerは、iOS向けアプリ「Omniscient」を使用して、iPhoneやiPad用のカメラで簡単に3DカメラトラッキングやLiDARスキャンを行ったデータをインポートするためのアドオンです。リアルワールドスケールのデータをそのまま動画と3Dデータでキャプチャできます。HD画質は無料で利用でき、プレミアムプランでは4K対応やProResコーデック、.fbxや.usd形式でのエクスポートも可能です。「Omniscient」はBlenderの他にCinema 4D、Unreal Engineといったソフトへのエクスポートも対応しています。

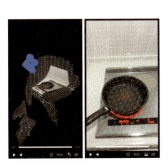

とりあえず実写合成を始めるならまずはこのアプリとアドオンを使用することをオススメしてます。キャプチャデータを読み込むだけで、土台となるシーンを簡単に構築できます！楽しいですよ！

モデリング／アニメーション／リギング／ライティング／マテリアル＆シェーディング／レンダリング／コンポジティング／パイプライン／シミュレーション／UV展開／カメラ／アセットライブラリ／インターフェイス／キャラクター／背景／配置・レイアウト

135

グラフィカルなガイドで写真とカメラのパースをマッチング！

Perspective Plotter

写真合成　実写合成　パース合わせ

開発者	Mark Kingsnorth	入手先	Superhive　Gumroad
価格	$18	難易度	🐵🐵

対応バージョン　3.6　4.0　4.1　4.2　4.3

このアドオンの特徴
- 視点ガイドを使ってリアルタイムでカメラ視点を調整
- 1点、2点、3点透視図のモード切替が可能
- 背景画像に合わせた比率でカメラの位置と角度を調整
- カメラを複数のシーンで使用可能
- ガイドラインの色と不透明度をカスタマイズ

どんな人にオススメ？
2Dのスケッチや写真と3D空間を簡単にマッチさせたい建築、3Dモデリング、VFX合成の作業を行うモデラーやアーティストにオススメです。

Perspective Plotterは、Blender内でカメラの視点をインタラクティブに調整できるアドオンで、fSpyにインスピレーションを得て開発されました。視点ガイドを使って1点から3点透視のパースを正確に設定でき、2Dのスケッチや写真と3Dシーンのマッチングがリアルタイムで可能です。また、シーンスケールの設定やカメラアニメーションのサポートもあり、モデリングやカメラ設定が格段に便利になります。

Column：fSpy
fSpyは、Blenderを含む他の3Dツールにカメラ設定をマッチングしてインポートするために使用できる、無料のスタンドアロンカメラマッチングアプリケーションです。Blender向けにインポート用アドオンが提供されています。

グラフィカルなガイドで合わせることができるので非常に扱いやすいです。
fSpyと違ってBlender内で完結できるため、作業のスピードが大幅に向上しますよ！

関連アドオン
RT studiosによる「Camera Pnpoint - Perspective Matching And Lens Calibration」はPnPアルゴリズムで動作しつつレンズの歪みまで考慮しカメラと画像を合わせることができます。（Superhiveで$4.80、Gumroadで無料）

オブジェクトを精密に3Dトラッキング！
GeoTracker for Blender

実写合成　トラッキング

開発者	KeenTools	入手先	開発者サイト
価格	月額$18／年間$170	難易度	🐵🐵🐵

対応バージョン　3.6　4.0　4.1　4.2　4.3

開発者サイト

このアドオンの特徴
- 3Dモデルを使用した精度の高いオブジェクトトラッキング
- 直感的なインターフェースでモデルの位置合わせ
- 2Dコンポジットマスクで不要な要素を除去
- カメラパラメータ不明の状態でも焦点距離の自動推定
- 映像からのテクスチャ投影とベイク

どんな人にオススメ？
映像やVFX制作でリアルなオブジェクト追跡を求めるFXアーティストに最適です。

GeoTracker for Blenderは、3Dモデルを使用して実写映像のオブジェクトを正確に追跡できるBlender用のプロフェッショナルなトラッキングアドオンです。簡単な操作でモデルを配置し、キーフレームで微調整することが可能です。また、2Dおよび3Dのマスク機能や焦点距離推定、ズームショット対応といった多彩な機能により、精密でリアルなトラッキングが実現します。FaceBuilderとの連携も可能で、映像からのテクスチャベイク機能も備えています。

● **3Dモデルを使ったオブジェクト追跡**
3Dモデルを使用して実写映像の動きを正確にトラッキング。

● **簡単な位置合わせと微調整**
インターフェースが直感的で、キーフレームを使って簡単に調整可能。

● **ズームショットと焦点距離の自動推定**
焦点距離の変化を自動追跡し、ズームショットにも対応。

> Blenderのトラッキングもまぁまぁ良さげですが、動きのある立体物となると中々難しいですよね。そんな悩みを簡単に解決してくれるアドオン。実写合成などを行うBlenderユーザーの方は導入必須だと思います！

関連アドオン
KeenToolsは他にもトラッキングアドオンを販売しております。「FaceTracker for Blender」は顔と表情のモーショントラッキングに特化したアドオンです。顔モデルの生成アドオン「FaceBuilder」とのバンドル「FaceBundle」で販売されており、月額$27からのサブスクリプションで利用可能です。

無料で手軽に使えるカラーグレーディングツールの新基準！
Colorista

`カラーグレーディング` `カメラ演出`

開発者	ACGGIT_LJ	入手先	Extensions Github
価格	無料	難易度	対応バージョン 4.0 4.1 4.2 4.3

このアドオンの特徴
- リアルタイムでカラー調整
- 便利なカラーパレット機能
- 色管理の自動同期
- 履歴とプリセットの保存に対応
- 簡単なワンクリック操作でモード切り替え

どんな人にオススメ？
映像の雰囲気や色彩を細かく管理したいカラーリストやコンポジターに最適なツールです。

Coloristaは、Blenderでのリアルタイムカラーグレーディングを簡単に実現する便利なアドオンです。トーンや色彩調整、シーンの色温度や明暗バランスの自動調整機能などが直感的に行え、より効率的な雰囲気づくりが可能です。また、作業履歴の自動保存機能や、プリセットの保存も可能で、プロジェクトごとの独自の効果を素早く適用できるため、初心者からプロまでにも有用なツールとなっています。

ちょっとした調整の際に重宝するアドオンです。Extensionsにて提供されているので手軽に導入できるのもポイントが高いですね。調整項目も多く、こだわりのある色調整も思い通りに実現できます。プリセット保存できるのも良い。そしてこれが無料とは有り難い…。

| モデラー | テクスチャ/シェーダー | アニメーター/リガー | **ライター/コンポジター** | FX | ALL |

プロフェッショナルなカラーグレーディングを実現！
Colorist Pro LUTs & Viewport Color Grading

`カラーグレーディング` `カメラ演出`

開発者	monkibizniz	入手先	Superhive
価格	$16.89	難易度	

対応バージョン 4.0 4.1 4.2 4.3

このアドオンの特徴
- ビューポートで即時にシーンの雰囲気を変化
- プロ仕様のカラー調整パラメータ
- ワンクリックでカラースペースをACESに切り替え
- フィルムグレイン、レンズフレアやレンズ汚れなど多彩な効果
- ワンクリックで汎用比率に切り替え可能なアスペクト比プリセット

どんな人にオススメ？
映画風の演出や特殊なビジュアル効果やカラーグレーディングを求めるアーティストに最適です。

Colorist ProはBlenderのビューポートでリアルタイムカラーグレーディングを可能にするアドオンです。直感的な操作でLUTを適用可能。ハイライトやシャドウ、特定の色調整、さらにレンズ歪みなどのフィルムエミュレーション、レンズの汚れや多彩なグレア表現などを搭載。その他にプリセットから手軽にアスペクト比や解像度を変更することも可能です。

シンプルな操作で効果的なエフェクトを簡単に追加できます。Blender上で絵作りを完結する際にはこういうアドオンはどれか一つは導入しておくことをオススメしますよ。

139

Final LUT

Blenderでシンプルにリアルタイム LUTカラーグレーディング！

`カラーグレーディング` `カメラ演出` `LUT`

開発者	Antoine Bagattini	入手先	Superhive
価格	$12	難易度	

対応バージョン：4.1　4.2　4.3

このアドオンの特徴
- ビューポートでLUTを即座に適用＆確認
- LUTで使われる.cubeファイルをライブラリに保存
- Agx Base sRGB、Filmic sRGB、sRGBなどのカラースペース選択
- 名前や属性でLUTライブラリを整理
- CC0ライセンスの60種類以上のLUTファイルが同梱

どんな人にオススメ？
プロレベルのカラーグレーディングを求めるアーティストや、簡単にシーンの色調整をしたいクリエイターに最適です。自作LUTファイルも使用可能なので、幅広い用途に対応します。

Final LUTはBlenderにリアルタイムでLUTを適用し、簡単にカラーグレーディングを行えるアドオンです。Blender内で直接LUTを適用・管理できるため、コンポジタでのLUT作業がよりスムーズになります。Agx Base sRGBやFilmic sRGBといったカラースペースから選択し、直感的な調整が可能です。LUTパックには業界標準の60種類のLUTが含まれており、シーンに合わせたカラー演出を瞬時に行えます。また、独自の*.cubeファイルをインポートしライブラリに登録することもできます。

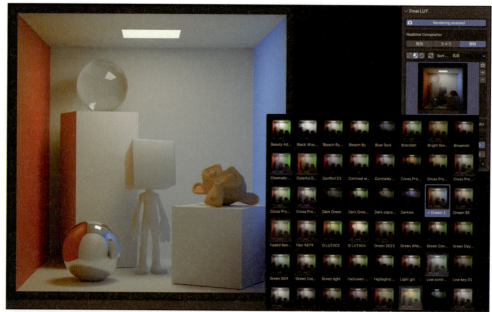

自作のシーンで一括LUTプレビューサムネイルも生成可能なのはとても魅力的！そのうえで全体的にシンプルで使いやすい操作感なのが印象的です。LUTライブラリを整理できるので、よく使うスタイルだけ集めて切り替えたりすることもできます。

Blendshop — Layer-Based Compositing / Color Grading Tool

シンプルなレイヤーベースのコンポジットを実現！

カラーグレーディング　カメラ演出

開発者	Casey_Sheep	入手先	Superhive
価格	$17.75	難易度	

対応バージョン　4.0　4.1　4.2　4.3

このアドオンの特徴
- Photoshopライクなレイヤー構造でコンポジット
- シンプルでわかりやすいUI
- プリセットのインポート＆エクスポート
- 機能制限付き無料体験版有り！

どんな人にオススメ？
コンポジティングワークフローを簡略化したい人、Photoshopライクな管理方法に魅力を感じる人。

BlendShopは、Blenderでのコンポジティング作業を劇的に向上させるために設計されたアドオンです。Photoshopライクなレイヤー機能を備え、エフェクトや色補正、フィルターなどをBlender内で直感的に管理できます。リニアカラー対応により、プロフェッショナルなコンポジットの精度を保持しつつ、Blenderのパワフルなノードシステムとスムーズに連携します。複雑なノードグラフを簡素化し、リアルタイムプレビューで素早く結果を確認できるため、作業効率が格段に向上します。

● 38種のコンポジットレイヤー
一般的なコンポジットでよく使うような表現を簡単に追加可能です。

使えるレイヤーは用意されたものだけですが、コンポジット作業が格段に効率化されます！ノードベースのコンポジットに抵抗がある人は要チェックのアドオンです！

141

ワンクリックでドット絵風レンダリングシーン設定に！

Pixel A Cheat Code For Pixel Art

`NPR` `EEVEE` `Cycles`

開発者	Alt Tab	入手先	Superhive
価格	$9.99	難易度	🍄🍄

対応バージョン： 3.6 4.0 4.1 4.2

このアドオンの特徴
- ワンクリックでピクセルアート風セットアップ
- 2.5Dの見た目を作るアイソメトリックカメラ
- ライトに反応するピクセルマテリアル
- テクスチャ付きピクセルマテリアル
- アニメーションスプライトの作成を簡単にサポート

どんな人にオススメ?
ゲーム開発者やデジタルアーティストで、ピクセルアートやレトロなアニメーションスプライトを簡単に作りたい方に最適です。

Alt Tab's Pixelは、Blenderでオブジェクトをピクセルアートに変換するアドオンです。2.5Dのアイソメトリックカメラ、ライティングやテクスチャに対応したシンプルなピクセルマテリアル、アウトライン描画などを利用して、手軽にレトロな見た目を再現可能です。

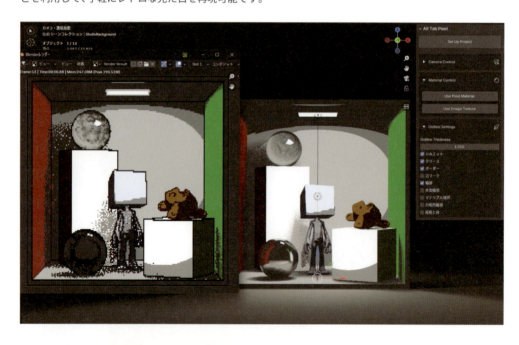

手軽にドット絵風ビジュアルを構築できる楽しいアドオンです！ マテリアル設定などは多少手作業で行う必要がありますが、ゲームやその他画像素材制作時にも役立つと思います！ EEVEE描画推奨とのこと。

ワンクリックで雪を追加できるお手軽無料アドオン！
Real Snow

雪　Cycles　EEVEE

開発者	nacioss、Marco Pavanello	入手先	標準搭載　Extensions　Github
価格	無料	難易度	対応バージョン　3.6　4.0　4.1　4.2

このアドオンの特徴
- 選択オブジェクトへワンクリックで積雪メッシュを生成
- Blender 4.1から標準搭載
- リアルな雪のマテリアル

どんな人にオススメ？
背景シーンに手軽に積雪表現を追加したい方にオススメです。

Real Snowは、冬のシーンや背景を作成する際に便利なアドオンです。ワンクリックで選択したオブジェクトの上面部分に雪のメッシュを生成します。

お手軽な雪生成としては定番です。「アドオンってこういうことができるんですよ？ 便利でしょ？」とBlender初心者に教えると感動してもらえますね。

143

2Dベースで軽量かつ美しい雲を追加可能なアドオン！
Fluffy Clouds Planes

`クラウド` `最適化`

開発者	Besa Art	入手先	Superhive
価格	アドオン＋Dark Clouds Pack：$36 アドオン＋All Clouds Pack：$99.93	難易度	🐵

対応バージョン　3.6　4.0　4.1　4.2

このアドオンの特徴
- 薄い2Dテクスチャで軽量かつリアルな雲を実現
- アニメーションやシェーダー設定をパネル内で簡単操作
- プロキシ表示により、カメラビューの混雑を回避
- 多層の雲シーンを短時間で作成可能

どんな人にオススメ？
シンプルでパフォーマンスに優れた雲を大量に配置したいアーティストに最適です。

Fluffy Clouds Planes Addonは、リアルな雲を軽量かつ簡単に生成・アニメーションできるアドオンです。薄い2Dテクスチャと高度なシェーダーで、実際の雲のような見た目を再現しつつ、パソコンの負荷を抑えたデザインが特徴です。Dark Clouds Packが付属しており、色や明るさ、アニメーションもワンクリックで調整可能です。All Clouds Packを選ぶことで、15のムードパックがすべて含まれ、豊富な雲のバリエーションが楽しめます。

● ムードパックを付属
このパックを利用すれば、多様な雲のシーンを瞬時に作成可能で、プロジェクトに応じた豊かな表現が可能です。アドオンには1つのムードパック（15種のダーククラウド）が付属し、All Clouds Packは全15種のムードパックが含まれます。

> よくあるボリュームベースの雲ではなく2Dベースの雲のため、かなりサクサク描画できるのがポイント。大量の雲を配置した上空シーンなどで本領発揮すると思います。

手軽にボリュームトリックな雲を生成！
Volumetric Clouds Generator

`クラウド` `Cycles` `EEVEE`

開発者	Daro Source	入手先	`Github`	標準搭載 `Extensions`
価格	$5	難易度	🍄	対応バージョン `3.6` `4.0` `4.1` `4.2`

このアドオンの特徴
- 簡単にシーンにボリュームトリックな雲を追加！
- CyclesとEEVEEの両方に対応
- 雲の密度、色、形状など、多くのパラメータをカスタマイズ可能
- 2つのレンダリングプリセット付き

どんな人にオススメ？
簡単にボリューム感のあるリアルな雲をシーンに追加したいアーティストにオススメです。

Volumetric Clouds Generatorは、ボリュームトリックな雲や雲景を簡単に3Dシーンに追加できるアドオンです。使いやすさを重視しており、ユーザーは複雑なマテリアル操作を行わずに、密度、色、形状などのさまざまなパラメータを直感的に調整可能です。CyclesとEEVEEの両方で動作し、低品質で高速なリアルタイム編集用プリセットと、高品質の最終レンダリング用プリセットが用意されています。このアドオンを使えば、アーティスティックな要求に応じて雲を自在にカスタマイズし、シーンにリアルなボリューム感を与えることができます。

● 追加方法
「追加」＞「ボリューム」＞「Cloud」

ちょっとこのあたりに、厚みのある雲が欲しい…という願いを叶えてくれる便利なアドオンです。EEVEEとCyclesに両対応し、カスタマイズオプションが豊富で、パラメータ次第でリアルなシーンにもポップなシーンにも対応できるのは評価が高いですよ！ もしかすると雲以外の表現にも使えるかも？

Real Cloud Vdb Clouds Library

メッシュを瞬時に雲化！ リアルVDB雲ライブラリ付きアドオン！

`クラウド` `VDB` `アセットライブラリ` `Cycles`

開発者	Casey_Sheep	入手先	Superhive
価格	アドオンのみ：$5.99 / Pro：$15.99	難易度	

対応バージョン： 3.6 / 4.0 / 4.1 / 4.2 / 4.3

このアドオンの特徴
- メッシュをワンクリックでリアルな雲に変換
- 最適化されたRealCloudシェーダーを搭載
- 200個のVDB雲アセットが使えるライブラリ（Pro版）
- Cycles向けの自動セットアップボタン付きで
- 特に中距離〜遠距離ショットで効果的

どんな人にオススメ？
リアルな雲をBlender内で簡単に追加したいFXアーティストにオススメです。VDB雲アセットを使いたいけれど、複雑な設定なしに簡単に結果を得たい人に最適です。

Real Cloudは、数ステップでリアルな雲をBlender内に追加できるアドオンです。専用のコントロールパネルを通じて、雲の外観を自由にカスタマイズ可能。200個のVDBアセットを備えたライブラリを活用して、プロジェクトに応じたさまざまな雲を簡単に選択・適用することができます。Cyclesに最適化されたシェーダーで、従来の方法よりも速く、より美しいレンダリングが可能です。特に、ミディアムレンジやロングレンジのショットで威力を発揮します。

● Auto Setup機能
自動的にCyclesのレンダリング設定を調整する「Auto Setup」ボタンを使えば、初心者でも簡単に高品質の雲の表現が可能です。設定に迷う心配もありません。

● VDBアセットライブラリ
Proバージョンでは、200個のVDB雲アセットがライブラリに追加され、様々なプロジェクトに柔軟に対応できます。これにより、膨大な時間を節約しながら、より多彩なビジュアル表現が実現できます。

個人的にVDBライブラリ付きを推奨。これだけあれば困ることはないですよ。RealCloudシェーダーがCycles向けに最適化されていて、レンダリングもスムーズ。雲以外のボリューム表現にも応用が効くので、シーン制作の幅が広がりますよ！

関連アドオン

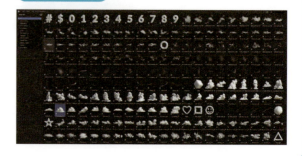

Real CloudのVDB雲アセットで足りないと感じた方。Bproductionによる「Cloudscapes」はリアルかつ多彩な雲アセットを大量に収録しています。「Cloudscapes」はSuperhiveにて$42.90で販売中です。

Baga Rain Generator

プロシージャルな雨表現を手軽に追加！

| 雨 | Cycles | EEVEE | Geometry Nodes |

| 開発者 | Antoine Bagattini | 入手先 | Superhive |
| 価格 | $12 | 難易度 | ★★ | 対応バージョン | 3.6 | 4.0 | 4.1 | 4.2 | 4.3 |

このアドオンの特徴
- Geometry Nodesでリアルな雨の再現を実現
- Cyclesで大量のスプラッシュをレンダリング
- 雨表現を任意のマテリアルに追加可能
- 小規模・大規模シーンに応じた2種類の雨分布方式を提供
- エリアやパーティクル数に応じた高性能なポイント生成が可能

どんな人にオススメ？
リアルな雨エフェクトを手軽に追加したいアーティストに最適です。特に大規模シーンでの高速な雨表現が求められる方におすすめです。

Baga Rain Generatorは、リアルで美しい雨の表現を簡単に追加できるBlenderアドオンです。このアドオンはGeometry Nodesを利用して、シーンに大量の雨粒やスプラッシュを生成し、レンダリング時にはCyclesで美しい雨の表現が可能です。また、小規模シーン向けの正確な雨分布と、大規模シーン向けの高速な雨分布という2つのモードを搭載しており、プロジェクトの規模に応じた調整が可能です。加えて、ポイントレンダリングにより、シェーダーと共にモーションブラーの一部をシミュレーションし、臨場感のある仕上がりを実現します。

雨だけにフォーカスしたアドオンって意外と少ないんですよね。そんな中数多くのアドオンを公開している作者さんによるアドオンなので、安心して使えます。ちなみにEEVEEではポイントレンダリングがサポートされない（飛沫がない）ので注意が必要です。

手軽に高品質な水＆海洋シーンを生成！
Alt Tab Ocean & Water

`水面` `Cycles` `EEVEE`

開発者	Alt Tab	入手先	Superhive
価格	無料／寄付:$2.5	難易度	

対応バージョン: 3.6　4.0　4.1　4.2

このアドオンの特徴
- 素早くシーンにリアルな水の表現を追加
- 9種の水素材と8つの海洋プリセットで簡単カスタマイズ
- CyclesとEEVEEどちらでも高品質な結果
- 波の形状や奥行きなど、細かい表現を自在に調整
- 光の反射が美しいリアルな水面描写が可能

どんな人にオススメ？
短時間で水や海洋シーンを美しく再現したい方、またシンプルな操作でリアルな水表現を求めるユーザーに最適です。

Alt Tab Ocean & Waterは、Blenderでリアルな海や水のシーンを簡単に生成できるアドオンです。波の大きさや方向、深さを細かく調整できるほか、豊富なプリセットにより直感的な操作でシーンの雰囲気を一変させることが可能です。EEVEEでも美しい水表現ができ、HDRiを活用するとさらに色彩が引き立つため、特にプロダクトレンダリングや背景演出に適しています。

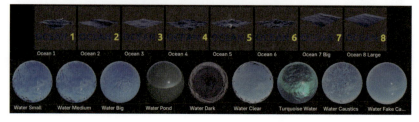

設定もシンプルで使いやすく、初心者でも直感的に高品質な水面が作成できます。細かい部分に拘ると物足りないですが、無料で手軽に使えるのもポイントが高いですね。

手軽に使える水面表現！
Real Water <small>Waters Shader</small>

`水面` `Cycles` `EEVEE`

開発者	Casey_Sheep	入手先	Superhive
価格	$6	難易度	🐵🐵

対応バージョン: 3.6 / 4.0 / 4.1 / 4.2 / 4.3

このアドオンの特徴
- リアルな水表現
- Cycles用とEEVEE用のプリセットを収録
- ドラッグ＆ドロップで簡単に水表現を追加
- 軽量で高速なレンダリングをサポート

どんな人にオススメ？
リアルで美しい水シェーダーを簡単に設定したい方、アーティスティックな水の質感を追求するプロジェクトで活用できます。

Real Waterは、Blender用の高品質な水シェーダーを簡単に追加できるアドオンです。特に暗所での光る水表現や、リアルな水の透明感を特徴としています。ユーザーからも「美しい」「簡単に設定できる」と高く評価されています。アドオンパネルからプリセットを選び、ワンクリックでシーンに追加可能です。調整可能なパラメータはすべてパネル上に可視化されます。

設定もシンプルな手軽に使える水シェーダー。初心者でも容易に操作できる点が魅力です。水面が必要な静的なシーンに力を発揮すると思います！

多彩なフォグやボリューム効果を追加しシーンに一層の深みを！

Alt Tab Easy Fog 2

`VDB` `フォグ` `Cycles` `爆発`

開発者	Alt Tab	入手先	Superhive
価格	デモ版：無料／個人：$12／商用：$18	難易度	★★

対応バージョン： 3.6 / 4.0 / 4.1 / 4.2 / 4.3

このアドオンの特徴
- シーンに簡単にフォグを追加、パネルで素早く調整
- 50以上のボリューム、100種以上のVDBボリュームが使用可能
- 抽象エフェクトの表現：フォグだけでなく、クリエイティブな表現に対応
- ゴッドレイが簡単に：シーンを一瞬で幻想的な雰囲気に
- 手軽なマテリアル編集：密度や色、テクスチャをUIから直感的に調整

どんな人にオススメ？
複雑な設定なしでリアルなフォグやスモーク効果を追加したい人に最適です。

Alt Tab Easy Fog 2は、リアルなフォグや煙、雲を簡単にシーンに追加できるBlenderアドオンです。初心者でも使いやすいインターフェースが特徴で、ドラッグ＆ドロップでボリューム効果を配置し、密度やカラーをカスタマイズするだけで、複雑な設定なしに理想のビジュアルを作り出せます。特に幻想的なゴッドレイや抽象的なボリューム表現を得意とし、アセットブラウザとの連携で、VDBフォルダから選択するだけで、質の高いシーン構築が可能です。既存シーンのビジュアルにインパクトを持たせたい場合に必須のアドオンです。

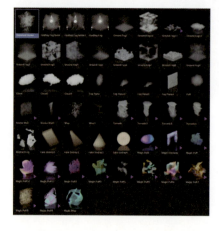

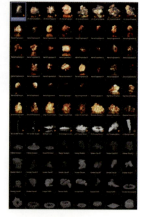

実用的で簡単にボリュームエフェクトを使いこなせるのが魅力的！ アセットの種類も多く視覚的にわかりやすいので、配置が楽しくなりますよ。Fogという名前なのに爆発系VDBも多数収録されているのには驚きました。なお、旧バージョンの「Alt Tab Easy Fog」は無料で利用可能です。

150

虫・鳥・魚などの生物の群れをシミュレート可能なアドオン！
GEO-SWARM Advanced Creature Simulations

| 群衆 | Gemetry Nodes | 虫 | 魚群 | 鳥 |

- 開発者：TRBassets
- 入手先：Superhive
- 価格：Standard：$30／Premium：$50
- 難易度：
- 対応バージョン： 3.6 4.0 4.1 4.2 4.3

このアドオンの特徴
- 手軽にクリーチャーの群れを配置
- ターゲットに引き寄せたり回避したりする機能
- カーブに従わせてさまざまな経路に対応
- 動物たちが飛ぶ、泳ぐ、這うシミュレーションに対応
- 50種類以上のアニメーション付きクリーチャーとプリセット

どんな人にオススメ？
自然な動きをする群集やクリーチャーのシミュレーションを活用して、インパクトのあるシーンを作りたいアーティストに最適です。

GEO-SWARMは、鳥の群れや魚の群れ、虫の群れなどをBlender内でリアルにシミュレートできる高度なアドオンです。Geometry Nodesによる制御により、エンドレスなスポーンやターゲットの追尾、カーブに沿った移動など、リアルな群れの動きを実現します。また、柔軟なスポーンの設定も可能で、特定の表面やウェイトペイント領域にスポーンさせることができます。Standard版は23種の生物、Premium版はすべての生物を収録しています。

気持ち悪い表現を気持ちよく実現できるアドオン。付属のクリーチャーの種類も多いのでかなり重宝すると思います。

群衆シミュレーションを手軽に実装！
Procedural Crowds

| 群衆 | Gemetry Nodes |

- 開発者：Difffuse Studio
- 価格：Standard：$18／Pro：$45
- 入手先：Superhive
- 難易度：★★
- 対応バージョン：3.6 / 4.0 / 4.1 / 4.2 / 4.3

このアドオンの特徴
- 群衆をサクサクと制御
- カーブに沿って歩く、整列するなどの群衆配置
- スタジアム席や密集した人々を簡単にシミュレート
- スキャンされた50種類以上のリアルな人物モデルを収録
- ランダムな衣装やスキントーンで多様性を保持

どんな人にオススメ？
大規模な観客やイベント、街中のシーンをリアルに再現したいアニメーターや、群衆シミュレーションでシーンに活気を加えたいFXアーティストに最適です。

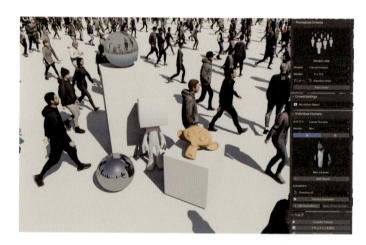

Procedural Crowdsは、Blenderで群衆シーンを簡単に構築できるアドオンです。50種類以上（Standard版は30種）の人物の3Dスキャンモデルが付属し、リアルな衣装やスキントーンのバリエーションで多様性を提供します。シーンに合わせてカーブに沿った歩行や、円形の配置、スタジアム席への配置などを選択可能です。

● Pro版

プロバージョンには幾つかの拡張機能があります。群衆の中の各モデルを入れ替えたり回転を制御することが可能なコントロール機能、Random Walkは新しいBlenderシミュレーションノードを使用するSimulation Crowdに置き換えられ、モデルは障害物を避けたり、ターゲットを追ったり、カーブに沿って歩いたりすることが可能です（標準バージョンでは、パーティクルを使います）。

さまざまなシーンに自然な群衆を配置できるのが特徴です。大量に配置しても比較的動作が軽いのも魅力的。3Dスキャンモデルによるリアルな見た目と、Pro版のシミュレーション機能を組み合わせれば、短時間で細部までこだわった群衆シーンが作れるので、大規模なアニメーションシーンの情報密度をぐんと上げることができます。

関連アドオン

群衆制御系アドオンは他にも存在します。B Productionによる「Population」は高品質人物モデルやアニメーションを収録し、高度な群衆制御が可能です。「Population」はSuperhiveにて$41.90〜$130.90で販売中です。

| モデラー | テクスチャ/シェーダー | アニメーター/リガー | ライター/コンポジター | FX | ALL |

オブジェクト破壊の入門となる定番アドオン！
Cell Fracture

`破壊・爆発` `フラクチャー` `劣化表現`

| 開発者 | Community | 入手先 | 標準搭載 Extensions |
| 価格 | 無料 | 難易度 | ★★ | 対応バージョン | 3.6 4.0 4.1 4.2 4.3 |

このアドオンの特徴
- 簡単操作で破砕エフェクトを生成
- 破砕サイズや形状の詳細設定が可能
- 物理シミュレーションと組み合わせて破壊効果を演出

どんな人にオススメ?
破壊効果をシンプルに追加したい初心者や、プロジェクトにインパクトを加えたい中級者におすすめです。

Cell Fractureは破砕エフェクトアドオンで、シンプルな操作でオブジェクトを手軽にバラバラに粉砕することが可能です。破片の数や分割ポイントの分布方法、隙間の距離、断面のマテリアル指定など、細かく調整することができます。アニメーションや物理演算と組み合わせることで、よりリアルな破壊シーンが表現できます。外部の破壊系アドオンで、このアドオンを有効にする必須があるケースも存在します。

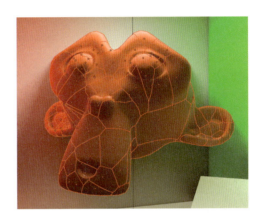

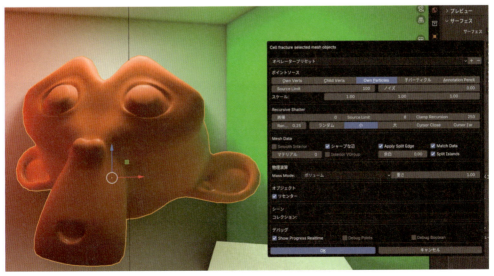

長年愛用されてきた定番アドオンで、初心者からプロまで幅広く利用されています。Blender内で手軽に破砕エフェクトを試したい方には必須のアドオンですね。初心者にはパラメータが分かりづらいのが少し難点です。

153

メッシュに瞬時に割れ目を生成するツール！
Cracker

破壊・爆発　フラクチャー　劣化表現

開発者	VFXGuide	入手先	Superhive　Gumroad
価格	$18	難易度	★★	対応バージョン	3.6　4.0　4.1　4.2　4.3

このアドオンの特徴
- ビューポート内で簡単にメッシュを分離
- ガラス割れから物体へのヒビまで多様な割れ目生成
- 連続的に割れ目を追加可能
- 回転、幅、ノイズ、ベンドなど細部まで設定可能なオプション
- 割れた内面に任意のマテリアルを割り当て可能

どんな人にオススメ？
複雑なクラッキング効果を手軽に作成したいアーティスト、特に割れる位置を細かく調整したい方に最適です。

Crackerは、メッシュに割れ目やヒビを簡単に生成できる強力なアドオンです。ホットキーで割れ目の詳細や方向を即座に設定でき、ガラスの割れや窓の破壊表現まで幅広く対応しています。StomperツールやBreakerツールを使って、より精密でリアルな表現が可能です。製作環境に応じた多彩なカスタマイズオプションも備わっており、使い勝手が良く制作の自由度が増します。

● **Cracker[Ctrl]＋[W]**：瞬時にオブジェクトを割る。割れ目のディテールや位置などはマウス操作で直感的に調整可能
● **Stomper[Ctrl]＋[R]**：ひび割れたオブジェクトを一括で回転
● **マテリアルBreaker[Alt]＋[Y]**：窓を砕くのに最適です。

直感的な操作で狙った位置に割れ目を作成できるのが魅力。特にホットキーを駆使した操作性は、モデリングの精度と効率を両立させており、カジュアルな用途からプロのシーンまで幅広く活躍します。「Cell Fracture」アドオンを組み合わせて活用することで、より複雑な破壊メッシュを構築することができます。

破壊アニメーションを手軽に作成できるツールセット！
KaBoom

`VDB` `破壊・爆発`

開発者	Picto Filmo	入手先	Superhive
価格	$29	難易度	

対応バージョン: `3.6` `4.0` `4.1` `4.2` `4.3`

このアドオンの特徴
- モデルを分割するFracture機能
- 動的な破壊アニメーション作成
- Bake機能でワンクリックでアニメーションの焼き込み
- リアルなRough Cutsで破片に凹凸を追加
- デブリパーティクルや煙エフェクトの生成とカスタマイズ

どんな人にオススメ？
破壊シーンを迅速に作成し、リアルなデブリや煙の表現を加えたいVFXアーティストやアニメーターに最適です。

KaBoomは、破壊アニメーションを簡単に作成できるアドオンです。数ステップでモデルの分割、爆発、デブリ生成ができ、リアルな破片や煙のエフェクトを追加することができます。独自のRough Cutsツールで破片に自然な凹凸を加えることも可能です。また、最新バージョンではKaFireとの連携が強化され、Blaster（破壊誘導オブジェクト）の各キーフレーム位置に炎を自動配置できるようになりました。

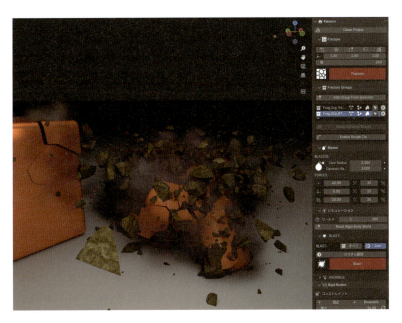

● $39のKa Suiteバンドル
KaBoom単体に加えて、Ka Fire（爆発エフェクト作成）、Ka Domain（複数の物理計算ドメイン管理）が含まれたKa Suiteも提供されています。3つのアドオンを組み合わせることで、破壊と炎、煙のリアルなエフェクトをトータルで実現可能です。

破壊シーンが簡単に構築できます。ゼロから仕組みを作ろうと思うと難しいデブリや煙まで生成できるのは評価が高いです。多様なリアル破壊効果が素早く作成できるため、大規模なVFXプロジェクトでも効率的に活用できます。

多彩な爆発エフェクトを作成するための強力なツールセット！
KaFire

`VDB` `破壊・爆発`

開発者	Picto Filmo	入手先	Superhive
価格	$9	難易度	★★★

対応バージョン: 3.6 / 4.0 / 4.1 / 4.2 / 4.3

このアドオンの特徴
- エミッター設定で簡単に火炎の生成・配置
- パラメータをカスタマイズして動作やランダム化を調整
- 煙のドメインや流体設定でリアリズムを向上
- 1クリックでエミッションのキーフレーム作成
- パーティクルやクローンの追加でエフェクト強化

どんな人にオススメ？
簡単に火炎や爆発エフェクトをBlenderで作成したいVFXアーティストや、プロジェクトに合わせて素早くシーンを構築したい方に最適です。

KaFireは、Blenderでの火炎爆発エフェクトを素早く作成できるアドオンです。使いやすいUIと簡単なパラメータ設定で、煙や炎のエフェクトをリアルに表現できます。パーティクルシステムやフルイド設定を活用することで、細かなディテールまでコントロール可能。サンプルシーンも提供されており、学習用にも適しています。

● $39のKa Suiteバンドル
KaFire単体に加えて、Ka Domain（複数の物理計算ドメイン管理）、Ka Boom（破壊エフェクト生成）がセットになったKa Suiteも提供されています。3つのアドオンを組み合わせることで、さらに多彩なエフェクトが可能になります。

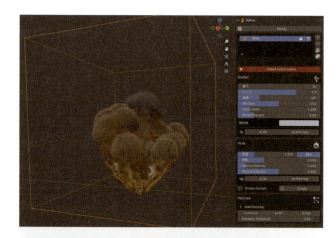

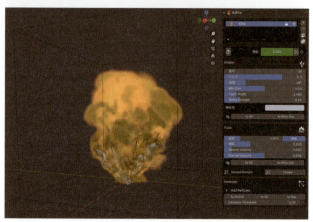

直感的な操作で火炎エフェクトが手軽に作成でき、他のアドオンと組み合わせることで更にリアリズムが増します。サンプルシーンもあり、初心者からプロまで使いやすい設計です。ただやはりこの手のエフェクトは重いので、それなりのマシンスペックは欲しくなりますね。

破壊表現を簡単に！VFX制作の可能性を広げる強力なツール

RBDLab

破壊・爆発　物理演算　劣化表現

開発者	B3FX Studios	入手先	Superhive
価格	$69	難易度	★★★

対応バージョン：3.6　4.0　4.1　4.2　4.3

このアドオンの特徴
- 高度な破壊シミュレーションとエフェクト生成
- 金属の変形・破砕：金属の柔軟な動きも表現可能
- 布シミュレーションが剛体の連動が可能
- 多彩なソフトボディの表現が可能
- リアリティある煙や粉塵エフェクトをワンクリックで追加

どんな人にオススメ？
高度なシミュレーションでリアルなVFXを求めるアーティストや、複雑な破壊表現を必要とするCG制作者に最適です。

RBDLabは、破壊やデブリの生成を簡単に行えるアドオンで、ユーザーが短時間でリアルな破壊シミュレーションを実現できる強力なツールです。RBDシミュレーション機能では、細かいディテールを加えた破砕効果や、粉塵、煙の生成が可能。また、1.5バージョン以降では、金属の変形や破砕をサポートし、これまでのBlenderでは再現できなかったリアルなメタルの表現を実現しています。さらに、布シミュレーションを剛体と連携させることも可能で、布やロープ、ソフトボディの動きも物理演算と共に表現でき、創造的な可能性が大幅に広がります。

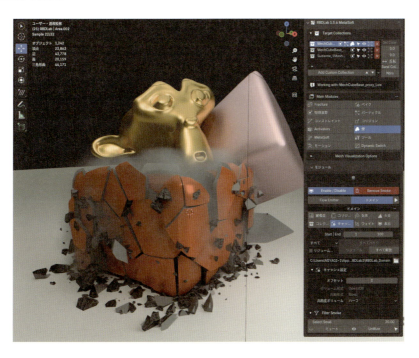

物理計算やエフェクト生成、タイミングの微調整など、通常だと試行錯誤が多くなりがちなプロセスをスムーズにしてくれます。これは本当に作業時間が大幅に短縮されます。破壊表現が必要なプロジェクトで「これが欲しかった！」と思えるほどの便利さですよ。ただ操作を覚えるまではちょっと戸惑うかもしれません。

多彩な爆発エフェクトを作成するための強力なツールセット！
VDBLab

`VDB` `破壊・爆発`

開発者	B3FX Studios	入手先	Superhive
価格	$54	難易度	★★★

対応バージョン: 3.6 / 4.0 / 4.1 / 4.2

このアドオンの特徴
- 高度なVDBシェーダーによるリアルなエフェクト表現
- エミッターモジュールで多種多様な形状とシードを用いた爆発生成
- フローモジュールで火や煙などに変換し、シミュレーション制御が可能
- フォースモジュールで多彩な力の設定による表現強化
- ドメインモジュールで直感的に爆発全体の調整が可能

どんな人にオススメ？
リアルで多彩な爆発エフェクトをBlenderで作成したいVFXアーティストや、シミュレーション制御を求めるプロフェッショナルに最適です。特に複雑で高度な爆発効果が必要なプロジェクトに最適です。

VDBLabは、爆発エフェクト作成を支援する強力なアドオンです。多くの爆発プリセットと、エミッターモジュールで無限の形状設定が可能で、シードを変えるだけで異なる爆発を生成できます。ドメインやフォース、シェーディングの各モジュールも揃っており、すべてのパラメータを非破壊的に変更可能です。また、VDBLabのシェーダーは細かく調整が可能な所も特徴的です。

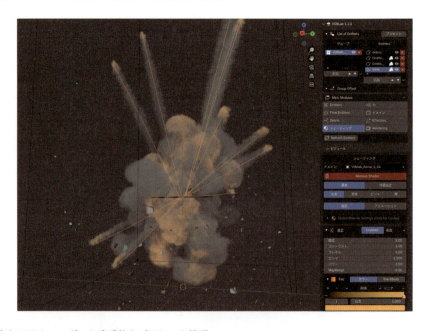

● 高度なVDBシェーダーと直感的なプリセット管理
VDBLabのシェーダーは、個別のチャンネル操作やマスク設定が可能で、他に類を見ないリアルな表現が実現できます。さらに、プリセット機能により、カスタム爆発を作成・保存し、共有可能です。

爆発に特化しているというのがユニークですよね。多層的なモジュールと高度なシェーダーを備えているので、Blenderでの爆発エフェクト制作を簡単に行えます。といってもパラメータは多いので調整難易度は高めですが、様々な爆発表現が可能で、プロジェクトに合わせた細かな調整も自由自在です。

リアルなVDBエフェクトをシーンに簡単に追加！
True-VDB

`VDB` `Cycles` `破壊・爆発` `煙` `炎`

開発者	True-VFX	入手先	Superhive
価格	管理アドオン：無料 Standard：$18／+（プラス）：$59	難易度	★★

対応バージョン： 3.6 / 4.0 / 4.1 / 4.2

このアドオンの特徴
- 無料でアドオンUIのみ使用可能
- 55種のVDBエフェクトを収録（Standardは10種）
- ループ対応のアニメーション付きシミュレーション
- 高精細で美しいカスタムシェーダー
- カメラカリングやレンダリングの最適化

どんな人にオススメ？
自然でリアルな爆発、炎、天候などのエフェクトをBlenderで手軽に追加したいVFXアーティストや、CGクリエイターに最適です。

True-VDBは、Blenderでリアルなボリュームシミュレーションを簡単に追加できるアドオンです。各エフェクトは高精度なシミュレーションとしてあらかじめ作成され、独自の美しいシェーダーを用いてシーンにリアルな表現をもたらします。標準パックには爆発や天候など10種、True-VDB +にはさらに45種が含まれており、選んでクリックするだけでエフェクトがシーンに自動的に追加されます。複数パックの一括インポートも可能で、大規模プロジェクトでもストレスなく使用可能です。

● ワンクリックでリアルなVDBエフェクトをシーンに追加

エフェクトの選択と追加がワンクリックで完了。各VDBには調整可能なカスタムシェーダーが用意され、火の色や明るさ、煙の濃さなどを自由に変更できます。シームレスなループも実現されているため、ループ再生が求められるシーンに理想的です。

● ライセンスと価格

●**True-VDB Free：無料**
このバージョンにはアドオンのみが付属しています。ベースコンテンツが必要なく、外部のパックを組み合わせて使用したいユーザー用です。

●**True-VDB Standard：$18**
アドオンに加え10種類のVDBデータが付属しています。

●**True-VDB ＋：$59**
True-VDBの完全版で、シーズン1のすべての55アセットが含まれます。

● 必要なストレージ容量に注意

エフェクトパックによって必要なストレージ容量が異なります。Standard版には約9GB、True-VDB ＋版には約110GBの空き容量が必要です。複数のVDBエフェクトが高品質で保存されているため、事前に十分なストレージ容量を確保することをおすすめします。

● True-VFXによるその他VDBライブラリ

このTrue-VDBを無料版で手に入れた際に、それぞれのエフェクトは別途Superhiveから購入可能です。爆発に特化した「Explosion Pack」、雲や竜巻の「Weather Packs」、炎中心の「Fire Pack」、魔法表現の「Magic Pack」、それぞれ$15で販売されています。

美しいシェーダーでリアルな爆発や煙の表現を手軽にシーンに追加可能！ 表現は固定されているものの、動きのあるリッチな演出を手軽にシーンに取り込めるので便利ですよ！

プルプルゼリーを作ろう！分子構造を構築可能なパーティクルソルバー！
Molecular +

液体・流体　物理演算　ソフトボディ

開発者	Q3(Gregor Quade)	入手先	Github
価格	無料	難易度	★★★

対応バージョン　3.6　4.0　4.1　4.2

このアドオンの特徴
- 分子構造を手軽にセットアップできシミュレーションを素早く計算
- Molecular+パネルで一括管理
- シンプルな物理シミュレーションのワークフロー
- 改良とクリーンアップが行われ最新のBlenderバージョンに対応

どんな人にオススメ？
複雑なパーティクルシミュレーションを手軽に導入したいFXアーティストや、Blenderで高速なシミュレーションセットアップを求めるユーザーに最適です。

Molecular+は、分子構造のパーティクルシミュレーションを簡単にセットアップし、Blender内で素早く実行できるアドオンです。このアドオンは、2013年から開発が止まっていたPyroevil氏の「Blender-Molecular-Script」を元に、最新のBlenderバージョンに対応する形で改良されています。Q3（Gregor Quade氏）によって開発され、物理シミュレーションの機能を強化し、直感的な操作性を提供しています。

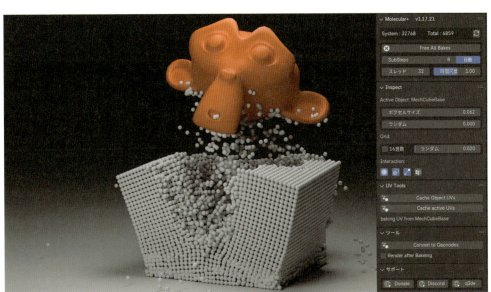

プルプルしたゼリー作品を作りたい人は要チェックのアドオンです！
ある程度シミュレーションやBlenderの基礎知識は必要になります。

ペンでなぞったルートに沿って流体メッシュを生成！
Fluid Painter

`液体・流体` `Geometry Nodes` `Cycles` `EEVEE`

開発者	Miki3d		入手先	`Superhive` `Gumroad`
価格	$7.90		難易度	★★

対応バージョン　`3.6` `4.0` `4.1` `4.2` `4.3`

このアドオンの特徴
- 流体を直接ペイントし流れを表現
- FluidとFluid+の2種類のプリセットで柔軟な流体表現
- エアバブルや砂糖粒など多彩な30種類以上のプリセット
- 流体をアニメーションオブジェクトに貼り付けて動きに追従
- メッシュに変換して他のソフトウェアでも活用可能

どんな人にオススメ？
リアルな流体表現を取り入れたい3Dアーティストに最適です。アニメーションやプロトタイピングで素早く流体効果を追加したい方にもおすすめです。

Fluid Painterは、Blender内で3Dオブジェクトに直接流体をペイントできるアドオンです。Geometry Nodesを活用した制御で簡単に流体の流れやドロップを表現し、豊富なプリセットから選んでリアルな効果を加えられます。Fluid+プリセットでは表面に貼り付く流体も再現でき、アニメーションオブジェクトにも対応しています。多彩な流体表現が可能で、他ソフトにエクスポートすることもできます。

サクサクペンを走らせるだけで、その形の液体メッシュが作成できるという、触って楽しいユニークなアドオンです！　質感などのプリセットも多数用意されているほか、アニメーションなどの調整幅も多いのでおすすめです！　シミュレーション無しで液体を作れるという部分だけでも結構ポイントが高いのです。

Geodroplets Plus Ultimate Droplet Toolkit

リアルな水滴を3Dシーンに簡単追加！

| 液体・流体 | Geometry Nodes | 水滴 | Cycles | EEVEE |

- 開発者： Lazy3D
- 価格： $16.45
- 入手先： Superhive
- 難易度： 🍄🍄
- 対応バージョン： 4.1 / 4.2 / 4.3

このアドオンの特徴
- 水滴シミュレーションを簡単に適用
- 静的な水滴や長い水滴を自由に描画可能
- プロシージャルでリアルな水滴マテリアルを搭載
- 泡の生成ツール付きで、より豊かな表現を実現
- パラメータ調整で密度やサイズ、重力などを細かく設定可能

どんな人にオススメ？
リアルな水滴効果を簡単に追加したい方、プロダクトビジュアライゼーションや自然シーンの演出をよりリアルにしたいアーティストに最適です。

GeoDroplets Plusは、リアルな水滴を3Dシーンに追加できるツールキットです。製品ビジュアライゼーションや自然シーンでの雨や濡れた表面の表現を短時間で実現し、静的な水滴から流れる水滴まで幅広く対応します。プロシージャルで生成されるリアルなマテリアルとドロップレットの描画機能が特徴で、インターフェースもシンプルで初心者でも扱いやすいです。

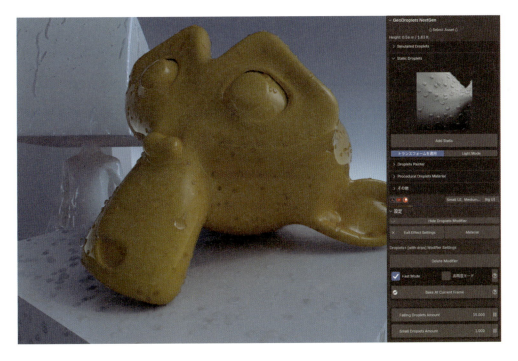

静的なオブジェクトにリアルな水滴を簡単に追加できるので、シーンに説得力が増します。プロダクトビジュアライゼーションやコンセプトアートにおいて、微細な水滴効果が映えるのでおすすめです。あとは汗をかかせたいときとか…色々…ね。

Quick Fluid Kit

アニメーション済み流体アセットを手軽に活用！

液体・流体　流体ライブラリ　Alembic

開発者	Liryc Cteative Design Studio	入手先	Superhive　Gumroad
価格	$25	難易度	対応バージョン　3.6　4.0　4.1　4.2

このアドオンの特徴
- 汎用的に使える流体アニメーションを収録
- 流体マテリアルをワンクリックで適用可能
- 流体アニメーションの開始位置をフレームオフセット

どんな人にオススメ？
プロフェッショナル品質の流体アニメーションを手軽に取り入れたい3Dアーティストや、短時間で高品質な流体エフェクトを完成させたい方におすすめです。

Quick Fluid Kitは、プロ品質の流体アニメーションを手軽に追加できるBlender用アドオンです。20種類の多様な流体アニメーションと、リアルな質感を持つ13種類の流体マテリアルがセットされており、すぐに適用が可能です。フレームオフセットでアニメーションの開始位置を微調整でき、Cycles対応でリアルなレンダリングにも対応しています。

● 主な機能
- **豊富な流体アニメーション**：20種類のプロ品質な流体アニメーションを収録
- **リアルな流体マテリアル**：13種類の流体マテリアルをワンクリックで適用
- **フレームオフセット調整**：アニメーションの開始位置を簡単に調整可能
- **Cycles対応**：高品質なレンダリングをサポート
- **アニメーション済み流体はAlembic（ABC）ファイルで提供**

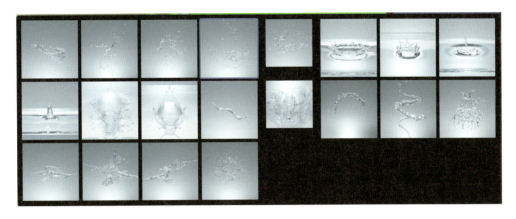

 汎用型流体アニメーションのライブラリって結構珍しいと思います。プロダクト系CGとかの演出のアクセントとして使用すると良さそうです。

関連アドオン

Liryc Creative Design Studioは他にもBlenderアドオンをSuperhiveにて販売しております。ダイナミックなカメラアニメーションのライブラリ「FALCON CAM」($9〜)、手軽にチェーンを生成できるカスタマイズ可能なジェネレーター「Chain Generator」($25〜)、高品質なライティングライブラリ「Quick Lighting Kit」($15〜)、プロシージャルオブジェクトを手軽に配置可能な「Geo Primitive」($39〜)など。
本書の後半ではLiryc Creative Design Studioが実際にこれらのアドオンでの活用例を紹介しておりますので、ご確認ください。

軽快に動作する2.5D流体シミュレーションメッシュを生成！

Cell Fluids

| 液体・流体 | Geometry Nodes | Cycles | EEVEE | ゲームエンジン |

開発者　specoolar　　入手先　Superhive

価格　$25　　難易度　🍄🍄　　対応バージョン　3.6　4.0　4.1　4.2　4.3

このアドオンの特徴
- Geometry Nodes活用の2.5D流体シミュレーション
- 軽量でリアルな流体表現が可能
- ゲームエンジン向けのFlowmapエクスポート機能搭載
- EeveeとCyclesに対応
- 流体の静的メッシュを生成し、特定の状態をベイク可能

どんな人にオススメ？
リアルタイムに軽量な流体表現を必要とするゲーム開発者や3Dアーティストに最適です。特にUnityやUnreal Engine向けにフローをエクスポートしたい方におすすめです。

CellFluidsは、Geometry Nodesを活用した流体シミュレーションのBlenderアドオンです。シーンの高さに基づいた「2.5D」シミュレーションにより、軽量でリアルな流体の流れを再現します。シンプルなメッシュに対して流体の動きを実現し、UnityやUnreal EngineへのFlowmapエクスポートもサポートしています。

● 2.5D流体の注意点

平面に高さ情報のみを加えた2.5D流体は、入り組んだ領域への水浸入ができないので注意が必要です。例えば傘の上から水を流した場合、足元には水が入りこまずポッコリと穴が空いてしまいます。

問題回避のためにキャラクターや球体は衝突判定を無くしています

軽量でインタラクティブな流体シミュレーションが手軽にでき、リアルタイムプロジェクトにぴったりです。エクスポート機能とUnityやUnreal Engine向けのセットアップ用アセットも含まれているので、ゲーム開発者には非常に便利だと感じました。

ドメイン不要で、中規模の流体、粘性体、スライム表現を手軽に実現！
FluidLab

`液体・流体` `物理演算`

開発者	B3FX Studios	入手先	Superhive
価格	$69	難易度	★★★

対応バージョン 4.2 4.3

このアドオンの特徴
- ドメイン不要流体シミュレーション
- 豊富なプリセットとシェーダー（水、血液、砂、泥など）
- 粒子システムとジオメトリノードを活用したSPHベースの処理
- 多様な力をシミュレーションに追加可能なフォースモジュール
- RBDLabとの連携で破壊表現が可能

どんな人にオススメ？
リアルな小〜中規模の流体や粘性物体のシミュレーションを必要とするユーザーに最適。特に複雑なエフェクトを効率的に制作したい人にオススメです。

FluidLabは、強力な流体シミュレーションツールで、Blenderパーティクルが持つSPH（Smoothed-particle hydrodynamics）ベースのシミュレーション技術を利用し、ドメイン設定無しで小〜中規模のリアルな流体表現を実行することができます。

また、Geometry Nodesを使ってメッシュと流体の見た目を良くするための多くのアトリビュートを提供し、水や泥、砂など様々な流体をプリセットから簡単に追加でき、リアルタイムに結果を確認しながら調整ができます。

さらに、RBDLabとの連携により、破壊と流体のインタラクションもシームレスに行えるため、シミュレーションの幅が大きく広がります。

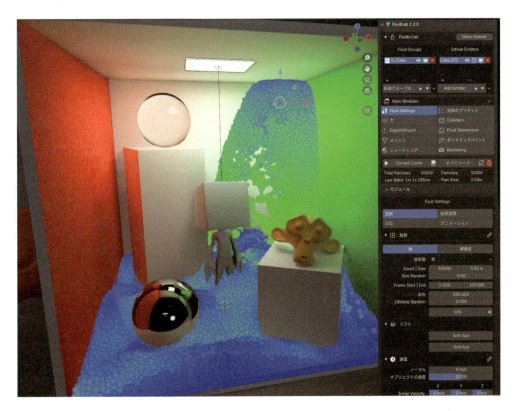

> **Column：ドメインとは？**
>
> ドメインとは、流体や煙、火といったシミュレーションにおいて「シミュレーションが発生する領域」を定義する「境界ボックス」のようなものです。Blenderや多くのシミュレーションツールでは、シミュレーションの範囲やリソースの管理を効率化するために、ドメインを設定します。これは、パフォーマンス向上やメモリ消費を抑えるために重要です。通常、ドメインはシミュレーションのメッシュ生成や解像度を設定する際の基準としても利用され、細かな流体表現にはドメインの解像度を高く設定し、全体の負荷を増やすか少なくするかを選択することができます。

● 気泡や泡の生成にも対応

流体生成後ワンボタンで、気泡や泡も自動生成することができます。

● 豊富なサンプルシーンやマテリアル

学習用のデモシーンもアドオン内に含まれており、いつでも確認が可能です。
また、流体の質感なども最初から幾つかプリセットが用意されています。

Geometry Nodesを活用し、新しいBlenderで実現可能となった新たな流体シミュレーションアドオン！なによりもドメインが不要でプレビューが早いのが素晴らしいです！

168

Blender用の高度な流体シミュレーションならこれ！
FLIP Fluids

`液体・流体` `物理演算`

開発者	Ryan Guy、Dennis Fassbaender	入手先	Superhive
価格	$76	難易度	★★★

対応バージョン：3.6　4.0　4.1　4.2　4.3

このアドオンの特徴
- FLIP法によるリアルで高度な液体シミュレーション
- 泡や飛沫、気泡などのホワイトウォーターエフェクト
- スムーズな液体から粘度の高い液体まで幅広い表現が可能
- シミュレーションを途中から再開でき効率的な作業が可能
- シミュレーションの問題を視覚的に確認できるデバッグツール

どんな人にオススメ？
リアルで複雑な液体シミュレーションを必要とするFXアーティストに最適です。水、粘性の液体、泡のある海など、ダイナミックな流体表現を必要とするプロジェクトに向いています。

FLIP Fluidsは、Blender内で高度な液体シミュレーションを実現するための強力なアドオンです。FLIP法に基づくカスタムエンジンが使用されており、リアルでダイナミックな水や粘性液体のシミュレーションが可能です。ホワイトウォーターエフェクトや高精度の粘性シミュレーション、カスタムフォースフィールド機能など、豊富な機能を提供しています。

● **ホワイトウォーターエフェクト**
泡、飛沫、気泡などを生成して大規模な水シミュレーションをリアルに表現。これにより、大規模な流体表現がさらに現実的になります。

● **高精度の粘性シミュレーション**
粘性の高い流体や薄い液体を滑らかにシミュレートでき、特に粘度の異なる液体を使ったアニメーションに最適です。

● **デバッグツール**
シミュレーションの視覚的なデバッグが可能で、問題を迅速に解決できます。オブジェクトのソリッドボリューム変換の問題なども視覚的に確認できます。

● **スマートなキャッシュシステム**
シミュレーションのキャッシュを利用して、一時停止や再開が可能。誤った設定を修正した後でも、再度最初から始める必要はありません。

Blender用の液体シミュレーションの最高峰ともいえるアドオンです。ただし、シミュレーションデータが大きくなるため、高性能なマシンは必須と言えるでしょう。開発者はサポートにも積極的で、更新も定期的に行われています。

右クリックメニューをシンプルかつ便利なPieメニューに置き換え！
Context Pie

Pieメニュー　操作改善

開発者　BastianLS
価格　無料
入手先　Extensions
難易度
対応バージョン　4.2　4.3

このアドオンの特徴
- コンテキストに応じたPieメニューを表示
- 直感的な操作が可能
- キーはカスタマイズ可能

どんな人にオススメ？
Pieメニュー好きの、作業効率を向上させたいモデラーやアニメーター、ポリゴン編集やUVマッピングを頻繁に行うBlenderユーザーに最適です。

Context Pieは、Blenderにおけるコンテキスト依存のポップアップメニューを強化するアドオンです。[右クリック]や、[Shift]+[右クリック]、[Ctrl]+[右クリック]でそれぞれ状況に応じた各Pieメニューにアクセスできます。Blender全体のオペレーションが速くなり、作業に集中しやすくなります。

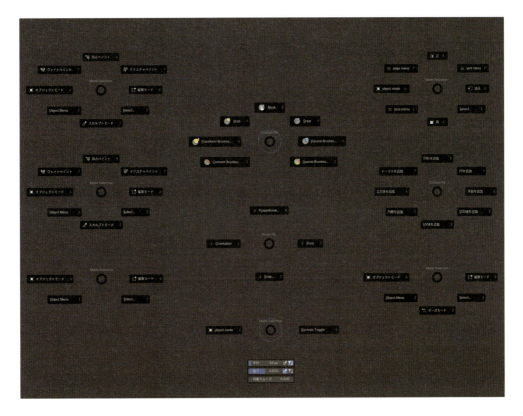

これに慣れてしまえばかなり色々な操作が早くなると思います。Pieメニュー系アドオンは色々ありますが、このアドオンはシンプルかつ複雑なカスタマイズは不要なので、一度試してみると良いと思いますよ。一部右クリックメニューに機能を追加するアドオンなどが見えなくなる可能性がありますので、それだけはご注意ください。

便利に設計されたPieメニュー拡張！
3D Viewport Pie Menus

`Pieメニュー` `操作改善`

開発者	Community	入手先	標準搭載　Extensions
価格	無料	難易度	

対応バージョン　3.6　4.0　4.1　4.2　4.3

このアドオンの特徴
- コンテキストに応じたPieメニューを表示
- 直感的な操作が可能
- キーはカスタマイズ可能

どんな人にオススメ？
Pieメニュー好き、Blenderで多様なワークフローを効率的に進めたいモデラーやアニメーターに最適です。

3D Viewport Pie Menusは、Blenderの操作性を劇的に改善するためのPieメニューを提供します。このアドオンを使うことで、モデリング、UVマッピング、アニメーションなどのさまざまな操作をジェスチャーで迅速に実行でき、複数のショートカットをカスタマイズして効率を最大化できます。カメラ操作やエディターの分割・結合など、用途に応じた各種メニューが1クリックでアクセス可能です。

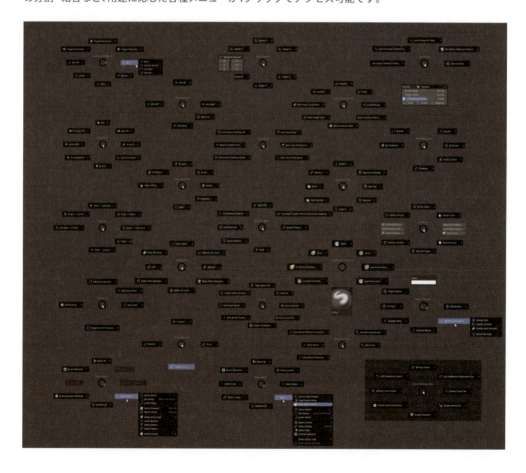

● カスタマイズ可能
設定画面から使用したいものだけ有効化し、好きなショートカットキーを割り当てることが可能です。

特定の操作でPieメニューを素早く呼び出せるため、無駄なくアクセスできて便利です。有料アドオンを使わずにPieメニューを導入したい方は、まずこちらを試してみてください。

関連アドオン

Pieメニューアドオンって沢山ありますよね。最初から用意されすぎてて逆に使いにくいと感じた方は、roaoao氏が公開しているPieメニューカスタマイズアドオン「Pie Menu Editor」がオススメです。このアドオンは、Pieメニューやその他メニューの項目を、自分好みにフルカスタマイズすることができます。「Pie menu Editor」はSuperhiveにて$16で販売されています。

Node Pie

ノード一覧をPieメニューで表示！

`操作改善` `ノード操作` `Geometery Nodes`

開発者	Strike_Digital	入手先	Extensions / Github
価格	無料	難易度	対応バージョン 3.6 4.0 4.1 4.2 4.3

このアドオンの特徴
- ［Ctrl］＋クリックでノードのPieメニューを表示
- ［Ctrl］＋ドラッグでソケットに接続するノード一覧を表示
- ［Ctrl］＋［Alt］＋ドラッグでリンクに挿入するノードを一覧表示
- カスタマイズが可能

どんな人にオススメ？
シェーダーやコンポジティング、Geometry Nodesにて、頻繁にノード操作を行う方にオススメです。

Node Pieは、Blenderのノードエディターに Pie メニューを追加し、ノードの追加や接続をよりスムーズに行えるようにします。［Ctrl］＋クリックやドラッグで簡単にノードを選択・接続できるため、ノード操作が格段にスピードアップ。さらに、頻繁に使用するノードがUI上で大きく表示される機能や、キー設定のカスタマイズも可能で、作業の効率を最大限に引き出します。

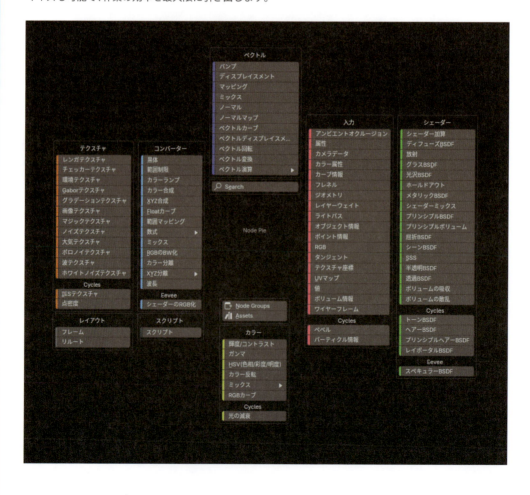

● Compositiongにも対応

コンポジットで扱える膨大なノードを一覧表示することが可能です。

● Geometry Nodesにも対応

Geometry Nodesで扱える膨大なノードを一覧表示することが可能です。

検索ボックスからノードを探すことが多かったのですが、こういう形で一覧表示してくれるとかなり便利なことに気が付きました。BlenderのUIを日本語にしていてもスムーズにノードを探せるので有り難いです。私はもうこれ無しでは生きていけない！

最適なPieメニューワークフローでBlender作業を劇的にスピードアップ！
MACHIN3tools

`Pieメニュー` `操作改善`

開発者	MACHIN3	入手先	Superhive Gumroad
価格	Prime：$4.99／DeusEx：$14.99	難易度	🐵🐵

対応バージョン：3.6 / 4.0 / 4.1 / 4.2 / 4.3

このアドオンの特徴
- カスタマイズ可能で便利なPieメニュー
- モデリングに便利なスマートツール
- アセットやコレクション管理が簡単になるツールセット
- 高度なエッジ制約変形ツールなどの特別な機能を追加（DeusEx版）
- 直感的なインターフェースとツールを提供

どんな人にオススメ？
効率的なBlender操作、モデリングやワークフローの最適化を求めるユーザーに最適です。多くのツールを直感的に使いたい人におすすめです。

MACHIN3toolsは、Blenderでの作業効率を劇的に向上させるツール群を提供するアドオンです。シーンの全体的なチェックや、特定のビューでの調整をスムーズに行うために設計されています。マスタービューポートから指定した複数のビューポートを一括で制御可能で、ビューポート間での誤操作を防ぎつつ、ワークフローをシンプルに、より効果的にサポートします。

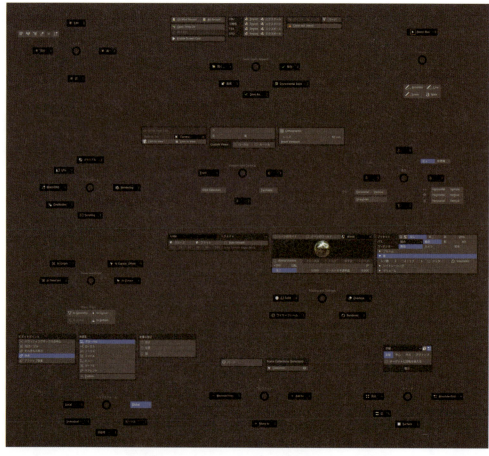

● 便利なツールセット

- **Smart Vert**：瞬時に頂点のマージ、連結、スライド
- **Smart Edge**：瞬時にエッジの作成、操作、投影、選択変換
- **Smart Face**：フェース作成とフェースからオブジェクトの作成
- **クリーンアップ**：ジオメトリクリーンアップ
- **Edge Constrait**：エッジ拘束回転とスケーリング
- **押し出し**：Punch it・マニホールドの押し出しとカーソル・スピン
- **Focus**：[F]キーでオブジェクト・フォーカスとマルチレベル・アイソレーション
- **ミラー**：フリックによるオブジェクトのミラーリング
- **整列**：オブジェクトの軸ごとの位置、回転、およびオブジェクト間の位置合わせ
- **グループ**：エンプティを親として使用したオブジェクトのグループ化
- **Smart Drive**：1つのオブジェクトで別のオブジェクトを動かす
- **Assetbrowser Tools**：アセットブラウザによる簡単なアセットの作成とインポート
- **Filebrowser Tools**：ファイルブラウザ（およびアセットブラウザ）の追加ツール／ショートカット
- **Toggle Region**：3Dビューのツールバー、サイドバー、...マップをマウスの位置に応じて切り替え
- **レンダー**：レンダリングのためのツール シェーディングパイによるセットアップ
- **スムーズ**：KoreanベベルとSubDワークフローでのトグルスムージング
- **Clipping Toggle**：ビューポートのクリッピング平面の切り替え
- **Surface Slide**：フォームを維持しながらメッシュトポロジーを簡単に変更
- **Material Picker**：シェーダーエディタ...オブジェクトまたはアセットブラウザからマテリアルをピック
- **適用**：子トランスフォームを変更せずにトランスフォームを適用する
- **選択**：センターオブジェクトの選択, ワイヤーオブジェクトの選択/非表示, 階層の選択
- **Mesh Cut**：ナイフ メッシュオブジェクトを交差させ、別のメッシュオブジェクトを使う
- **Thread**：円柱面を簡単に糸に変える
- **Unity**：Unity関連ツール
- **Customize**：Blenderの様々な環境設定、設定、キーマップのカスタマイズ

● 多彩なPieメニュー

- **Modes Pie**：瞬時にモード切り替え
- **Save Pie**：保存や読み込み、連番保存など
- **Shading Pie**：シェーディング関連の必要機能まとめ
- **Views Pie**：ビューやカメラ制御関連
- **Alignments Pie**：メッシュやUVの整列メニュー
- **Cursor and Origin Pie**：3Dカーソルや原点の制御
- **Transform Pie**：トランスフォーム制御
- **Snapping Pie**：スナップ関連設定
- **Collections Pie**：コレクション管理
- **Workspace Pie**：ワークスペース切り替えやカスタマイズ
- **Tools Pie**：ツール切り替え

● DeusEx版

高度で専門的なツールが含まれています。

Edge Constrained Transform：エッジに制約された変換ツール。

Group Gizmos and Poses：グループ化とポーズ設定ツール。

Punch It：特殊な押し出しツール。この機能の最新バージョンは別途有料アドオンとして開発が続けられています。

モデリング

アニメーション

リギング

ライティング

マテリアル＆
シェーディング

レンダリング

コンポジ
ティング

パイプライン

シミュレーション

UV展開

カメラ

アセット
ライブラリ

インター
フェイス

キャラクター

背景

配置・
レイアウト

ツール		
	Smart Vert	Smart Vertex Merging, Connecting and Sliding
	Smart Edge	Smart Edge Creation, Manipulation, Projection and Selection Conversion
	Smart Face	Smart Face Creation and Object-from-Face Creation
	クリーンアップ	Quick Geometry Clean-up
	Edge Constraint	Edge Constrained Rotation and Scaling
	押し出し	PunchIt Manifold Extrusion and Cursor Spin
	Focus	Object Focus and Multi-Level Isolation
	ミラー	Flick Object Mirroring and Un-Mirroring
	整列	Object per-axis Location, Rotation a...ell as Object-Inbetween-Alignment
	グループ	Group Objects using Empties as Parents
	Smart Drive	Use one Object to drive another
	Assetbrowser Tools	Easy Assembly Asset Creation and Import via the Asset Browser
	Filebrowser Tools	Additional Tools/Shortcuts for the Filebrowser (and Assetbrowser)
	Toggle Region	Toggle 3D View Toolbar, Sidebar an...ymap, depending on mouse position
	レンダー	Tools for efficient, iterative renderin...hader Setup through the Shading Pie
	スムーズ	Toggle Smoothing in Korean Bevel and SubD workflows
	Clipping Toggle	Viewport Clipping Plane Toggle
	Surface Slide	Easily modify Mesh Topology, while maintaining Form
	Material Picker	Pick Materials for the Shader Editor ...r Objects or from the Asset Browser
	適用	Apply Transformations while keepin...he Child Transformations unchanged
	選択	Select Center Objects, Select/Hide Wire Objects, Select Hierarchy
	Mesh Cut	Knife Intersect a Mesh-Object, using another one
	Thread	Easily turn Cylinder Faces into Thread
	Unity	Unity related Tools
	Customize	Customize various Blender preferences, settings and keymaps

パイメニュー		
	Modes Pie	Quick mode changing
	Save Pie	Save, Open, Append and Link. Load ...reenCast and Versioned Startup file
	Shading Pie	Control shading, overlays, eevee and some object properties
	Views Pie	Control views. Create and manage cameras
	Alignments Pie	Edit mesh and UV alignments
	Cursor and Origin Pie	Cursor and Origin manipulation
	Transform Pie	Transform Orientations and Pivots
	Snapping Pie	スナップ
	Collections Pie	Collection management
	Workspace Pie	Switch Workplaces. If enabled, customize it in ui/pies.py
	Tools Pie	Switch Tools and Annotate, with BoxCutter/HardOps and HyperCursor s...

● **使いたい機能は個別に有効化**
アドオンのプリファレンス画面では使用したい機能を有効化することができます。

名前だけ見るとモデリング用アドオンと勘違いしてしまいますが開発者のMACHIN3氏のツールセットという意味合いが強いです。Blenderの作業自体を効率化したい方にとって非常に有用なツールが取り揃えられています。
使いたい機能だけを有効化できるので、機能が多すぎて混乱するということも無いのがポイント。

シーン内のノードを一覧表示！
Matalogue

`アセット管理` `効率化`

開発者	GregZaal	入手先	Extensions / Github
価格	無料	難易度	対応バージョン 3.6 / 4.0 / 4.1 / 4.2 / 4.3

このアドオンの特徴
- マテリアルとノードツリーの一覧表示
- ジオメトリノードやコンポジットノードにも対応
- 全シーン&選択オブジェクトのマテリアル表示
- 未使用マテリアルの表示
- ダミーオブジェクトによるマテリアル管理

どんな人にオススメ？
頻繁にシェーダーやノードツリーを切り替える必要があるアーティストに最適です。

Matalogueは、ノードエディターのツールバーにマテリアルやノードツリーのリストを表示し、効率的にシェーダーやノードの切り替えを行えるアドオンです。選択オブジェクトに割り当てられたマテリアルのみにフィルタリングしたり、未使用のマテリアルの検出も可能です。シェーダーノードやジオメトリノード、コンポジットノードなどを一覧で管理し、複雑なノード作業を簡潔に行うための強力なツールです。

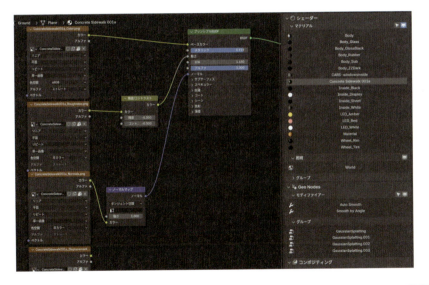

● **マテリアルとノードツリーの管理**
選択したオブジェクトやシーンに関連するマテリアルやノードツリーをリストで表示します。ワンクリックでノードツリーにアクセスでき、シェーダーやジオメトリノードの効率的な切り替えが可能です。

● **ダミーオブジェクトを使用したノード管理**
未使用のマテリアルを管理するために、自動的にダミーオブジェクトを作成して、Node Editorにマテリアルを表示します。これにより、使用されていないマテリアルも簡単に操作でき、不要なマテリアルを整理するのに役立ちます。

Blenderのノード管理って意外と面倒ですよね。そもそもマテリアルのリスト表示機能自体も存在すら無いので、困りものでしたが、そういう悩みをこのアドオンが解決してくれました。

| モデラー | テクスチャ/シェーダー | アニメーター/リガー | ライター/コンポジター | FX | ALL |

Blenderでの3Dナビゲーションを一新！
Mouse-look Navigation

`ビューポート` `操作改善` `カスタマイズ`

| 開発者 | MOTH3R | 入手先 | Superhive / Gumroad |
| 価格 | 無料／商用：$10 | 難易度 | 対応バージョン 3.6 / 4.0 / 4.1 / 4.2 / 4.3 |

このアドオンの特徴
- ZBrush風ナビゲーションモードやFPSスタイルビュー操作
- [Alt] +左クリックでのアイソメトリックビューのスナップ
- オペレーター終了なしでナビゲーションモードを切替可能
- カスタマイズ可能なクロスヘア表示
- プリセットとして業界互換のZBrushの両方に対応

どんな人にオススメ？
Blenderでのカメラや視点の操作を快適にしたい人、FPSやZBrush風の直感的な操作性を望むユーザー、タブレットを使用しているアーティストにおすすめです。

Mouse-look Navigationは、Blenderの標準ナビゲーションを拡張し、Maya風、ZBrush風やFPSのような自由な操作性を追加するアドオンです。ペンタブレットでの作業が多いユーザーに最適で、同じボタンでナビゲーションとペイントの切替が可能。さらに、シーンを立体的に把握しやすいアイソメトリックビューのスナップ機能も搭載しています。

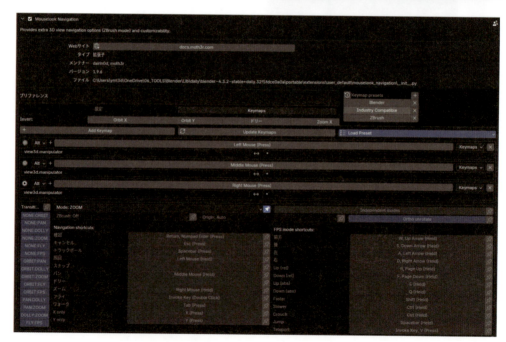

紹介文的にはZBrush風やFPS挙動が売りなのですが、私はこのアドオンで業界互換キープリセットを使用してMayaライクな [Alt] カメラナビゲーションを実現しています。設定次第では他のアドオンの挙動と機能重複しちゃうので少し注意が必要です。

手軽にゲームエンジン風のFPS視点ビューポート操作！
Right Mouse Navigation

`操作改善` `ビューポート` `FPS操作`

開発者	SpectralVectors	入手先	Extensions / Github
価格	無料	難易度	対応バージョン 3.6 4.0 4.1 4.2 4.3

このアドオンの特徴
- ［右クリック］長押し＋［WASD］キーでFPS風ナビゲーション
- ノードエディター対応（［右クリック］でパン＆ノード検索）
- クリックとホールドの時間調整設定
- 左クリック選択と右クリック選択の両方に対応

どんな人にオススメ？
ゲームエンジン風の操作でBlenderの3Dビューポートをナビゲートしたい方に最適です。Blenderで直感的にシーンを操作したい方に向いています。

Right Mouse Navigationは、3DビューポートをゲームエンジンのようにFPS操作でナビゲートするためのツールです。［右クリック］を押しながら［WASD］キーでシーンを移動でき、カメラのウォークモードに類似した操作が可能です。重力をオンにすることで地面を歩いたりジャンプすることも可能です。
また、ノードエディターでのパン操作や検索も右クリックを使って行うことができるおまけ機能もついています。標準のコンテキストメニューも右クリックでアクセスでき、既存の操作を邪魔しないのも特徴です。

● 便利なツールセット
- ［右クリック］押しっぱなし＋マウス移動：
視点方向制御
- ［W］／［S］：前後退
- ［A］／［D］：左右移動
- ［E］／［Q］：上昇下降
- ［マウスホイール］：移動速度調整
- ［Alt］押下：ゆっくり移動
- ［スペース］：注視点方向にテレポート
- ［Tab］か［G］：重力と接地有効
- ［Z］：Z軸補正
- ［V］：ジャンプ
- ［,］／［.］：ジャンプの高さ調整

● FPS視点風アニメーション制作にも！
キーフレームの自動挿入を有効にした状態で、タイムラインを再生中にRight Mouse Navigationでカメラ操作を行うことで、一人称視点風のアニメーションを制作することも可能です。

大規模な背景シーンなどをナビゲートする際にもかなり役立ちますよ！ノードエディターでの動作も地味ながらUnreal Engineを使用している私はしっくり来ています。

BlenderをFPSゲーム風に操作可能なアドオン！
OmniStep

`操作改善` `ビューポート` `FPS操作` `飛行操作`

開発者	Atair(Damjan Minovski)	入手先	Superhive / Gumroad
価格	$15	難易度	★★

対応バージョン: 3.6 / 4.0 / 4.1 / 4.2 / 4.3

このアドオンの特徴
- カスタマイズ可能な一人称視点移動
- 物理ベースのカメラ機能と衝突システム
- カメラモーションやループ録画が可能
- カスタム機能を追加できるスクリプトサポート
- ゲームパッドサポート（Windows/XInput対応）

どんな人にオススメ？
ゲーム開発やレベルプロトタイピング、インタラクティブなシーンの探索に活用したい人や、一人称視点の移動体験をしたい、そういった映像を作りたいクリエイターにおすすめです。

OmniStepは、Blenderのシーン内を一人称視点で歩行・飛行できるようにするアドオンです。物理ベースのカメラ機能やカスタム可能な移動設定により、ゲームエンジンのような体験が可能になります。また、カメラモーションの録画機能やスクリプトによるカスタマイズ性も備えており、Blenderでのインタラクティブなプロトタイピングやアニメーション制作を支援します。公式サイトではデモシーンも配布されております。

Blender内でリアルタイムにシーンを体験できる非常にユニークなアドオン。FPS操作をしている時はまさにゲーム感覚です。主観視点を中心にしたアニメーションを作る際にもこういうアドオンは有用です！

カメラ不要！ビューの視点位置をサムネイル付きで保存＆復元！
Saved Views Save Viewport Location With Thumbnails

`ビューポート` `操作改善`

開発者	Amandeep	入手先	Superhive	Gumroad
価格	$5.99	難易度		

対応バージョン 3.6 4.0 4.1 4.2 4.3

このアドオンの特徴
- ビューポートの位置と回転をワンクリックで保存
- 各ビューにサムネイル付きで簡単に切り替え可能
- オブジェクト名での検索と選択が可能
- 任意のビューポートを瞬時にカメラとして設定
- [F5]でクイックセーブ機能 ※変更可

どんな人にオススメ？
複数のビューを使ってシーン全体を管理するユーザーや、効率的なカメラ操作を求めるアーティストに最適です。

Saved Viewsは、ビューポートの位置と回転を簡単に保存・復元できるアドオンです。シーンの各ビューにサムネイル付きでアクセス可能で、さらに任意のビューを瞬時にカメラとして設定する機能も搭載しています。オブジェクト名の検索機能、[F5]キーによるクイックセーブ機能により、より効率的で柔軟な操作が可能です。

シンプルだけど欲しかった機能拡張系アドオンの一つ。モデリングを行う際に、制作過程のスクリーンショットを残したいけど、わざわざカメラを作成するのは面倒…そんな時にチェック用のアングルを残すことができて非常に便利です！

Sync | Lock Viewport

複数のビューポートをリアルタイムで同期！

`ビューポート` `操作改善`

開発者	Robert-Kezives	入手先	Extensions / Gumroad
価格	無料	難易度	★★
		対応バージョン	4.1 / 4.2 / 4.3

このアドオンの特徴
- 複数のビューポートを瞬時に同期
- すべての選択ビューポートを一括ロック
- マスタービューポートから同期設定を管理
- リアルタイムでのシーン確認をサポート

どんな人にオススメ？
複数のビューポートを同時に同期可能なので、シーンのプレビューやレンダリングを頻繁に確認するユーザーにオススメです。

Sync | Lock Viewportは、複数のビューポートをリアルタイムで同期・ロックできるアドオンです。シーンの全体的なチェックや特定のビューでの調整をスムーズに行うために設計されており、ビューポート間での誤操作を防ぎつつ、マスタービューポートから一括で制御可能です。クリエイティブなワークフローをシンプルに、より効果的にサポートします。

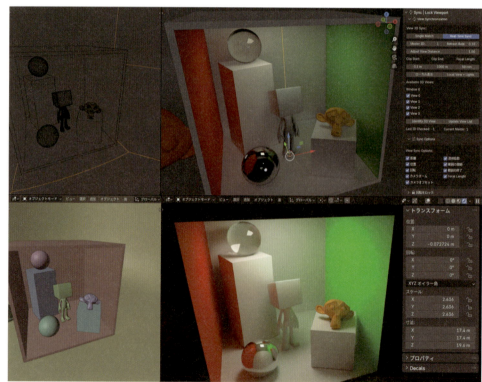

カメラ不要でビューポートを同期できるので、複数のシェーディングモードで同時に確認しながら作業をする際に重宝するアドオンです！モデラーさんにオススメですよ！

Dolly Zoom

ドリーズーム効果を手軽に実現

`カメラ演出` `操作改善`

開発者	VupliDerts	入手先	Superhive / Gumroad
価格	無料	難易度	★★☆

対応バージョン: 3.6 / 4.0 / 4.1 / 4.2

このアドオンの特徴
- 視覚的なドリーズーム効果を演出
- カメラを移動しながら焦点距離を自動調整
- ピボットポイントとして3Dカーソルを使用

どんな人にオススメ？
映画的なカメラ効果や、3Dシーンでの正確なカメラマッチングを求めるクリエイターや、ビジュアルエフェクトの視点調整を効率的に行いたいアーティストに最適です。

Dolly Zoom は、映画的なドリーズーム効果を手軽に実現できるアドオンです。3Dカーソルを基点にしてカメラの位置と焦点距離を同時に調整し、シーン内の構図を保ちながらカメラを移動できます。これにより、印象的な視覚効果を簡単に演出可能です。

● 使い方
カメラを選択した状態で [F3] オペレーター検索から「Dolly Zoom」コマンドを検索実行。

Column：Dolly Zoomとは？
Dolly Zoom（ドリー・ズーム）は、「Trombone Shot」や「Contra Zoom」とも呼ばれる撮影技法で、カメラを前後（ドリー）に動かしながら焦点距離（ズーム）を変え、構図を維持する映画のカメラテクニックです。

使い所は限定的ですが、視覚的なインパクトを強調したシーンが簡単に作れます！
無料公開されているのも有り難いですね！

関連アドオン
Dolly Zoomが可能なアドオンは他にも多数存在します。Alt Tabによる「Alt Tab Dolly Zoom - Vertigo Camera」(Superhiveにて $6.99) や、RNavegaによる「Dolly Zoom & Truck Shift」(Superhiveにて$10)です。別ページで紹介している「Photographer 5」や「Cinepack」でも可能です。

Camera Shakify

プリセットから選ぶだけで簡単にカメラ手ぶれを追加！

`手振れ` `カメラ演出`

開発者	Ian Hubert	入手先	Extensions / Github
価格	無料	難易度	★

対応バージョン: 3.6 / 4.0 / 4.1 / 4.2 / 4.3

このアドオンの特徴
- リアルなカメラの揺れを簡単に追加
- カスタマイズ可能な揺れのパターンと強度
- 手持ちカメラの揺れをシミュレート
- キーフレームアニメーションと連携
- 簡単なUIで直感的に操作

どんな人にオススメ？
カメラアニメーションにリアリティを追加したいすべてのBlenderユーザーに最適です。

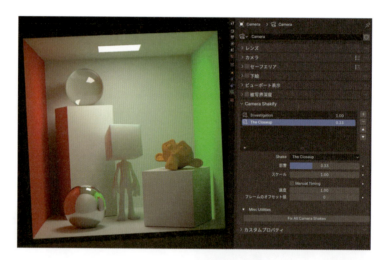

Camera Shakifyは、カメラの動きにリアルな揺れ（手ぶれ）を簡単に追加できます。最初から複数パターンの揺れプリセットを提供し、強さを調整することで、カメラの揺れをリアルにシミュレートすることができます。カメラ自体のアニメーションと連携して使用することで、手軽に作品のクオリティを向上させることができます。

● 多数の動きプリセットを収録
幾つもの揺れパターンを収録。複数の揺れを重ねて使用することができます。

● 既存のアニメーションを邪魔しない
このアドオンで追加した揺れアニメは既存のカメラアニメーションとは別で管理されており、土台となるカメラのアニメーションキーフレームをクリーンに保つことができます。

現実世界のカメラは手ぶれ補正が高性能になっていますが、CG世界ではリアルさを出すためにあえて手振れを入れる皮肉な現状。でも有用なんです。このアドオン一つで様々なケースに対応可能です。設定も簡単なので、Blender上で動画作品を作る際には絶対に導入しておきたいアドオンです。

120超のカメラアニメーションをプリセットからワンクリックで実現！
Cinepack Pre-Animated Camera Moves

`カメラ演出` `アニメーションライブラリ`

開発者	Lewis Martin	入手先	Superhive
価格	$30	難易度	🐵

対応バージョン: 3.6 4.0 4.1 4.2 4.3

このアドオンの特徴
- 120以上のアニメーションカメラモーション
- 10のカテゴリーに分類されたカメラモーション
- カスタマイズ可能なカメラモーション
- 直感的なUIとワンクリックインポート
- すべてのアニメーションにプレビュー動画が付属

どんな人にオススメ？
映像制作やモーショングラフィックスに携わる3Dアーティストやクリエイター、カメラワークに時間をかけたくない方にオススメです。

CinePackは、Blenderユーザー向けに開発された事前アニメーションカメラモーション集で、ハリウッド映画やモーショングラフィックス、広告、VFXなどで見られるようなプロフェッショナルなカメラワークをシーンに簡単に追加できます。インポートはワンクリックで可能で、細かな設定やカスタマイズも自在です。

● プレビュー用動画を付属

すべてのアニメーションにはmp4動画が付属しており、ツールバーの「Preview」をクリックし、事前に動きを確認することができます。

● カメラパスを描く

カメラの移動パスを描くことで直感的にアニメーション軌道を設定可能。

● **10のカテゴリー120以上のカメラムーブ**

● **シネマティック**：ドリーショット、リバースドーリーショット、バーズアイツイスト、クレーンショット・サイド、クレーンショット、360度パン＋チルト、180度パン、90度パン、トラックバックパンダウン、トラックバックパンアップ、前方パン、前方に押す パン アップ、パンバック+フリップ、パンバック+フリップ（ハンドヘルド）、[J]↑上へ移動、[J]↓下方向に移動、[L]↑上移動、[L]↓下へ移動、スパイラルアップ、スパイラルダウン、360 トラック、上下左右スライド、下から上へ

● **主観視点**：自動砲撃、ベースジャンプ、ブリーディングアウト、爆発、後方落下、フリンチ、ルックアラウンド、静止手持ちターンルックアップ、ジェットパス

● **パン**：パン・ダウン、パン・アップ、左右パン、左右パン手持ち、シーニック・パン左右

● **プッシュ＋プル**：ファスト、ロング、ミディアム、手持ち、スロー、ライズ、バーズアイ、ツイスト、手押し、シンク、トゥ・スカイ、トゥ・グラウンド

● **フライオーバー**：ズーム、ヘリコプター、スロー、ミニスパイドローン

● **ズーム**：コントラ、ファスト、手持ちインアウト、スロー、ツイスト、パンレフト＆ライト、パンアップ＆ダウン、シニスター・ツイスト ズームイン＆アウト

● **カオシック**：逆走、酔っ払い、静止手持ち、前方走行、横向き走行、トラフィック・ウィービング、ウォーキング、ミサイル攻撃、曲がるミサイル攻撃、スペースカメラ、スペースカメラ・フローティング、宇宙空間で回転、ファストカー・フライバイ（左から右）、手持ちトランジション左右

● **スピードランプ**：180度スピン（反時計回り＆時計回り）、コントラズーム、クレーン・ショット・ダウン、クレーンショット、上下左右移動、プルバック、プルパンパン、プルパンアップ、プルライズ、プッシュダウン、プッシュ・イン、プッシュ・パン・アップ＆ダウン、ツイスト・イン＆アウト

1クリックで欲しいカメラ挙動がシーンに追加されます！ ちょっとしたカメラの動きのベースを作るのって結構面倒だったりします。このアドオンのおかげで、カメラの設定やアニメーション作業にかかる時間が一気に短縮されました！ Blender初心者でも簡単に高品質なカメラモーションを取り入れることができますよ。

| モデラー | テクスチャ/シェーダー | アニメーター/リガー | ライター/コンポジター | FX | ALL |

スマホ連動でリアルタイムにカメラを操作し躍動感あるシーンを構築！
VirtuCamera for Blender Addon

カメラ演出　外部連携　iOS

| 開発者 | Pablo Javier Garcia Gonzalez | 入手先 | Github |
| 価格 | 無料 | 難易度 | ★★ | 対応バージョン | 3.6 |

このアドオンの特徴
- Appleデバイスと連動しリアルタイムに動きを反映
- アプリからの再生やカメラの制御が可能
- QRコードで簡単接続
- Wi-Fi経由でBlenderのビューポートをアプリにストリーミング
- 最大60FPSの高フレームレート

どんな人にオススメ？
手軽にリアルな手持ちカメラアニメーションを作成したいアニメーターや3Dアーティストに最適です。

VirtuCamera for Blenderは、Appleデバイスでのリアルタイムカメラモーションキャプチャに特化したアドオンです。手軽にカメラの位置と動きをキャプチャし、Blenderに瞬時に反映。再生の制御や焦点距離の設定、長距離移動もアプリから簡単に操作できます。iPhone上ではBlenderのビューポート映像がストリーミングされ、スムーズなアニメーション作成が可能です。Blenderの他にMayaにも対応しています。

iPhone上の画面

● Blender 3.6までのサポート
現在は残念ながらBlender 3.6までしかサポートされておりません。現在開発中とされるVirtuCamera 2では新しいBlenderバージョンに対応予定とのこと。

手軽に実写感のあるカメラアニメーションが作成でき、ビューポートのストリーミングも見やすくとても便利です。設定や操作が直感的なので、アニメーション制作の効率が格段に上がります。最新のBlenderで動かないのは残念ですが、Blender 3.6でカメラの動きだけ付けて最新のBlenderで読み込むフローで対応可能です。

モデリング
アニメーション
リギング
ライティング
マテリアル＆シェーディング
レンダリング
コンポジティング
パイプライン
シミュレーション
UV展開
カメラ
アセットライブラリ
インターフェイス
キャラクター
背景
配置・レイアウト

189

複雑なショットの一括管理!
Shot Manager

`操作改善` `ショット管理`

開発者	Other Realms	入手先	Superhive
価格	Lite:無料／Pro:$40	難易度	

対応バージョン 4.0 4.1 4.2 4.3

このアドオンの特徴
- 3Dビュー上のオーバーレイでショットの確認
- SMノードでファイル出力、ファイルパスの自動生成
- 高度なバッチレンダリング（複数レンダリングサービスに対応）
- 自動ファイル出力生成（EXR層グループ化も可能）
- JSONバックアップ対応で、以前のバージョンとの互換性

どんな人にオススメ?
複数のカメラセットアップや複雑なレンダリングパスを管理したいBlenderユーザー、特に大規模プロジェクトや商業作品でのプロダクションに最適です。

Shot Managerは、レンダリングやショットの管理をスムーズに行うための多機能アドオンです。複数のカメラセットアップやゲームアニメーションの制作に最適です。2.0 Proでは、SMノードやバッチレンダリング機能、カスタムルールやマクロ設定が含まれ、複雑なレンダーパスを柔軟に管理できます。

バッチ レンダリング：Playblast、B-Renderon、Flamenco、Deadline。
バッチ エクスポート：OpenGL（プレイブラスト）、USD、FBX、OBJ、ABC、DAE、BLEND、BAT
自動出力生成：ファイル パス、グループ化、フィルターを構築し、出力または EXR レイヤーに渡します。

● プロ向けのSMノードと高度なバッチレンダリング
Shot Manager 2.0 ProにはSMノードやBatch Render機能が含まれ、ファイルパスの自動生成や出力管理を行えます。また、3Dビュー内でインタラクティブなオーバーレイツールでのショット編集も可能で、選択・調整が簡単です。

ショット管理の煩雑さを解消する豊富な機能が詰まっており、シーン管理の負担を大幅に軽減します。複数のカメラとショットが存在するシーンでもこのアドオンで設定しておくだけで楽に管理できます。それだけでもかなり便利な印象です。私はそれくらいしか使っていないですが、まずは無料版でも複数ショット管理が簡単にできるので一度試してみるとよいですよ。

カメラにフィットするレイヤー画像配置を簡単に！
Camera Plane

`効率化` `2D合成` `ビューポート`

開発者	Les Fées Spéciales	入手先	Extensions / Github
価格	無料	難易度	対応バージョン 3.6 / 4.0 / 4.1 / 4.2 / 4.3

このアドオンの特徴
- カメラに画像を親子付け
- 視野角（FOV）や焦点距離に合わせて調整可能
- 複数の画像を一度にインポートし等間隔配置可能
- 画像をリストで表示・並べ替え
- 複数の画像をまとめて1つの画像にベイク可能

どんな人にオススメ？
ステージのセットデザインや、複数の画像を簡単にカメラに合わせて配置したいコンポジターやライティングアーティスト、UI風の要素を手前に配置したい際に最適です。

Camera Planeは、画像をカメラに親子付けし、FOVや焦点距離に基づいて自動的に調整するアドオンです。複数の画像を一度にインポートし、それぞれの距離やサイズを簡単に調整でき、セットアップを手軽に実現できます。また、複数の画像を統合して1つの画像にベイクしたり、プレーン毎にビューレイヤーを作成しコレクションに割り当てることで、個別にレンダリングすることも可能です。カメラベースのシーン構築が必要なプロジェクトには大変便利です。

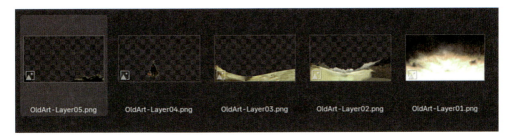

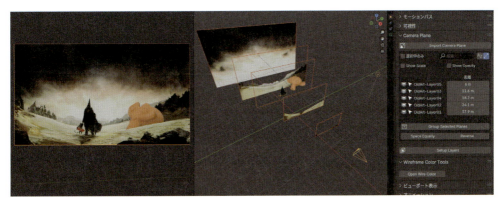

UI表示や、背景や近景に一枚絵を配置したい時にも使えるアドオン。手動でこの状態をセットするのは何かと面倒ですよ！とても便利なアドオンです！

191

モデラー　テクスチャ/シェーダー　アニメーター/リガー　ライター/コンポジター　FX　ALL

コピー機能を強化し、多彩な属性を簡単に転送できるアドオン
Copy Attributes Menu

操作改善　エディター拡張

開発者	Community	入手先	標準搭載　Extensions
価格	無料	難易度	対応バージョン　3.6　4.0　4.1　4.2　4.3

このアドオンの特徴
- トランスフォームやモディファイアのコピー
- オブジェクトの表示設定やプロパティの複製
- EditモードでUV座標や頂点カラーを選択フェース間で転送
- ポーズモードでボーンのローカル・ビジュアル変換のコピー
- 複数オブジェクトのコレクションリンクの一括コピー

どんな人にオススメ？
モデリングやアニメーション制作で、複数オブジェクトやボーンの設定を効率よく一括管理したいBlenderユーザーにオススメです。

Copy Attributes Menuは、標準のコピー機能を大幅に拡張する無料アドオンです。オブジェクトモードでは、選択オブジェクトに対して位置や回転、スケールだけでなく、カスタムプロパティやモディファイア、頂点ウェイトなど様々な属性を簡単に複製できます。メッシュのEditモードやアーマチュアのPoseモードでも各種コピー機能が利用可能で、シーン制作全体の効率化を図れます。

●使い方はシンプル

コピー対象のオブジェクトを複数選択し、最後に参照元となるオブジェクトを選択した状態で[Ctrl]+[C]を押すだけです。表示されるメニューからコピーしたい属性を選ぶだけで、各オブジェクトに一括で反映できます。Poseモードでのビジュアルコピー機能もあり、見た目に忠実なコピーが可能です。

トランスフォーム値やモディファイアを他のオブジェクトにコピーしたくなるケースって多いですよね。ショートカットキーもわかりやすく、とりあえず常時有効化していても問題ないアドオンの一つです。私もモディファイアのコピーはよく行います。

多機能なモディファイア表示管理ツール！
Modifier List

`操作改善` `エディター拡張`

開発者	Symstract Dan-Gry	入手先	Extensions / Github
価格	無料	難易度	対応バージョン 3.6 4.0 4.1 4.2 4.3

このアドオンの特徴
- モディファイアをリストまたはスタック表示
- 検索機能とお気に入りモディファイア管理
- オブジェクトピンで特定オブジェクトを常時表示
- 一括適用・削除機能（Editモード対応）
- Blender 4.2対応のFork版が公開中

どんな人にオススメ？
Blenderで複数のモディファイアを管理する作業が多いモデラーや、モディファイア管理方法を少し改善したいユーザーに最適です。

Modifier Listは、Blenderでの複数のモディファイア管理を効率化するためのアドオンです。リスト表示やスタック表示の切り替え、検索機能、サイドバーにもモディファイアリストを表示させる機能、モディファイアのパラメータデフォルト値を変更する機能、さらにはお気に入りモディファイアをプリセット管理する機能も備え、より快適にモディファイアを操作できます。

● Blender 4.2対応Fork版

Fork版ではBlender 4.2に対応し、モディファイアの実行時間の計測、モディファイアの追加ボタンを非表示にしてスッキリさせる設定、ジオメトリノード対応、リバースリスト機能の修正などが行われています。また、マウスホバーでの適用や削除、アイコンの消失バグのワークアラウンドも実装されており、さらに使いやすく進化しています。
負荷表示のオプションはモディファイアウインドウ右上のボタンからアクセスできます。リスト表示時のみ有効です。

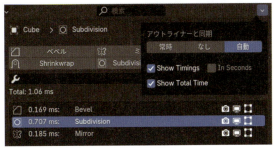

豊富な機能と効率化に優れたModifier ListがFork版でさらに進化。カスタマイズ性も豊富で、好きな機能のみ使うこともできます。モディファイア表示関連や管理方法は好みが分かれるので、まずは一度試してみると良いと思います。

選択オブジェクトをアウトライナーにて自動ハイライト！
Auto-Highlight in Outliner

`最適化` `エディター拡張`

開発者	Amandeep	入手先	Superhive
価格	$6.99	難易度	

対応バージョン

このアドオンの特徴
- 選択オブジェクトを自動でアウトライナーにハイライト
- コレクションの折りたたみ機能
- フィルターオプションから簡単に設定可能
- 大量のオブジェクトやコレクションにも対応

どんな人にオススメ？
複雑なシーンや多数のオブジェクトを管理しているBlenderユーザーに最適です。

Auto-Highlight in Outlinerは、アウトライナーにおいて選択されたオブジェクトを自動的に表示し、シーン内のナビゲーションを効率化するアドオンです。通常、アウトライナーでオブジェクトを探すには手動でコレクションを展開する必要がありますが、このアドオンを使用することで、その手間が省けます。特に大規模なシーンや複雑なプロジェクトにおいて、アウトライナーのナビゲーションが大幅にスムーズになります。

● **自動ハイライトとコレクション折りたたみ**

選択したオブジェクトをアウトライナー内で自動的にハイライトします。また、「コレクション折りたたみ機能」を有効にすることで、選択されていないコレクションを自動的に折りたたむことができ、アウトライナーがよりコンパクトに整理されます。

他のツールではできて当たり前だと感じる部分、なぜかBlenderでは違うんです。そんな悩みを解決してくれます。地味な挙動ですがとても重要なんです。デフォルトでこういう挙動にならんもんかね？ と思いますね。

| モデラー | テクスチャ/シェーダー | アニメーター/リガー | ライター/コンポジター | FX | ALL |

ワンボタンでアクセスできるショートカットパネル！
Simply Fast

操作改善

| 開発者 | Vjaceslav Tissen、Fargus Design | 入手先 | Superhive |
| 価格 | $21 | 難易度 | 対応バージョン 4.0 4.1 4.2 4.3 |

このアドオンの特徴
- 主要機能をまとめたシンプルUIパネル
- Nパネルとショートカットキーからアクセス
- オブジェクトや状況に合わせたコンテキストベースのUI
- メッシュ修正と高速回転機能を搭載

どんな人にオススメ？
ショートカットやツールを多用してモデリングやリギング作業を効率化したいBlenderユーザーに最適です。

Simply Fastは、基本的なBlender作業を効率化するために開発されたコンテキストベースのショートカット集です。すべてのショートカットとツールはNパネル内に配置されており、[F1]キーや[マウス4]ボタンで表示できるポップアップパネルも用意されています。メッシュ、アーマチュア、カメラ、ライトなどの現在のオブジェクトや状況に応じて異なるパネルが表示されるため、各作業に最適なツールがすぐに使用可能です。また、リギング用の骨形状設定や簡易的な布シミュレーション用の詳細な設定もサポートしており、Blenderでの作業がスムーズに進みます。

Blenderって何かと機能が散らばってますからね。一度のクリックでさまざまな操作ができるので作業効率を大幅に向上させてくれます。ショートカットは好みのキーに変更可能ですのでご安心ください。個人的にマウスの余っているボタンに割り当てると色々作業が捗るのでオススメです。

モデリング
アニメーション
リギング
ライティング
マテリアル＆シェーディング
レンダリング
コンポジティング
パイプライン
シミュレーション
UV展開
カメラ
アセットライブラリ
インターフェイス
キャラクター
背景
配置・レイアウト

Sakura UX Enhancer

Blenderの使い勝手を向上させるための機能を提供！

`操作改善` `エディター拡張`

開発者	カフジ	入手先	Superhive / Gumroad
価格	$10	難易度	対応バージョン 3.6 4.0 4.1 4.2 4.3

このアドオンの特徴
- 3Dビュー上部メニューに便利なボタンを追加
- ノードエディタの拡張：ダブルクリックで画像表示など
- イメージエディタの拡張：関連画像ファインダー
- 特定モード時にビューポート設定を自動で切り替え
- 重要な警告をビュー上に表示やカスタマイズも可能

どんな人にオススメ？
BlenderのUIや操作性を少しでも便利にしたい方に適しています。

Sakura UX Enhancerは、Blenderユーザー向けにインターフェース操作を簡略化し、作業効率を向上させるために開発されたBlenderアドオンです。主な機能として、3Dビューヘッダーにショートカットボタンを追加し、モディファイアやアーマチュアの表示・非表示を素早く切り替えることができるなど、多機能なワークフローサポートを提供します。

● **便利な上部メニューのボタン**
- **モディファイアスイッチ**：シーン全体のモディファイアを瞬時にON/OFF切り替え
- ライトを含める形に改善されたローカルビュー（孤立ビュー）
- ワイヤーフレームオーバーレイを切り替え
- シーン内のライトを調整するためのコントロールパネル
- ボーンオーバーレイを切り替え
- アーマチュアレイヤー/コレクションやアーマチュア表示設定への素早いアクセス
- レンダリングエンジンとカラースペースのオプションへの素早いアクセス

※これらの表示状態はプリファレンスで変更可能

● **その他便利機能**
- **ノードエディタの機能拡張**：ダブルクリックでイメージエディタを表示、ノードコンテキストメニューから直接テクスチャをベイク
- **イメージエディタの機能拡張**：今表示されている画像に関連する画像を一覧表示
- **自動ビューポート制御**：特定モードに入ると、ビューポート設定が自動的に切り替わるように設定可能
- **画像自動表示**：選択対象物に基づいて、アクティブな画像を自動的にイメージエディタに表示
- **重要な情報を3Dビュー上にオーバーレイ表示**

● 細かくカスタマイズ可能

アドオンのプリファレンスメニューにて個々の機能を有効・無効化したり、細かな設定を変更することができます。

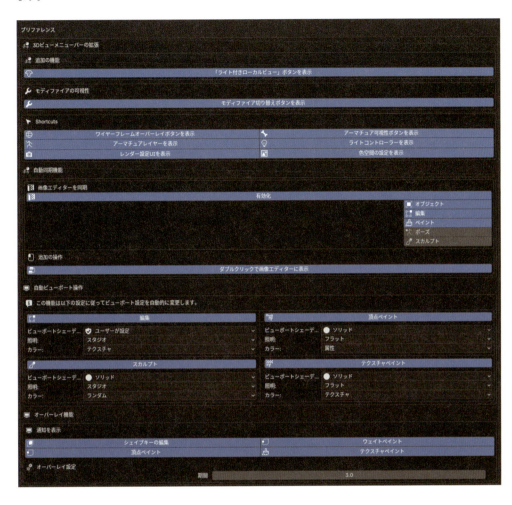

使っているといつの間にか馴染み過ぎて、これ無しだと不便に感じるアドオンの一つです！ 開発者は日本人ですので、日本語表記も対応しているのもポイントが高いです！

関連アドオン

カフジ氏は他にも多数の便利アドオンを公開しています。特定のモード時にシーンの要素を簡略化しレスポンスを向上させる「Sakura Auto Simplify」($10)、過去に廃止されたポーズライブラリの代替策として開発された「Sakura Poselib」(Githubで無料～$10)、キャラクターモデリングとリギングを補助するツールキット「Sakura Tools」($20)、EEVEE向けNPRシェーダーアドオン「VRToon Shader Manger」($20)など、それぞれSuperhiveやGumroadから購入可能です。

| モデラー | テクスチャ/シェーダー | アニメーター/リガー | ライター/コンポジター | FX | ALL |

オブジェクトを簡単に地面や表面に配置する軽量ツール！
Drop It

設置

| 開発者 | AndreasAustPMX | 入手先 | Gumroad |
| 価格 | 無料 | 難易度 | | 対応バージョン | 3.6 4.0 4.1 4.2 4.3 |

このアドオンの特徴
- オブジェクトを地面または表面に瞬時に配置
- 表面法線に合わせて自動的に方向を揃える
- 親オブジェクトや選択した子オブジェクトのみに影響させる設定
- ローカルZ軸オフセット機能で微調整可能
- コンテキストメニューや[V]キーからの簡単アクセス

どんな人にオススメ？
シーンのオブジェクトを地面や表面に一括で配置したいBlenderユーザーに最適です。

Drop Itは、Blenderでのオブジェクト配置を簡単に行うためのアドオンです。ワンクリックでオブジェクトを地面や指定した表面にドロップし、法線方向に合わせて自動的に整列します。オフセット設定やランダムな位置・回転調整も可能で、シーンに自然な配置ができます。コンテキストメニューから、または[V]キーショートカットで即座に操作できます。

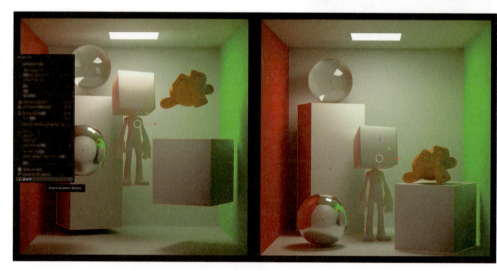

地面に設置、何かと使用する頻度が高く手軽に使えるツールです。おそらく殆どのBlenderユーザーが使うのではないでしょうか？

| モデラー | テクスチャ/シェーダー | アニメーター/リガー | ライター/コンポジター | FX | ALL |

PhotoshopやPowerPointライクにオブジェクトを直感的に整列！
POPOTI Align Helper

`整列`

| 開発者 | ACGGIT_LJ | 入手先 | Extensions / Github |
| 価格 | 無料 | 難易度 | ★ | 対応バージョン | 4.2 / 4.3 |

このアドオンの特徴
- 視点に基づいて直感的にオブジェクトを整列可能
- 各オブジェクトの原点や間隔に基づいて均等に分布
- 複数のオブジェクトを個別または全体で地面に整列
- Z軸方向に投影し非物理的な落下シミュレーションで設置
- ワールドオリジン・アクティブ・カーソルに整列

どんな人にオススメ？
オブジェクトの整列・配置を効率化したいモデラーやデザイナーにオススメです。

POPOTI Align Helperは、Blenderでオブジェクトを簡単かつ正確に整列させるためのアドオンです。PhotoshopやPowerPointのような直感的な操作で、視点に基づいた位置・回転・スケールの整列が可能です。また、オブジェクトを均等に配置したり、地面に整列させたりする機能も備えており、Blenderでの配置作業を大幅に効率化します。

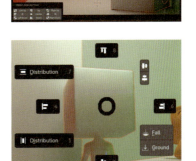

視点に基づいた整列：視点を基に配置
均等分布：原点や間隔に合わせた均等配置
始点・終点に基づく配置：指定した始点と終点を基に整列
地面に整列：複数オブジェクトを地面に整列
非物理的落下：Z軸に沿ってオブジェクトを落下配置
原点やカーソルへの整列：ワールド原点、カーソル、アクティブ要素に整列

● Pieメニューからもアクセス可能
Pieメニューから瞬時に整列機能にアクセスできます。ショートカットキーはカスタマイズ可能です。

配置作業を劇的に楽にしてくれるツールです！ 直感的な操作で、オブジェクトを視点やカーソルに合わせてサクサク整列でき、レイアウト作業がぐっとスピーディになります。Extensionsから無料でアクティブにできるので常用することになりそう。

関連アドオン
より高度なメッシュの位置合わせがしたい方は、BitByteによるアドオン「Mesh Align Plus」がオススメです。頂点3つを選択しフィットさせるなど、高度な位置合わせが可能です。
「Mesh Align Plus」はGithubやBlender Extensionsから無料で入手可能です。

物理エンジンでオブジェクト配置を瞬時にランダム化！
Physics Dropper

`物理演算` `クロス`

開発者	Elin	入手先	Github / Superhive
価格	無料／寄付：$4	難易度	🐵

対応バージョン：3.6　4.0　4.1　4.2　4.3

このアドオンの特徴
- 物理シミュレーションを利用してオブジェクトを配置
- プロキシ機能で高速シミュレーション
- Earthquake（地震）モードや布を落とすプリセットもあり
- 物理結果をその場で適用して確定可能

どんな人にオススメ？
オブジェクトに手軽に物理演算やクロスシミュレーションを適用したい方や、配置を効率化したいすべてのクリエイターにオススメ。

Physics Dropperは、物理シミュレーションを使って複数のオブジェクトをランダムに配置できるBlenderアドオンです。選択したメッシュオブジェクトを物理エンジンでシミュレーションし、満足する配置ができたら「Apply」で結果を確定させるだけ。特に、カオスなシーンや複雑なオブジェクトの積み重ねなどを自動化したいときに非常に便利です。

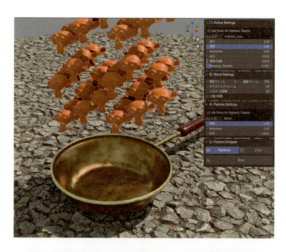

● Earthquake（地震）モードで振動を追加
シーン全体に微振動を与えてさらに配置のランダム感を向上させます。

● クロス（布）にも対応
剛体以外にも簡単にクロスシミュレーションも適用可能です。

配置って面倒ですよね。このアドオンの便利さを味わうと手放せません。設定項目も意外と多く、必要になるタイミングは結構多いと思います！

200

| モデラー | テクスチャ／シェーダー | アニメーター／リガー | ライター／コンポジター | FX | ALL |

創造力を解き放つスキャッター＆多機能詰め合わせBlenderアドオン！

BagaPie　Architecture & Vegetation, Rocks, Trees

`植生・散布`　`Gemetry Nodes`　`Pieメニュー`

| 開発者 | Antoine Bagattini | 入手先 | Extensions / Superhive / Gumroad |
| 価格 | Modifier：無料
Assets Lite：$39／Full：$93 | 難易度 | | 対応バージョン | 3.6 / 4.0 / 4.1 / 4.2 / 4.3 |

このアドオンの特徴
- 大量配置が簡単にできるスキャッタリングツール
- カメラによる表示範囲の自動制御やプロキシ管理
- 階段や手すり、壁、配管などのパラメトリック建築プリセット
- 円形、直線、グリッド、カーブに沿うなど多様な配列生成
- 重力と衝突判定を持つリアルなツタ生成ツール

どんな人にオススメ？
複雑なシーンの構築やアセットの効率的な管理が求められるモデラー、特に建築ビジュアライゼーションや大規模なスキャッタリングを行う人に最適です。

BagaPie Modifierは、スキャッタリングや建築プリセット、ケーブルやパイプ生成など、ビジュアル密度を工場させる機能を数多く取り揃えた多機能アドオンです。スキャッタリングツールによりオブジェクトの大量配置が簡単に行え、パラメトリック建築プリセットでは120種類以上のテンプレートを活用して短時間で建築構造を作成可能。さらにアセットブラウザのアセット選択と配置が一括で行え、作業効率を大幅に向上させます。その他にもツタ生成機能や配列生成ツールなど、創造的なモデリングに必要な機能が豊富に揃っています。

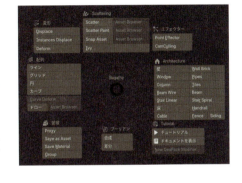

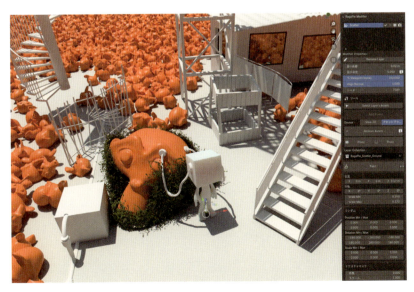

あると助かる便利機能が取り揃っています。[J]キーからPieメニューに瞬時にアクセスできるのが便利なんです。個人的にスキャッターツールは一番活用していますね。

201

Geometry Nodes活用の散布&その他多機能Blenderアドオン！
Geo-Scatter

| 植生・散布 | Gemetry Nodes |

開発者	bd3d		入手先	Superhive
価格	$99		難易度	
			対応バージョン	3.6 4.0 4.1 4.2 4.3

このアドオンの特徴
- IDマップやフレキシブルな配置機能で多彩なスキャッタリング
- プリセット環境の豊富なライブラリ
- ダイナミックな「エコシステム」でリアルな環境表現
- FOVや距離カリングによる最適化
- 風や傾斜を表現できるビルボード効果や風の波機能

どんな人にオススメ？
大規模な自然シーンや詳細な環境デザインを作成したいBlenderユーザーに最適です。特に高度な配置設定やパフォーマンス最適化が求められるプロジェクトにおすすめです。

Geo-Scatterは、Blenderのための本格的なスキャッタリングツールで、シーンの環境デザインを効率化します。新バージョン5.4では、シーン構成を直感的に整理できる「Scatter-Groups」が登場。各オブジェクトの密度や回転、スケール、ビルボードの効果などを細かく調整でき、さらにはエコシステム設定でオブジェクト同士の引力・斥力を設定してダイナミックな環境を作成可能です。風や傾斜を表現する機能もあり、リアリズムを高めた自然表現が簡単に実現できます。

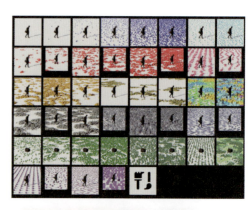

高度な設定を提供しつつ、非常に使いやすく設計されているので、大規模プロジェクトや商業的な環境デザインでの活用に適しています。bd3dが別途公開している無料の植生ライブラリ「The Plant Library」と連携して使用すると真価を発揮しますよ！

大規模な自然シーンを高速にレンダリング可能なツリーライブラリ！
Alpha Trees　Render Massive Forests, Fast

`植生・散布` `ビルボード` `最適化`

開発者	Strike Digital	入手先	Superhive
価格	Lite：$25／Pro：$45	難易度	🐵🐵

対応バージョン　4.0　4.1　4.2　4.3

このアドオンの特徴
- 高速な2Dビルボード技術で高速描画
- 50種、150種の樹木ライブラリ付属！
- 複雑なマテリアル設定で3Dツリー風ビジュアルを実現
- 高度なウェイトレイヤーで密度やスケールを制御
- 自作ツリーの作成機能も搭載

どんな人にオススメ？
大規模な自然シーンのレンダリングを高速化したいデザイナーに最適です。

Alpha Treesは、Blenderでの大規模な自然シーンのレンダリングを高速化するために設計されたツリーライブラリです。3Dモデルではなく、2Dビルボードを使用することで、メモリ使用量を抑えながらもリアルな表現が可能です。Pro版ではGeo-Scatterとの統合で複雑なスキャッタリング設定が可能で、風アニメーションや密度調整も簡単に行えます。独自のウェイトレイヤー機能により、地形の傾斜やカメラ距離に基づいたプロシージャルな配置もサポートしています。

● Pro版とLite版の違い

Pro版は150種類の樹木とカメラカリング、自動スキャッタリング、Geo-Scatter統合が可能です。安価なLite版は50種類の樹木を収録し配置は手動になります。

軽量で高速なツリー表現を求める方にとても最適です。広大な遠景を木で埋め尽くしたい時にはこういった軽量化も考慮されたソリューションはかなり有用だと思います。

203

| モデラー | テクスチャ/シェーダー | アニメーター/リガー | ライター/コンポジター | FX | ALL |

簡単操作でアセットライブラリに直接エクスポート！
Instant Asset

`アセット管理` `操作改善`

| 開発者 | Geblendert | 入手先 | Superhive |
| 価格 | 無料 | 難易度 | 🍄 | 対応バージョン | 3.6 4.0 4.1 4.2 |

このアドオンの特徴
- 3Dモデルをアセットブラウザ参照可能ファイルとして出力
- 選択したコレクションをエクスポート可能
- アクティブなマテリアルもエクスポート対応
- エクスポートした選択をリンクとして再インポート

どんな人にオススメ？
自作した3Dアセットを効率よく管理したい人や、標準のアセットブラウザ登録フローに自身が無い方。個別のアセットを素早く整理・活用したい人にオススメです。

Instant Assetは、3Dモデルの管理を手軽にする無料アドオンです。選択しているオブジェクトを、ワンクリックでアセットブラウザから参照可能な状態で個別ファイルとしてエクスポートできます。最新のアップデートではアクティブなマテリアルもエクスポートできるようになりました。

アセットライブラリへの登録、理解するまではちょっとややこしい部分もありますよね。このアドオンで選択したアセットをライブラリに直接エクスポートするという分かりやすいフローでシンプルな管理が可能になります。

高品質なプロシージャルアセット&マテリアルを多数収録したライブラリー！
Sanctus Library　Procedural Materials

`効率化`　`プロシージャル`　`Geometry Nodes`

開発者	Sanctus	入手先	Superhive	
価格	LITE：無料／PERSONAL：$29 COMMERCIAL：$39	難易度		対応バージョン 3.6 4.0 4.1 4.2 4.3

このアドオンの特徴
- 1000以上のプロシージャルマテリアル
- Geometery Nodesを使用したジェネレーター
- 数クリックでベイク可能なツール（BAKING TOOL）
- 非破壊のデカールツール

どんな人にオススメ？
プロシージャルマテリアルを多用する3Dアーティストに特にオススメです。

Sanctus Libraryは、Blender用のプロシージャルマテリアルとジェネレーターのコレクションで、1,000以上の高品質なマテリアルを提供します。アセットは定期的なアップデートで更に追加されており、新しく追加されたマテリアルエディターやジオメトリノードジェネレーターによって、より自由なカスタマイズが可能になりました。

他のライブラリと違い基本的にプロシージャルマテリアルなのが特徴的。ディテールはパラメータで調整可能です。また、シェーダーを学ぶための学習材料としても有用です。プロシージャルな分、EEVEEでの描画は少し重めなので注意！

| モデラー | テクスチャ／シェーダー | アニメーター／リガー | ライター／コンポジター | FX | ALL |

Poly Haven Asset Browser

1,600を超える膨大なHDRI＆モデル＆マテリアルにBlender上からアクセス！

`効率化` `プロップ` `HDRI`

| 開発者 | Poly Haven | 入手先 | Github / Superhive / Patreon |
| 価格 | 無料
$30(Superhive)／$5/月(Patreon) | 難易度 | 対応バージョン 3.6 4.0 4.1 4.2 4.3 |

このアドオンの特徴
- 1682以上のHDRI、マテリアル、3Dモデルを価値用
- 解像度の切り替え機能で必要に応じて1K→8Kまでスワップ
- 1K解像度とダウンロード済みの高解像度素材は、オフライン利用可能
- 「Fix Texture Scale」機能でテクスチャスケールを自動マッピング
- メッシュディスプレイスメントの設定をワンクリックで実行

どんな人にオススメ？
Poly Havenの豊富な無料アセットを活用したいBlenderユーザーや、シーン制作時に手早くHDRIやマテリアルを適用したい方に特におすすめです。

Poly Haven Asset Browser for Blenderは、Poly Havenが提供するフリー素材をBlender内で効率的に活用するためのアドオンです。このアドオンを使うことで、HDRI、マテリアル、3Dモデルなどのアセットをウェブサイトにアクセスせずに、Blenderのアセットブラウザから直接利用可能。素材の解像度切り替えや、ディスプレイスメント設定をワンクリックで行えるため、作業効率が大幅に向上します。また、オフラインでの使用も可能です。

Column：Poly Havenとは

Poly Havenは、無料で高品質なHDRI、テクスチャ、3Dモデルを提供するサイトで、すべてのアセットがCC0ライセンスで公開されています。これにより、商用利用を含むあらゆるプロジェクトで自由に利用可能です。16K解像度以上のHDRI、8K以上の解像度のPBR素材、そしてリアルな3Dモデルを提供しており、VFXや次世代ゲームの制作にも適しています。これらのアセットは手作業で制作され、生成AIや過剰なプロシージャル技法には頼らず、長期的に使用可能な高品質のコンテンツを目指しています。南アフリカを拠点とし、世界中のアーティストと協力して、コミュニティが支えるオープンなリソースを提供することを目的としています。

Poly Havenは、以前はHDRI Haven、Texture Haven、3D Model Havenという独立したプロジェクトとして運営されていましたが、現在はこれらを統合したプラットフォームとして、さらに多くのクリエイターに利用されています。

Poly Haven自体はブラウザから無料で簡単にアクセスできますが、アドオンを使ってアクセスする便利さを一度知ってしまうと、もう戻れません！ アドオン自体はGithubからは無料で入手可能ですが、もし今後もこのコミュニティのアセットがさらに充実していくことを応援したいなら、アドオンを購入してサポートすると良いですよ！

関連アドオン

アセットライブラリを参照するようなアドオンは他に幾つも存在します。
Code of Artが公開している「Easy PBR」(Gumroadで無料公開)は AmbientCG.com にある1,800を超えるPBR対応マテリアルをインポート可能です。
更にTrue-VFXが販売している「True-Assets」(Superhiveにて$65)は独自アセットの登録管理機能と、AmbientCG.comとSharetextures.com に存在するアセットをブラウズする機能を備えています。

| モデラー | テクスチャ/シェーダー | アニメーター/リガー | ライター/コンポジター | FX | ALL |

170超の自然物3Dアセットが無料で使えるライブラリ！
The Plant Library

植生・散布

| 開発者 | bd3d | | 入手先 | Superhive |
| 価格 | 無料 | | 難易度 | 🍄 |

対応バージョン 3.6 4.0 4.1 4.2 4.3

このアドオンの特徴
- 170以上の自然物3Dアセットを収録
- ロイヤリティフリーで商用利用も可能
- 多様なバイオームシステムに対応
- Asset-Browserに対応
- Geo-ScatterおよびBiome-Readerと連携可能

どんな人にオススメ？
自然環境の制作を手軽に始めたいBlenderユーザーに最適です。初心者からプロまで、さまざまな用途で活用可能です。

The Plant Libraryは、bd3dが提供するBlender向けの無料3Dアセットライブラリです。170を超える高品質な植物や自然物のモデルが含まれており、簡単にインストールしてAsset-Browserでドラッグ＆ドロップで利用できます。各アセットは乾燥地、森林、芝生など多様なバイオームに対応し、「Geo-Scatter」や「Biome-Reader」アドオンで使えるように設定されています。手軽に本格的な環境シーンが作成でき、Blenderユーザーにとって理想的なリソースです。

● 多様なバイオームとAsset-Browser対応
30種類以上のバイオームが収録されており、「Geo-Scatter」アドオンや無料の「Biome-Reader」アドオンを使えば、複雑な環境を簡単に構築可能です。モデル単体はアセットブラウザーへの設定後、Asset-Browserから手軽にアセットを配置できます。

すみません、これだけはアドオンではなくライブラリーです。でもこれだけはオススメしたいので載せちゃいました。高品質な自然アセットが無料で利用できるのはとても有り難いです！ とりあえず植物が欲しい時にはこういうライブラリが1つあるだけで助かりますよ。
尚「Geo-Scatter」か「Biome-Reader」やその他スキャッターアドオンと合わせて活用することをおすすめします。

関連アドオン

同開発者のbd3dがによる「Biome-Reader」は「The Plant Library」を手軽に扱えるアドオンとして、公式サイトで無償配布されています。このアドオンに「The Plant Library」に付属されているBIOMES-plant_library.scatpackをインストールすると、選択オブジェクトに手軽に植物の散布が可能となります。

なお、ダウンロードする際には名前やメールアドレスの入力が必要です。

209

| モデラー | テクスチャ/シェーダー | アニメーター/リガー | ライター/コンポジター | FX | ALL |

オープンな地図データをBlender内に取り込む！
BlenderGIS

`地形` `地図利用` `都市デザイン` `BIM`

| 開発者 | domlysz | 入手先 | Github |
| 価格 | 無料 | 難易度 | 対応バージョン 3.6 4.0 4.1 4.2 |

このアドオンの特徴
- GISデータファイル（Shapefile、Geotiff DEM、OSM）をインポート
- 地図や地形データを直接取得し3D地形再現
- 高度な地形メッシュ生成やオブジェクトの地形配置をサポート
- 地理座標を管理し、ジオタグ付き写真から新しいカメラを設定
- 地形解析をShader Nodesで実行可能

どんな人にオススメ？
GISデータを使用して3D地形を構築・解析したい方や、OpenStreetMapのデータを使って都市の可視化を行いたいアーティストや研究者に最適です。

Blender GISは、地形や地理データをBlenderに直接インポートして3D環境で可視化できる無料のアドオンです。NASAのSRTM高度データやOpenStreetMapの建物や道路データを利用して、リアルな地形や都市モデルを作成できます。さらに、シーンの地理参照情報の管理や、カメラの位置や向きを地理情報（緯度・経度・標高）に基づいて設定も可能で、地理情報の視覚化が一層簡単になります。

 Blenderで地理データを直感的に扱えるのが便利です。都市計画や自然環境のシミュレーションに活用できるため、背景制作や建築ビジュアライゼーションにも役立ちますよ！

地図データを簡単に取り込める地理データインポートツール
Blosm for Blender <small>Google 3D cities, OpenStreetMap, terrain</small>

`地形` `地図利用` `都市デザイン` `BIM`

開発者	Prochitecture	入手先	Gumroad
価格	無料／Premium：$17.80	難易度	★★

対応バージョン：3.6 / 4.0 / 4.1 / 4.2

このアドオンの特徴
- OpenStreetMapからの建物や地形データのインポート
- 森林や河川、道路、鉄道などのインポートと自動配置
- 3Dビルの構造を持つ建物の生成オプション
- Premium版では、建物にテクスチャやUVマッピングを適用
- サテライト画像を地形に投影可能

どんな人にオススメ？
都市や自然環境の3Dビジュアライゼーションを Blender で手軽に行いたい方、特にプロジェクトでリアルな地理データが必要なユーザーに最適です。

Blosm for Blenderは、Google 3D都市やOpenStreetMapのデータをBlenderにインポートするためのアドオンです。無料版でも建物や地形データを簡単に取り込め、建物の階数や高さなどの情報を反映させたシーンが作成できます。Premium版では、建物にテクスチャやUVマッピングが適用され、よりリアルな環境デザインが可能です。サテライト画像の投影やGeometry Nodesを使用した3Dビル生成にも対応しており、プロフェッショナルなビジュアライゼーション制作に活用できます。

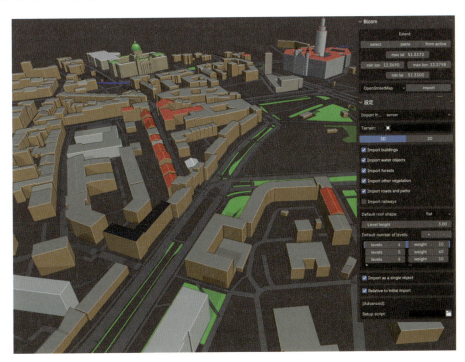

ショットは無料版です

実在の都市のレイアウトをモチーフに作り込みたい時などでも活用できると思います。テクスチャやGeometry Nodesでのビル生成など、用途に応じてカスタマイズができるのも大きな魅力です。

外部参照ファイルの自動リロードで作業効率を向上！

Auto Reload

`外部連携` `効率化` `ペイント`

開発者	samytichadou、tonton_	入手先	Extensions / Github
価格	無料	難易度	★

対応バージョン: 3.6 / 4.0 / 4.1 / 4.2 / 4.3

このアドオンの特徴
- 外部ファイルの自動リロード
- 画像以外のファイルにも対応
- タイマーで定期的に変更をチェック＆更新
- メニューから素早く更新対象を選択可能

どんな人にオススメ？
外部ファイルを頻繁に編集し、Blenderに自動的に反映させたいユーザーに最適です。特に、外部のテクスチャやムービーファイルを頻繁に更新するプロジェクトを進めている方におすすめです。

Auto Reloadは、シーン内で使用される外部ファイル（画像、ムービークリップ、ライブラリ、サウンド、キャッシュファイルなど）を自動的にリフレッシュするためのアドオンです。タイマーを設定して外部ファイルの変更を定期的にチェックし、更新があれば即座にBlender内で反映されます。煩わしい手動更新をなくし、作業効率を大幅に向上させることができます。特に、複数のファイルを扱う大規模なプロジェクトや、素早いイテレーションが必要なシーンで効果を発揮します。

 テクスチャなどを外部のペイントツールで制作する際にはこの手のアドオンは必須になってきます！画像以外の外部ファイルにも対応しているのはポイントが高いですね。

関連アドオン

あ～さ～氏によるアドオン「ClipSync」は、CLIP STUDIOとblenderでテクスチャを同期することが可能です。「ClipSync」はGithubから無料で入手可能です。

ゲームアセット制作を効率化するためのツールセット
ACT Game Asset Creation Toolset

`外部連携` `ゲームエンジン`

開発者	Ivan Vostrikov	入手先	Extensions / Github / Gumroad
価格	無料	難易度	★★

対応バージョン：3.6 / 4.0 / 4.1 / 4.2 / 4.3

このアドオンの特徴
- バッチエクスポート機能
- FBX/GLTFをUnity、UE、Godot用に一括エクスポート
- 原点ツールやリネームツール、UVツール
- パレットテクスチャ、未使用マテリアル削除
- ノーマル計算やカスタムノーマルのクリア

どんな人にオススメ？
UnityやUnreal Engineなどのゲームエンジンなどに向けてアセット制作をしているBlenderユーザーに最適です。

ACT（Game Asset Creation Toolset）は、ゲーム開発におけるアセット制作を効率化するために設計されたBlenderアドオンです。複数のFBXやGLTFファイルを一括エクスポートしたり、UVマッピングやマテリアル管理、原点調整やリネームツールなどを提供しています。これにより、ゲーム開発向けのモデルやアセットの作業を支援してくれます。

● バッチエクスポート
Unity、Unreal Engine、Godot向けに複数のオブジェクトを一括でエクスポートする機能を提供。オブジェクトを個別ファイルにしたり、コレクション単位でエクスポートすることが可能です。

● その他便利ツール
原点（オリジン）ツール、リネームツール、UVチャンネルのバッチリネームや追加、アクティブUV設定ツール、頂点カラーや未使用マテリアルの削除ツール、カスタムノーマルの削除など。

ゲームエンジン向けにアセット制作をしている方は要チェックのアドオンです。シンプルで定番と言えるような機能が多いので目新しさは感じませんが、エクスポーターを何も使用していない方は抑えておきたいアドオンです。

FBXファイルのインポートとエクスポートを大幅に改善！
Better FBX Importer & Exporter

`外部連携` `ゲームエンジン` `FBX`

開発者	Mesh Online	入手先	Superhive
価格	$28	難易度	🍄🍄

対応バージョン: 3.6 / 4.0 / 4.1 / 4.2 / 4.3

このアドオンの特徴
- 全FBXバージョン対応（ASCII＆バイナリ、FBX 5.3から2020まで）
- PBRマテリアル対応やバッチインポート・エクスポート
- N-Gonsや複数のUVセット、ボーン、シェイプキー対応
- 非線形アニメーションや頂点アニメーションのエクスポートが可能
- Rigifyシステムからのアーマチュアのエクスポート

どんな人にオススメ？
Blenderで作成したモデルやアニメーションを各種ゲームエンジンにスムーズに持ち込みたいゲーム開発者や、FBX形式での高精度なインポート・エクスポートが必要な3Dアーティストに最適です。

Better FBX Importer & Exporterは、FBXファイルのインポートやエクスポートにおいて、Blenderのデフォルト機能を強化するアドオンです。そもそもBlenderにはネイティブFBXサポートがないため、古いFBXファイルや新しいFBXファイルをインポートすると失敗することがよくあります。そういう理由から生まれたのがこのアドオン。公式のFBX SDKを使用して、より優れたFBXインポーターとエクスポーターをゼロから構築しています。幅広いFBXバージョンに対応しており、特にUnity、Unreal Engine、Godotでの使用を前提としたゲームアセット制作において非常に有用です。複数の形式でのバッチエクスポートも可能です。ボーンやシェイプキーを含むアニメーションのエクスポート、PBRマテリアルの正確なインポート・エクスポートもサポートしています。

> デフォルトのインポーターやエクスポーターって失敗することが多いですよね。とりあえずFBXなどで外部にデータ出力する方は導入必須と言えるアドオン。スタジオ向けのお得なマルチシートライセンスもありますので、多人数のプロジェクトで導入するスタジオさんなどはそちらも要チェックです。

3D Gaussian Splatting データをEEVEE上で高速描画！
3DGS Render by KIRI Engine

`実写合成` `外部連携` `3D Gaussian Splatting`

開発者	KIRI Engine	入手先	Github / Superhive
価格	無料	難易度	★★
		対応バージョン	4.2 / 4.3

このアドオンの特徴
- ply形式の3DGSファイルをシームレスに変換
- EEVEEでレンダリング可能
- 3GDSデータを他のBlenderオブジェクトと同様に自由に操作可能
- シーン内のライティングに反応しリアルなレンダリングを実現
- ビジュアルの調整が可能なカラー編集ツールが内蔵

どんな人にオススメ？
このアドオンは、フォトリアリスティックな3D Gaussian Splattingスキャンデータを Blender で扱いたいすべての人に最適です。

3DGS Renderアドオン は、KIRI Engineによって開発されたBlender用のアドオンで、3D Gaussian Splatting（3DGS）スキャンデータを簡単にBlenderプロジェクトに組み込むためのツールです。スキャンファイルを自動的に変換し、Eeveeエンジンとの互換性を持たせることで、リアルなライティングと色調整を可能にします。

Column：KIRI Engineとは

KIRI Engineは、スマートフォンやウェブブラウザを使ったクラウドベースの3Dスキャンサービスです。スマホに特化した最先端のフォトグラメトリーアルゴリズムを使用して、8K PBRテクスチャ対応の高品質な3Dスキャンを提供しています。無料プランでも多くの機能を利用でき、PROプランではさらに多くの写真や高精度のスキャンが可能です。特に2020年には「最も破壊的なカナダのテック企業」として評価されており、世界中のクリエイターをサポートするために多様なアセット生成が可能です。

スキャンデータをそのまま使うだけじゃなく、ライティングやカラー調整機能も備わっているので、ただの取り込みツールというより、実際の制作にもすぐに使える点が特徴ですね。

OpenVAT

ゲームエンジンやVFX向けに頂点アニメーションテクスチャ（VAT）生成！

`ベイク` `VAT` `Geometry Nodes`

開発者	sharpened	入手先	Extensions / Github
価格	無料	難易度	★★★	対応バージョン	4.2

このアドオンの特徴
- ワンクリックでVATデータのエンコードに対応
- アニメーションやシミュレーションなど多様な頂点変形に対応
- JSONマッピングデータでゲームエンジンシェーダーを設定
- UnityのURPに対応（Unity用のパッケージも提供）

どんな人にオススメ？
Blenderからゲームエンジンへ効率的にアニメーションをエクスポートしたいゲームデザイナーや、複雑なアニメーションをGPUでレンダリングしたいVFXアーティストに最適です。

OpenVATは、Blenderから頂点アニメーションテクスチャ（VAT）を簡単にエクスポートできる無料アドオンです。Unityなどのゲームエンジンで複雑なアニメーションを効率的に再現でき、シェーダーでの設定も可能です。アニメーションやシミュレーションをキャプチャし、JSONデータを使用してシェーダーのマッピングが可能です。さらに、Unity URP対応のセットアップで、エンジン内でのセットアップも簡単です。

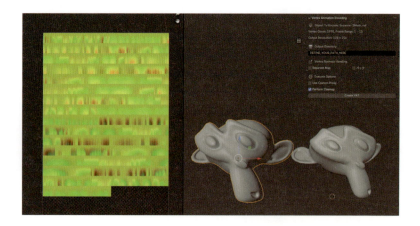

VATを作るアドオンって中々見かけないので、Extensionsでこれを見つけたときは歓喜しました！ 現状はGithub上でUnity上で取り扱うためのパッケージが用意されていますので、Unityユーザーの方は簡単に導入できますよ！

Column：VATとは？

VAT（Vertex Animated Texture）は、頂点アニメーションテクスチャの略で、3Dモデルの頂点の動きをテクスチャにエンコードし、GPUシェーダーを通じて再生する技術です。通常、モデル全体を複雑に動かすアニメーションはCPUに負荷をかけますが、VATを使用すると、事前にエンコードされたテクスチャ情報を利用してGPUで効率的にアニメーションを再生できるため、パフォーマンスが大幅に向上します。

VATは、ゲームエンジンやVFXでCPU負荷を軽減しつつ、複雑な動きを再現するために広く利用されています。例えば、布や髪の物理シミュレーション、キャラクターのアニメーション、環境エフェクト（風に揺れる草木や波）など、リアルな表現が必要な場面で特に効果的です。VATによって作成されたアニメーションはループ再生や時間の制御が難しいものの、正確で高パフォーマンスな描画が可能な点が大きな魅力です。

VRAM節約の救世主！ シーンの最適化で大規模プロジェクトもスムーズに
Memsaver
Memory Optimizer VRAM Saver

`最適化` `VRAM`

開発者	polygoniq
価格	Personal：$19／Pro：$39 Studio$79
入手先	Superhive
難易度	★★
対応バージョン	3.6 4.0 4.1 4.2 4.3

このアドオンの特徴
- シンプルなUIで簡単適用
- カメラからの距離に基づいてテクスチャを最適化
- 必要のないジオメトリを削減しVRAMを節約
- 全フレームにわたり最適化を適用したり画像を元に戻したり
- メモリ使用量の解析データをHTMLレポートで可視化

どんな人にオススメ？
大規模なプロジェクトを扱うクリエイターや、VRAMの限られた環境で効率的に作業したい方、複雑なシーンを扱う背景アーティストおすすめです。

Memsaverは、VRAMの使用を効率的に管理・削減するBlender用アドオンです。特に大規模なシーンや複雑なテクスチャを使用するプロジェクトで有効で、シーン全体やオブジェクトごとにテクスチャサイズを最適化し、無駄なメモリ消費を防ぎます。アダプティブメッシュデシメーション機能により、カメラから遠いオブジェクトのポリゴン数を自動的に削減し、レンダリング時間を短縮します。これにより、VRAMの制約があっても、快適に大規模プロジェクトを進行できる環境を提供します。

公式のスプラッシュスクリーン採用無償配布シーン（Blender 3.4 – "Charge" Open Movie）で測定した所、6.39GB使用していたメモリが3.61GBに削減、13.6GB使用していたVRAMが11.8GBに削減されました。

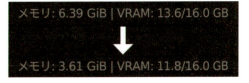

● **Adaptive Optimize**
メッシュの自動デシメーションとテクスチャリサイズで、視点に応じて無駄なリソースを削減。

● **Adaptive Image Resize**
カメラの距離に応じて画像サイズを自動調整し、メモリを最適化。

● **Adaptive Mesh Decimation**
カメラから離れたオブジェクトの無駄なジオメトリを削除し、計算負荷を軽減。

● **UDIM & Sequence対応**
UDIMやシーケンス画像を効率的に管理し、アニメーションにも適用可能。

● **Animation Support**
アニメーションに対応し、各フレームで適切な画像サイズを維持。

● **メモリ使用量の推定**
使用中のメモリをHTMLレポートとして出力し、リソースを可視化。

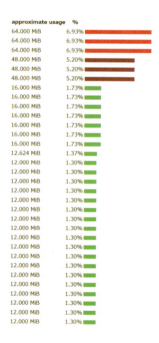

大規模シーンでメモリ使用量が高く重くなってしまうのを防ぐための必須アドオンです。背景アーティストで重いシーンを扱う人や、マシンスペック的に悩んでいる方は要チェックですね！

Turbo Tools

レンダリング設定を良い塩梅に最適化し超高速レンダリングを実現！

`高速化` `最適化` `Cycles` `EEVEE`

開発者	3d illusions
価格	$49.99

入手先: Superhive / Gumroad

難易度: ★★

対応バージョン: 3.6 / 4.0 / 4.1 / 4.2 / 4.3

このアドオンの特徴
- ワンクリックで適用
- サンプル数を抑えながら高品質なレンダリングを実現
- フリッカーを軽減し、レンダリング時間短縮
- リアルタイムコンポジタのキャッシュ機能
- シンプルなUIで簡単設定

どんな人にオススメ？
レンダリング時間を大幅に短縮したいアニメーターやVFXアーティストにオススメ。特に複雑なシーンやアニメーションを手早く高品質に仕上げたい方に最適です。

Turbo Toolsは、Blenderでのレンダリング作業を劇的に高速化するために開発されたアドオンです。通常のデノイザーでは長時間かかるレンダリングも、Turbo Renderを使用することでサンプル数を抑えながら短時間で高品質な結果を得ることが可能です。さらに、アニメーションに特化したTemporal Stabilizer機能により、フリッカー問題を解消しながらも、従来の数倍速いレンダリングを実現します。複雑なコンポジット設定も自動で最適化されるため、作業効率が大幅に向上します。

● 有効化するだけでも効果あり

こちらのシーンは1フレーム通常9.27秒かかっていたレンダリング時間が、Turbo Toolsを有効にすることで7.69秒に短縮されました。

「レンダリング時間が長すぎて辛い…」「レンダリング設定がよくわからない…」、そんな時に助かるアドオンですね。ポチっと有効化するだけでレンダリング時間が短くなるんですよ。細かい設定も多くすべてを理解するのは中々大変そうですが、あると助かるアドオンの一つです。

RenderBoost

機械学習パワーで中間フレームを生成！ レンダリング時間大幅短縮！

`高速化` `最適化`

開発者	Omega VFX Ltd	入手先	Superhive
価格	通常：$10／Pro：$20	難易度	対応バージョン 4.0 4.1 4.2 4.3

このアドオンの特徴
- 機械学習を活用した補間アルゴリズム
- レンダリング済みのフレームを補完
- 補間フレーム数や滑らかさを自由に調整
- シームレスなBlender統合
- Pro版では、ノイズ除去やアップスケーリング機能が追加

どんな人にオススメ？
アニメーション制作やVFXを行う3Dアーティスト、そしてレンダリング時間の短縮を求めるすべてのBlenderユーザーにオススメです。

RenderBoostは、レンダリング時間を短縮できる画期的なアドオンです。機械学習を活用したフレーム補間技術を採用しており、レンダリング済みのフレームからシームレスに余分なフレームを生成します。

● 簡単な運用

出力設定からフレーム範囲のステップ設定に2以上の値を入れ、事前にフレームを飛ばしてレンダリングしておき、レンダリング画像が揃った段階でRenderBoostを実行するだけです。

● Pro版

Proには、GPUアクセラレーション、自動ノイズ除去、アップスケーリング機能が搭載されています。

● 注意点

RenderBoostで達成される時間の節約は、ハードウェアの能力によって異なる可能性があることに留意してください。また、RenderBoostは基本的に補間技術を使用しているため、その結果はシーンによって異なり、高速で動くカメラで途切れたオブジェクトや多くのモーションブラーがアーティファクトを発生させることがあります。

すべてのフレーム補間をこのアドオンに頼るのは厳しいですが、シーン次第ではかなり有用に使えます！ ローカル環境でも動作するのは安心ですが、アドオン自体のファイルサイズが3GBと依存関係ファイルを含めると5GBに膨れ上がるので注意が必要です。またポータブル版のBlenderでは動作がうまく行かないケースがあります。

N Panel Sub Tabs

大量のアドオンで煩雑になったNパネルを簡単に整理！

`アドオン管理` `カスタマイズ` `操作改善` `エディター拡張`

開発者	Ivan Vostrikov	入手先	Superhive
価格	$12	難易度	

対応バージョン：3.6 / 4.0 / 4.1 / 4.2 / 4.3

このアドオンの特徴
- Nパネルにサブタブを追加し、カテゴリごとに整理
- 複数のアドオンをスムーズに切り替え
- Blender起動時に自動でカテゴリ設定を適用可能
- 設定はJSONファイルに書き出し可能

どんな人にオススメ？
BlenderのアドオンがN増えすぎてNパネルがごちゃごちゃしている方に最適です。ワークフローを効率的に整理整頓し、アドオンのアクセスを楽にしたいすべてのBlenderユーザーにおすすめです。

N Panel Sub Tabsは、Nパネル（サイドバー）を効率的に管理するためのアドオンです。アドオンの数が増えるにつれて、Nパネルが混雑しがちですが、このアドオンを使えば、サブのタブを作成しカテゴリごとに整理することができます。例えば、リギング関連のタブを1つのカテゴリにまとめたり、マテリアル関連を別のカテゴリに分類したりと、自由にカスタマイズ可能です。

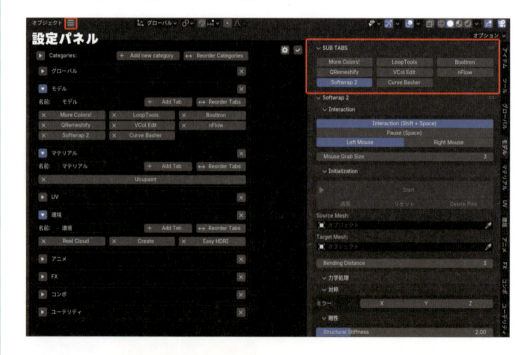

アドオン管理系のアドオンは数多くあれど、このN Panel Sub Tabsはシンプルで扱いやすいのが特徴的です。簡単なUIで設定できる点も嬉しいですが、他のNパネル管理アドオンと併用できない点には注意が必要です。それでも、これ一つで管理が非常に楽になるのは間違いないです！

| モデラー | テクスチャ／シェーダー | アニメーター／リガー | ライター／コンポジター | FX | ALL |

Blenderアドオンの有効化・無効化と設定管理を一括で！
Powermanage

`アドオン管理` `カスタマイズ` `操作改善` `エディター拡張`

| 開発者 | bonjorno7 | 入手先 | Superhive / Gumroad |
| 価格 | $15 | 難易度 | ★★ | 対応バージョン | 3.6 / 4.0 / 4.1 / 4.2 / 4.3 |

このアドオンの特徴
- アドオンの有効無効をワンクリックで切り替え
- プリセット機能で複数アドオンの一括設定
- アドオン無効時に設定をJSONファイルに自動バックアップ
- 再有効時に設定を自動復元
- 頻繁にアドオンを切り替えるユーザーに便利

どんな人にオススメ？
Blender起動時のパフォーマンス向上を目指す方や、多数のアドオンを切り替えて利用する方に最適です。

PowerManageは、アドオンの有効化・無効化と設定管理を手軽に行えるツールです。プリセット機能を使えば、複数のアドオンの設定を一括で管理し、用途に応じた組み合わせを素早く切り替えられます。特に重いアドオンを多く使用するユーザーにとって、Blenderの起動速度の向上や作業効率の改善に役立ちます。

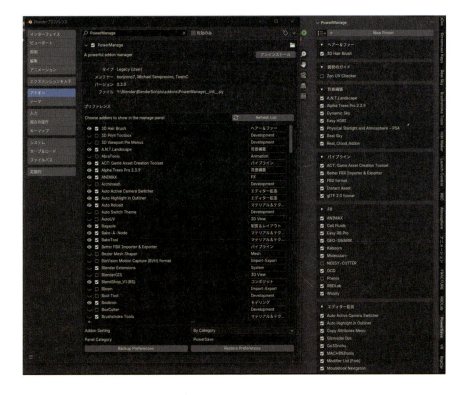

Blenderのアドオン管理が驚くほど便利になります。各作業に合わせたアドオンの組み合わせを気軽に切り替えられるので、Blenderの動作も意識しつつ作業フローが効率的に！ アドオンを数多く使用する方は、この手のアドオン管理ツールはどれか一つは入れておいたほうが良いですよ。

モデリング / アニメーション / リギング / ライティング / マテリアル＆シェーディング / レンダリング / コンポジティング / パイプライン / シミュレーション / UV展開 / カメラ / アセットライブラリ / インターフェイス / キャラクター / 背景 / 配置・レイアウト

多彩な方法でアドオンを整理整頓！ 綺麗なワークスペースを実現！

Clean Panels

`アドオン管理` `カスタマイズ` `操作改善` `エディター拡張`

- 開発者：Amandeep、Vectorr66
- 価格：通常：$18／Pro：$22
- 入手先：Superhive / Gumroad
- 難易度：★★★
- 対応バージョン：3.6 / 4.0 / 4.1 / 4.2 / 4.3

このアドオンの特徴
- アドオン毎のカテゴライズとPieや上部メニューで整理
- カテゴリ切り替え用フィルタリング機能
- ドロップダウンパネルでお気に入りのタブを常にアクセス可能
- ポップアップやパイメニューからのクイックアクセス
- Pro版は遅延ロードやアドオンセットのロードが可能

どんな人にオススメ？
アドオンが増えてBlenderのNパネルが煩雑に感じる方や、ワークスペースを効率的に整えたい方に最適です。

Clean Panelsは、Blenderのアドオン管理を快適にするツールです。カテゴリ分けやアイコンによる整理、ドロップダウンメニューやパイメニューでのアクセスなど、多様な方法でアドオンにアクセス可能。シンプルな操作で作業環境を整え、効率的に創造力を発揮できるようになります。ワークスペースの整理整頓をサポートするこのアドオンは、アドオン愛好者や効率的なワークスペースが必要なクリエイターにぴったりです。

● アイコンでフィルタリング
アイコンを設定して表示アドオンを絞れます。

● Pieメニューで表示
カスタムしたカテゴリーにアドオンを設定しPieメニューからアクセスできます。

● 上部メニューに表示＆ドロップダウンメニューで管理
上部メニューにアドオンのメニューを表示します。カスタマイズしたカテゴリをドロップダウンメニューで切り替えます。

● フォーカスパネルで一覧表示
有効アドオンを一覧表示し直ぐにアクセスできます。
多すぎると逆に探すのが大変です。

● 検索パネルからアクセス
アドオンだけを検索できるポップアップメニューを
表示可能です。

● メニュー名をリネームして整理
すべてのアドオンのメニュー名をカスタムすることで、似た系統のアドオンをまとめることができます。

● アドオン一覧から手軽に有効無効できるオプション
すべてのインストール済みアドオンを一覧表示し、有効＆無効状態を制御できます。

● Pro版
● 遅延ロード機能：起動時のアドオン読み込みを遅延させ、必要なアドオンのみを選択的にロードできます。これにより、Blenderの起動時間が劇的に短縮され、不要なアドオンを後からワンクリックで有効化できるため、ワークフローが快適になります。
● アドオンセットのロード：複数のアドオンをセットとして保存し、特定のセットをロードすることで、場面に応じたカスタマイズが可能です。例えば、モデリング作業とテクスチャ作業のそれぞれに合わせたアドオンセットを素早く切り替えられます。

アドオンを大量に使う人には必須になりそうなアイテムです。既に幾つかアドオン管理ツールは存在しますが、その中でもこのClean Panelsが一番管理方法が多く、多機能です。その分機能を設定パネルが細かくて全貌を理解するのには少し時間がかかります。

| モデラー | テクスチャ／シェーダー | アニメーター／リガー | ライター／コンポジター | FX | ALL |

簡単にBlenderのUI言語を切り替え可能な多機能アドオン！
Ttranslation

`言語切替` `エディター拡張`

| 開発者 | Victor Belyaev | 入手先 | Artstation |
| 価格 | 無料 | 難易度 | |

対応バージョン 3.6 4.0 4.1 4.2 4.3

このアドオンの特徴
- ホットキーでの言語切り替え（カスタマイズ可能）
- インターフェイスにワンボタン切り替えボタンを表示可能
- 複数言語対応の作業に最適

どんな人にオススメ？
Blenderを複数の言語で使用したいユーザーや、異なる言語環境で作業を行う必要がある方に最適です。

Ttranslationは、Blenderでの言語切り替えを迅速かつ簡単に行える無料アドオンです。ホットキー操作で言語を瞬時に変更でき、インターフェイスにボタンを追加することでマウス操作でも言語を切り替えられる柔軟性を持っています。デフォルトのホットキー設定は変更可能なので、自分のワークフローに合わせてカスタマイズが可能です。

● ホットキーでの言語切り替え
Ttranslationは [`] キーに割り当てられたホットキーを使用して、瞬時にBlenderの言語設定を変更する機能を提供します。このホットキーはプリファレンス画面から自由に変更可能です。

● 翻訳ボタンの追加
インターフェイスに翻訳ボタンを追加することで、マウス操作による言語の切り替えも可能です。これにより、ホットキーを使わずとも、すぐに言語を変更できる柔軟なワークフローを実現します。ボタンの配置は右上か左上から選択できます。

私は基本的にBlenderを日本語で運用しておりますが、海外のチュートリアルで学習する時やノード系の操作をする際に、このアドオンで切り替えを行っています。ショートカットキー以外にUIにもわかりやすくボタンを追加してくれるのがとても便利ですよ。ちなみにBlender Extensionsにも既に言語切替アドオンが数多くありますが、今のところ言語切替の影響範囲が制御できる（新規データは切り替えたくない）のはこれだけなので、「Ttranslation」アドオンがベストだと感じています。

英語アドオンを自分好みに日本語化して使いやすく！
User Translate

`言語切替` `操作改善`

開発者	忘却野	入手先	Superhive / Gumroad
価格	無料／寄付：$10	難易度	★★★
		対応バージョン	3.6 / 4.0 / 4.1 / 4.2

このアドオンの特徴
- 日本語非対応のアドオンを強引に日本語可
- 翻訳辞書を追加してBlenderのUIを自由にカスタマイズ可能
- .csvファイルを使って自分で翻訳辞書を作成
- アドオンのテキストを自動で抽出し、簡単に翻訳ファイルを作成
- ボタンをポチポチ押して半自動で翻訳可能

どんな人にオススメ？
BlenderのUIやアドオンを日本語化したい、もしくは他の言語で使いたい人に最適です。外部の翻訳機能を活用して、自分の国の言語で快適に作業したいすべてのユーザーにおすすめです。

User Translateは、BlenderのUIや外部アドオンのテキストを自分の好きな言語に翻訳できる便利なアドオンです。他のアドオンのテキストを自動で抽出し、翻訳ファイルを半自動的に作成できるため、手軽に翻訳対応が可能です。アドオンの.pyファイルやフォルダから一気にテキストを抽出する機能を使い、クリップボードに入ったテキスト情報をそのまま外部の翻訳ツールに日本語化。そのままアドオンの設定画面から貼り付けてcsvデータを構築します。また、自分で手動で作成した.csv形式の翻訳辞書ファイルを追加することも可能です。Gumroadからは無料で入手可能です。

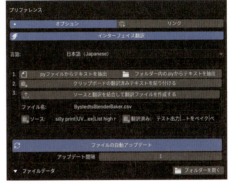

● BystedtsBlenderBakerを日本語化してみた例
ChatGPTを活用して日本語化してみました。

英語のUIがどうしても苦手だけど、必要に迫られて英語のアドオンを使わなければならない時に、このアドオンがあれば問題解決です。自分で簡単に翻訳辞書を追加することで、慣れ親しんだ言語で快適に操作が可能になります。ただし、ドキュメントやチュートリアルでの英語表示と異なる部分が出てくることがあるので、その点は注意が必要です。

| モデラー | テクスチャ／シェーダー | アニメーター／リガー | ライター／コンポジター | FX | ALL |

キーボード/マウスの操作を画面上で表示！ 動画配信者必須のアドオン！
Screencast Keys

`操作改善` `動画配信` `チュートリアル制作`

| 開発者 | nutti | | 入手先 | Extensions | Github | Superhive |
| 価格 | 無料／寄付：$1〜 | | 難易度 | 🍄🍄 | 対応バージョン | 3.6 4.0 4.1 4.2 4.3 |

このアドオンの特徴
- キーボードやマウスの操作を画面上に表示
- 最後に実行された操作内容も表示可能
- 表示エリアやウィンドウのカスタマイズが可能
- UIを自由にカスタマイズできる

どんな人にオススメ？
Blenderを使ってチュートリアルコンテンツを作成している方や、視覚的に操作を説明したいクリエイターに最適です。

Screencast Keysは、Blenderでのキーボードやマウスの操作内容をリアルタイムで画面上に表示するアドオンです。特にチュートリアル制作時に役立ち、今どの操作が行われているかを確認できるため、初心者にも分かりやすい視覚効果を提供できます。また、UIのカスタマイズや表示位置の調整が可能です。

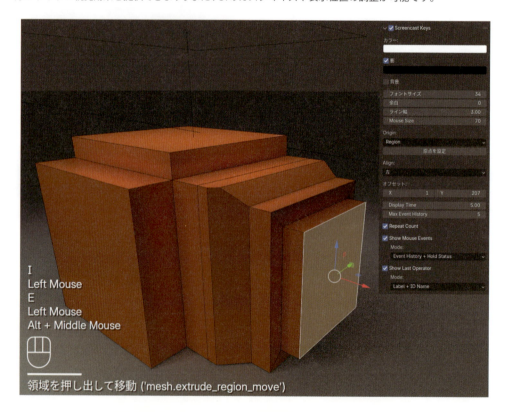

Blenderでの操作がすぐに視覚化されるため、特に他の人に何をしているかを説明するときに非常に便利です。チュートリアルコンテンツを作成する際には必須のツールですね！ キーマップをゴリゴリカスタマイズしている人は逆に見ている人を混乱させるかも？(私みたいに…。

自由自在にカスタムできるメニューを制作！ アドオンとして配布も可能！
Customize Menu Editor

`アドオン開発` `カスタマイズ` `操作改善`

開発者	忘却野
価格	$23／¥2,200

入手先	BOOTH　Superhive　Gumroad
難易度	🐵🐵🐵
対応バージョン	3.6　4.0　4.1　4.2

このアドオンの特徴
- カスタムメニューを自由に作成
- メニューのレイアウトも自由に調整可能
- 複数コマンドを実行するマクロ機能
- テキストファイルにエクスポート／インポート可能
- 作成したメニューやマクロを.pyファイルとしてアドオン化

どんな人にオススメ?
操作のカスタマイズを望むユーザーや、複雑なワークフローを効率化したい方に最適です。

Customize Menu Editorは、オリジナルメニューを作成し、効率的なワークフローを実現するためのアドオンです。自由にメニューを配置し、複数のコマンドをまとめて実行するマクロを作成できるため、作業のスピードアップが期待できます。また作ったメニューやマクロは、テキストファイルでエクスポート可能で、別のPC環境にも簡単に移行できます。また、作成したメニューやマクロは独立したアドオンとして書き出しが可能で、他人に配布することもできます。Blenderをさらに自分らしくカスタマイズし、生産性を向上させましょう！

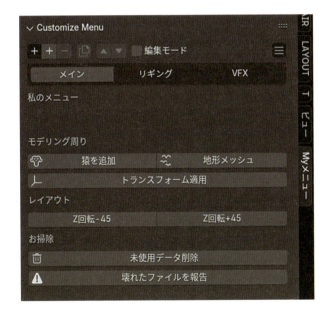

使いやすい自作カスタムメニューを作れます。最近はAIを活用してアドオンを開発することも可能ですが、それでもスクリプトの知識は多少必要となりますので、こういったお手軽なカスタマイズアドオンはとても重宝すると思います。位置づけ的にはアドオン開発の初歩の初歩的な感じかな？

| モデラー | テクスチャ／シェーダー | アニメーター／リガー | ライター／コンポジター | FX | ALL |

コード不要！ノードでBlenderアドオン開発を実現！

Serpens Visual Scripting Addon Creator

`スクリプティング` `アドオン開発` `ノードエディタ`

| 開発者 | Joshua Knauber | | 入手先 | Superhive | Gumroad |
| 価格 | $24 | | 難易度 |  | 対応バージョン | 4.0 | 4.1 | 4.2 |

このアドオンの特徴
- ノードベースでアドオンを作成
- ボタンやメニューをBlenderのUIに簡単に追加可能
- Geometry Nodesとのインタラクションもサポート
- 複雑なモーダルウィンドウやインターフェースにも対応
- 自動生成されたPythonコードを学習リソースとして活用可能

どんな人にオススメ？
プログラミングなしでアドオン開発を始めたい方、Blenderで頻繁に使う機能を自動化したいアーティスト、またはBlender APIを学びたい方に最適です。

Serpensは、Blenderにおけるノードベースのスクリプティングアドオンで、Pythonコードを一切書かずに本格的なアドオンを作成できます。ボタンやパネルをBlender UIに追加したり、ジオメトリノードとの連携で複雑な操作を実現したりと、自由度の高い開発が可能です。

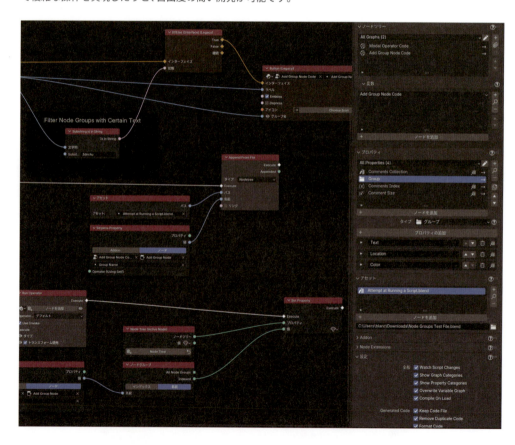

また、SerpensはPython学習の入り口としても最適で、自動生成されたコードを通してBlender APIやPythonスクリプトを視覚的に学ぶことができます。ボタンやメニュー、モーダルなど、UI要素の作成も簡単で、ワークフローを効率化するツールとして多くのユーザーに支持されています。

グラフィカルにUI構築が可能な部分も魅力的で、任意の場所にボタンを追加して好きな機能を割り当てるなどもスクリプトで入力するよりも直感的に開発できます。

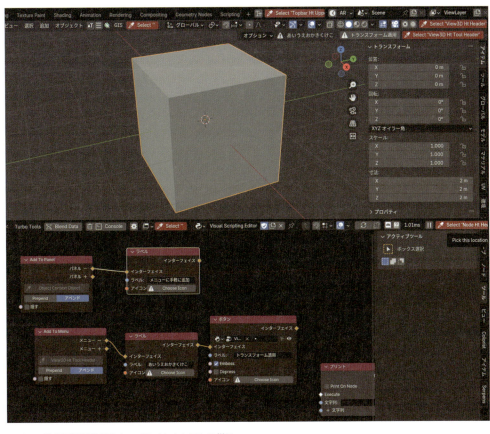

アイコン設定可能場所が赤くハイライトされている様子

● 制作したアドオンは配布＆販売可能

「Serpens」で開発したアドオンは、配布用にzipパッケージ化が可能です。また、完成したアドオンを販売することも可能で、既にSuperhiveなどではSerpensを使用して開発されたアドオンが多数存在します。

ノードベースでアドオンが作れるので、開発初心者でも抵抗なく始められるのが魅力です。ただアドオン実装に対するファイル構造の理解などは必須で、ある程度の基礎知識は必要になるかと思います。ちなみに私のGumroadに、ブラウザで3D人のサイトを開くだけのネタアドオンを公開しておりますが、これは「Serpens」を使用し制作しました。

職種と用途で探せる
Blender
アドオン事典

Part.2

Blender
クリエイターが選ぶ
「推しアドオン」

01
ますく（坂本 一樹）

02
藤田将

03
Liryc / OBF TOKYO -
Fujimoto Takashi, Nakamura Saaya

04
りょーちも

05
涌井嶺

Recommended add-ons by Character Modeler

「キャラクターモデラー」が選ぶ おすすめアドオン
キャラクターモデラーのためのアドオン構築術

CGWORLD主催のBlenderFesアドオン紹介コーナーにて、3D人さんと共演させていただいております CGアーティストのますくと申します。普段は横浜で小さなCGスタジオを経営しながら、大学でCGを教えたり、CGWORLDのプロジェクトに参加したり、Twitter/Xや技術ブログを通して皆様と共にCG技術の追求をしています。この度は、素晴らしい企画にお招きいただき、心から感謝申し上げます。今回は、特にキャラクターモデリングにおけるBlenderの膨大なアドオンの世界を深掘りし、効果的な管理方法や制作環境の構築についてまとめました。備忘録として、また私が直接教えている生徒たちが直面しがちな課題に役立つように執筆いたしました。この章が皆様のお役に立てれば幸いです。

Add-ons List

- 環境構築
- モデリング
- テクスチャリング
- セットアップ
- ルックデベロップメント
- インポート/エクスポート

ますく（坂本 一樹）

福島県出身のCGArtist、3Dモデラー。元陸上自衛官で東日本大震災での災害支援経験をきっかけに多摩美術大学に進学しメディア表現を学び、職能教育やアートセラピーの分野を志す。大手コンサル、出版社、ゲーム会社等を経て、3Dスキャンとアバター AI生成にまつわる特許を取得。現在、武蔵野美術大学と京都精華大学で非常勤講師を務めるほか、CGWORLDで公認リサーチャーとして活動中。幅広いソフトに精通し、効率的なワークフロー構築が得意。

Casestudy | ますく

イントロダクション

● アドオンの活用と必要性

Blenderは多くのクリエイターに愛用される強力な3Dモデリングツールです。しかし、その汎用性故にゲームキャラクターやフィギュア制作などの特定分野では機能を拡張するアドオンが不可欠となります。本稿ではゲーム開発やフィギュア制作の知見をもとに、Blenderでのキャラクター制作に役立つアドオンを紹介します。モデリング・テクスチャリング・リギング・アニメーションなど各制作段階で活用できるアドオンの特徴や利点を解説します。

● アドオンの魅力と課題

Blenderはシンプルな基本のUIがあり、アドオンを導入することで機能を無限に拡張できるのが大きな魅力です。しかし、その豊富さゆえに逆にどのアドオンを選べばよいのか迷ってしまうことも少なくありません。特に、初心者にとっては多すぎる選択肢が混乱を招く要因となります。また、アドオン同士の競合によるエラーや操作が複雑化するリスクもあるため、厳密な管理が必要となる場合もあります。本章では、こうした問題に対処するため、選定や管理のコツを含め、アドオンの活用に役立つ情報を提供したいと考えています。

● アドオン選びに欠かせない「地図」

Blenderでアドオンを効果的に活用するには、まず自分が取り組む分野全体を把握し、作業の段階や目標を明確にするために「地図」を持つことが重要です。キャラクター制作はゲーム、映像、フィギュアといった大きな分野に分かれており、さらにそれぞれモデリング、テクスチャリング、リグ・アニメーションといった作業工程に分かれています。分野や工程ごとに必要なアドオンが異なるため、アドオンを整理するために地図を作るためにも、まずは、キャラクター制作のカテゴリー、そして一般的なワークフローについて理解していきましょう。

キャラクターモデリングにまつわる3つの分野

ゲーム

ゲームエンジンやWebGL、モーションキャプチャやバーチャルスタジオのなどのリアルタイム領域。

映像

時間をかけてきれいに画像を書き出し、レンダリング後にも後処理を重ねさらに画作りを洗練させるプリレンダリング領域。

フィギュア

切削や積層など様々な手段で3Dデータを現実世界に出力する領域。強度や構造、素材の知識まで幅広い知識が必要。

キャラクターモデリングの一般的なワークフロー

① 環境構築
- 表示
- 操作
- 管理

② ポリゴン編集
- 選択
- ポリゴン操作
- エッジ操作
- 頂点操作

③ モデリング応用
- スカルプト
- ブーリアン
- リトポロジー
- ラッピング

④ 特化型モデリング
- ヘアー
- アパレル
- アクセサリー
- ハードサーフェス
- 背景

⑤ テクスチャリング
- UV展開
- ペイント

⑥ セットアップ
- シェイプキー
- リギング
- スキニング
- シミュレーション

⑦ ルックデベロップメント
- シェーダー
- ライティング
- コンポジット
- カメラ

⑧ インポート/エクスポート
- エラー修正
- ブリッジ
- フォーマット

アドオンの管理をしやすいようにキャラクター制作の過程を8つの作業工程に分けて分類しました。前半では8つの工程別にBlenderの基本操作から大きく逸脱しないことを重視して基礎的なアドオンを紹介していきます。

Casestudy ｜ ますく

❶ 環境構築（基本操作改善）

ポリゴンの向こう側を選択するたびにワイヤービューに切り替える仕様、面倒くさすぎませんか！？作業タブ切り替えでビューが毎回変わるし、アウトライナーも今どこにいるかわからないです。

その悩みわかるよ。Blenderって何でもできるからすごく便利だけど、モデリングに特化してるわけじゃないから、長時間モデリングをしてると遠回りな操作を繰り返して面倒に感じたり、画面が見づらいと感じるよね。

そうなんですよ！ 毎回、モデリング以外のところで同じこと繰り返す必要があって作業効率が悪いんですけど、どうにかなりませんか？

実はBlenderには基本操作を改善するためのアドオンがたくさんあって、公認で無料のものも多いんだ。モデリングに特化したカスタムをすれば、作業効率がぐっと上がるんだよ。

無料でそんなアドオンがあるんですね！ それなら、モデリング作業をもっと効率良くできそうです。詳しく教えてください！

環境構築　おすすめアドオン

表示	Wireframe Color Tools	Extensions	ワイヤーフレームをカラフルで見やすくしてくれる
	Synchronize Workspaces	Extensions	カメラビューや表示状態を作業タブを跨いで同期
	Auto Highlight in Outliner	Superhive	3Dビューとアウトライナーの選択を同期
	Matalogue	Extensions	複数のオブジェクトにマテリアルを適用
	Node Wrangler	Build in	ノードの自動接続、プレビュー、スワップ、自動整列、一括編集など
	VR Scene Inspection	Build in	VR機器でビューポートを閲覧することができる
操作	X-Ray Selection Tools	Gumroad	背面選択モードの追加
	Hdr Rotation	Extensions	［Shift］＋右ドラッグでHDRIをぐるぐる回せる
管理	Powermanage	Superhive	複数アドオンをまとめて管理できる
	Drag and Drop Import	Extensions	ドラック&ドロップするだけでファイルが読み込めるツール
	Copy Object Name to Data	Extensions	オブジェクトネームとメッシュ名を統一

X-Ray Selection Tools / Gumroad / 無料

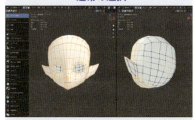

● 透視切り替えなしで背面選択ができる

　Blenderでモデリングを行う際に特に面倒なのが、背面選択のオプションがないことです。
　つまり、範囲選択のときに、見えている部分しか選択できません。透過表示に切り替えることで背面の選択は可能ですが、毎回ビューポート表示を切り替える必要があり非常に効率が悪いです。「X-Ray Selection Tools」をを使用すると、通常のビュー表示のまま範囲選択を行う際に一瞬だけX-Rayモードに切り替えて奥側を選択できるようになり、チリツモ効果で大幅な効率化が可能です。Blenderをインストールしたら真っ先に導入すべきアドオンです。

Wireframe Color Tools / Extensions / 無料

● ワイヤーフレームを見やすくしよう

　Blenderを長時間使用していると、表示の見にくさや操作の不便さをストレスに感じることがあります。表示を改善するアドオンとして最初におすすめしたいのが「Wireframe Color Tools」です。Blenderの標準機能では、複数のオブジェクトをワイヤーフレーム表示すると、どれがどのオブジェクトなのか非常に分かりにくくなりがちです。このアドオンを使うと、ワイヤーフレームに色を付けて見やすくし、複雑なシーンでも効率的に作業を進められます。

Synchronize Workspaces / Extensions / 無料

通常のワークスペース切り替え（モデリング→スカルプト→UV→ペイント）

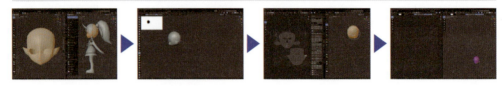

Synchronize Workspacesを適用した場合

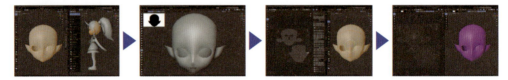

● 3Dビューポートとワークスペースタブを同期

　Blenderにはモデリング、スカルプト、UV編集、ペイントなどのワークスペースタブがあります。しかし、それぞれのタブを切り替えるたびに3Dビューポートのカメラ位置やマテリアルの表示状態が変わってしまいます。この機能が便利なこともありますが、モデリング中は厄介に感じることが多いです。このアドオンを導入することで、タブを切り替えてもカメラ位置やビューの状態を同期させることができ、ビューの一貫性を保つことができます。

Auto Highlight in Outliner / Superhive / $6.99〜9.99

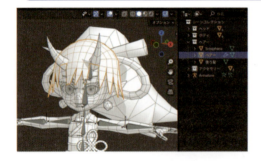
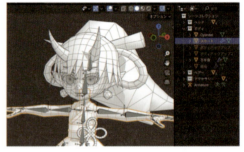

● アウトライナーを3Dビューと同期しよう

　Blenderでは3Dビューポートとアウトライナーの連動性が薄く、今選択しているオブジェクトがアウトライナーのどこにあるのか分からなくなってしまいま分からなくなってしまうケースがあります。「Auto Highlight in Outliner」を使用することでビューポートとアウトライナーが同期され、選択したオブジェクトがハイライト表示されます。また、選択されていないオブジェクトの含まれるコレクションは勝手に折りたたまれるため効率的に作業を進めていくことができます。

Hdr Rotation3D / Extensions / 無料

● ［Shift］＋右ドラッグでHDRIを回転操作

　マテリアルプレビュー中にIBL（イメージベースライティング）で使用する背景画像を［Shift］キーと右ドラッグで簡単に回転することができます。Blenderでは背景のHDRIを回転させる際に設定メニューを開く必要があり、これが作業の流れを妨げることがあります。Substanceや3DCoatなどの主流な3Dペイント環境では、背景ライティングをShift操作で回転させて立体感を掴みながら3Dペイントを行うのが一般的です。このアドオンを使えば、3Dビューポートで簡単に背景を回転させ、ライティングを調整することができます。

Material Utilities / Extensions / 無料

● マテリアル管理を高速化

　通常のBlenderではマテリアルをオブジェクトに一つずつ割り当てていくしかなく、パーツ数の多いシーンでテクスチャやマテリアルを割り当てるときに非常に面倒です。しかし「Material Utilities」をインストールすることでオブジェクトをまとめて選択しマテリアルを一括で割り当てたり、貼り付けることができます。

Casestudy　｜　ますく

❷ ポリゴン編集

反応・反射・音速・高速、もっと速くっ!!　突然だけど、モデリングって反射神経のスポーツみたいなもので、作りたい形を決めたら、詰め将棋のように数手先を読んで最短で作るのが面白いんだよね。

なるほど？　確かにモデリングって瞬発力が大事な感じします。いかに無駄なく進めるかが鍵ですよね。でもBlenderは他のソフトを経験していると効率が悪いと感じる部分も多いです。

そうそう。基本機能は揃ってるけど、モデリング特化じゃないから決して効率が良いわけじゃない。繰り返し行う動作や複雑な動作を省くには豊富なアドオンが役立つんだ。効率化できる部分はたくさんあるよ。

アドオンで効率化できるなら、もっと早く作業が進みそうですね！どんなアドオンを使えばいいのか気になります。

モデリング基本機能　おすすめアドオン

選択	Ngon Loop Select	Superhive	直感的なループ選択が可能に
	Orient and Origin to Selected	Extensions	編集モードでローカル軸に切り替えられる
	Step Loop Select	BOOTH	一列飛ばしでループを連続選択できるアドオン
ポリゴン操作	PolyQuilt	Extensions	万能モデリングツール
	RM_SubdivisionSurface	GitHub	痩せないサブディビジョンサーフェス
	F2	Extensions	［F］キーで面を貼ることができる
	Round Inset	Superhive	文字などの複雑な形状でも内側にインセットできる
	Mesh Align Plus	Extensions	オブジェクトを様々な基準で並べることができる
エッジ操作	LoopTools	Extensions	エッジループを平滑化できる
	EdgeFlow	GitHub	形を崩さずにエッジループを平滑化できる
	Adjust Edge Lengths	BOOTH	はしご状に選択した辺の長さを揃える
頂点操作	Auto Mirror	Extensions	ワンクリックでミラー処理を完結してくれる
	Restore Symmetry	GitHub	シェイプキーがある状態でもシンメトリー化できる
	AlignmentTool	BOOTH	選択した頂点を任意の極地で整列

240

Ngon Loop Select / Superhive / $4.99

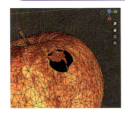
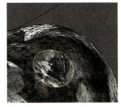

● 直感的なループ選択を実現しよう

　Blenderでモデリングをしていると視覚的にループ選択できそうに見える場所でも、実際にはループ選択できない場合があります。特に3Poleが含まれる角の形状では、一見エッジループしているように見えてもループ選択ができません。「Ngon Loop Select」を使うことで、視覚的に自然なループ選択が可能になり、三角メッシュ化したあとでもループ選択ができます。

PolyQuilt / Extensions / 無料

● 8割方のモデリングは完結してしまう万能モデリングツール

　PolyQuiltは、編集モードのツールに追加される特殊なアドオンです。クリックやドラッグ、長押しなどの操作を組み合わせて、10以上のアクションを実現するZBrushのZModelerを進化させたような機能を持ちます。空間に頂点や面を作成するモデリングや、ハイポリゴン上でのリトポロジー作業に最適です。マウス操作のみで面の作成、削除、ループカット、エクストルードなど、幅広い操作が可能な、非常に柔軟なモデリングツールです。

RM_SubdivisionSurface / GitHub / 無料

サブディビジョンサーフェス

元の形状

RM_SubdivisionSurface

● 痩せないサブディビジョンを実現しよう

通常のサブディビジョンサーフェスは、分割後にモデルが一回り小さくなってしまうという欠点があります。この「痩せ」の度合いはソフトウェアによって異なり互換性の問題も生じるため多くの方が悩むポイントです。「RM_SubdivisionSurface」はジオメトリーノードを使用し、メッシュの体積を保ちながら調整可能なメッシュスムージングを実現するため、ローポリゴンやゲームモデルの作成ではほぼ必須級の機能を有しています。

Restore Symmetry / GitHub / 無料

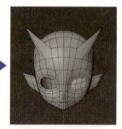

● 構造を変えずに非破壊ミラーを実現しよう

Blenderの「ミラーモディファイア」は頂点番号を変更してメッシュ構造を変えるため、他ツールとの連携時に問題を引き起こすことが多々あります。本来「対象にスナップ」機能が非破壊ミラーを意図した機能ですが、シュリンクラップ的な挙動をするためほとんどの場合で良い結果が得られません。「Restore Symmetry」は、頂点番号やトポロジーを維持しながら形状をミラーリングでき、Blenderの標準機能や外部ツールとの連携を保つ際に非常に有効です。

LoopTools / Extensions / 無料

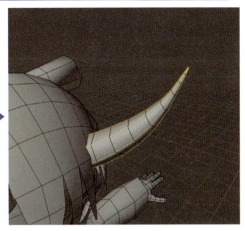

● ガタガタな形状を滑らかに（縦のエッジラインを基準に）

　Blenderのトランスフォームやスカルプト機能を使ってモデリングのバランスを調整していると、メッシュがガタガタになることがあります。「LoopTools」は、エッジを美しく整えるためのアドオンで、特に「Circle」と「Relax」機能が便利です。「Circle」は、選択したエッジループをきれいな円形に整え、「Relax」は選択したエッジを滑らかな曲線に整えます。

EdgeFlow / GitHub / 無料

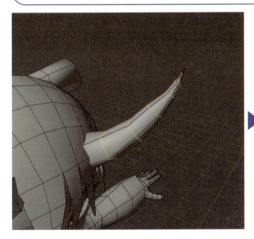
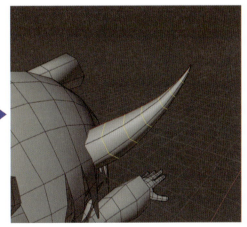

● LoopToolとは異なるアプローチの平滑化アドオン（横のエッジループを基準に）

　LoopToolはループ状に選択したエッジを滑らかにしてくれますが、EdgeFlowははしご状に選択した一連のエッジループを平滑化してくれます。体積や細部のディティールを損なわずにメッシュを滑らかにすることができるのが特徴です。

❸ モデリング応用

Blenderってポリゴンモデリングはしやすいんですけど、応用的なモデリング機能が...。特にZBrushと比べるとやっぱりスカルプトとかリトポロジーなんかが満足できないんですよね。

確かに。ZBrushはモデリングに特化してるからね。Blenderのモディファイアは非破壊で便利だけど、大量のハイポリパーツの処理に時間がかかることもあるし、リメッシュなどの周辺機能もスカルプトに最適化されているわけじゃないよね。

そうなんです！ リトポロジーもシュリンクラップも、ブーリアンも、どうしてもパフォーマンスが出なくて…。

そんな時はアドオンを探してみて。Blenderは他には負けない大量のアドオンが日々リリースされているのが一番の魅力。満足できない機能があれば、探せばだいたい見つかるよ！ ここではZBrushに匹敵するようなアドオンを紹介していこう。

モデリング応用機能　おすすめアドオン

スカルプト	BBrush	GitHub	マスクや表示選択をZBrushと近い操作で再現する
	Sculpt Bridge Tools	Superhive	スカルプトでマスクのブリッジを実現する
ブーリアン	Bool Tool	Extensions	ブーリアンモディファイアをワンクリックに簡略化
	Booltron	Extensions	ジオメトリーノードで複雑な形状も抜けるように強化されたブーリアン
リトポロジー	Quad Remesher	Authors site	業界随一の精度を誇るZBrushのZRemesherと同じ開発者が作成
	TraceGenius Pro	Superhive	画像からメッシュを生成。ロゴや看板などを素早く作成
ラッピング	SoftWrap	Superhive	クロスシミュレーション的な挙動で直感的に扱えるラップツール
	Drop It	Gumroad	ワンクリックでオブジェクトを地面に接地
	Conform Object	Superhive	形の崩れないシュリンクラップ
	Flowify	Superhive	平面でモデリングしたものを曲面に沿わせる
グリースペンシル	Grease Pencil Tools	Extensions	グリースペンシルの拡張機能群
	Deep Paint	Superhive	色鉛筆画のような世界観を構築できるグリースペンシル拡張機能郡

Bool Tool / Extensions / 無料

● ブーリアンを効率化

ハードサーフェスモデリングやフィギュアのパーツ分割では、ブーリアン処理を何度も繰り返す必要があり、通常は手間がかかります。しかし、Bool Toolを使えば、4種類のブール演算をワンクリックで行え、作業効率が大幅に向上します。さらに「Curver」と統合されており、直感的にオブジェクトをブーリアンカットすることも可能です。また、Extensionsには「Booltron」というアドオンがあり、ジオメトリーノードを活用して、より複雑なブール形状の操作ができます。

TraceGenius Pro / Superhive / $10.50

● 画像から3Dを起こすなら

ロゴやイラストを切り抜いてレリーフや立体文字などの3Dモデルを作りたい場合、通常はAdobe IllustratorでSVGに変換したものを使用しますが、非常に手間がかかります。「TraceGenius」を使えばPNGなどの画像から直接3D立体を生成でき、非常に簡単に3Dモデル化することができます。さらに「Round Inset」のアドオンを併用することで、複雑な形状でもベベルを加えることができます。

Drop It / Gumroad / 無料

● ワンクリックでオブジェクトを簡単接地

「Drop It」は、オブジェクトを床面や壁面にぴったりと接地させるためのアドオンです。向きを維持するか、頂点基準で設置するかを選ぶことができます。

BBrush / Github / 無料

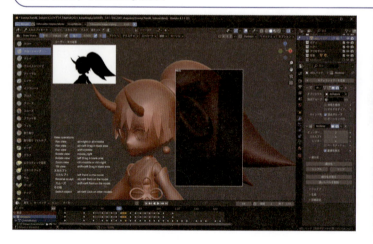

● ZBrushのマスク操作に近づけよう

Blenderのスカルプトはマスクや部分表示の操作までのアクセスが遠く、直感的な作業ができないという欠点があります。一方ZBrushはこれらの操作が非常に迅速です。「BBrush」はBlenderのスカルプトモードをZBrushの操作性に近づけます。[Alt]によるビュー操作、[Ctrl]、[Shift]によるマスク操作の再現など、ZBrush経験者にとって便利なアドオンです。

SoftWrap / Superhive / $40

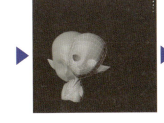

● リアルタイムでラッピング

　ラッピングとは、既存のポリゴンモデルをテンプレートとして使用して新しいモデルに構造を「被せる」技法です。「SoftWrap」は新感覚の有機的なドラッグ操作で素体をターゲットメッシュに吸着させることができるユニークなアドオンで、スカルプトモデルやスキャンデータにセットアップ済みの素体を使用するなど幅広い応用が可能です。

Quad Remesher / Superhive / $59.9〜109

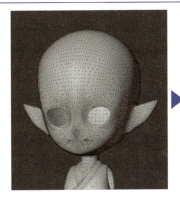
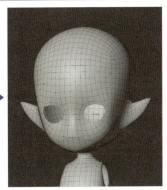

● 高精度な自動リメッシュの決定版

　Blenderには自動リメッシュ機能を持つアドオンが沢山ありますが、商業レベルで使い物になるものは多くありません。特に優れた自動リトポロジーの選択肢として「Quad Remesher」が挙げられます。これは自動リメッシュの分野でも特に評価が高いZBrushの「ZRemesher」の開発者が作成したアドオンで、非常に高品質なリトポロジーを構築できる決定版となっています。

Casestudy | ますく

❹ 特化型モデリング

これまで基本的なポリゴン操作や応用技法を学んできたけど、最後に髪や洋服みたいな特定の用途に特化したモデリング用のアドオンを紹介するね。

髪とか服って正攻法で作るとかなり面倒ですよね。定番の技法があれば効率化できると嬉しいです。

そうなんだよね。専門的な領域は定番の作り方があるからそれをサポートするための専門のアドオンもあるよ。人間のキャラクターを作るならまずは髪や服用のアドオンを抑えていこう。

モデリング特化分野　おすすめアドオン

分野	アドオン名	配布元	説明
ヘアー	Hair Tool	Gumroad	ポリゴンヘアー、カーブヘアー、パーティクルヘアーの相互変換
	Anime Hair Maker	Superhive	アニメキャラクター向けのカーブヘアーを簡単作成
	RM_CurveMorph	GitHub	ジオメトリーノードで作られたカーブモディファイアの強化版
服飾モデリング	Simply Cloth	Superhive	クロスシミュレーションやパターンモデリングを簡単に行える
	RetopoPlanes	Superhive	UVをベースにリトポロジーできる服飾に特化したリトポツール
	Divine Cut	Superhive	プロシージャルで服を作っていけるジェネレータ
装飾モデリング	Wrap Master	Superhive	腕や足などに包帯などを巻くジオメトリーノード
	Tear Painter	Superhive	ジーンズなどの破れを再現する
	Lace Generator	Superhive	靴紐を簡単に生成できるジェネレータ
背景モデリング	ANT Landscape	Extensions	惑星や地形を作成できるジェネレータ
	Archimesh	Extensions	アーキテクチャー（家具や建材）を生成できるジェネレータ
	Extra Mesh Objects	Extensions	作成から選べるプリミティブオブジェクトが増える
	OCD	Superhive	ワンクリックで岩や建築などにひび割れや風化表現ををつける
	AltTab EZ Fog	Superhive	Fogを簡単に追加できる
	Physics Dropper	Superhive	複数のオブジェクトを地面に落とす
	Physics Placer	Superhive	マウスカーソルに重力フィールドを発生させ複数物体を地面や壁に落とす
	Real Snow	Extensions	シーンに雪を積もらせる

Hair Tool / Gumroad / $52〜352

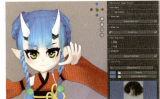

● 非破壊の短冊ヘアーを簡単作成

キャラクターの髪の毛のモデリングは非常に難しい分野の一つです。「Hair Tool」はローポリゴンで髪の毛をモデリングしたあと、パーティクルヘアーに変換しゲーム用のローポリゴンや映像用の高ポリゴンデータに相互に非破壊変換できるアドオンです。ライブラリも豊富でプリセットからヘアーをカスタムすることも容易です。

Anime Hair Maker / Superhive / $27

● チューブヘアー制作を簡略化。三つ編みも一発変換

リアルなヘアーとは異なるもう一つの定番アプローチとして、チューブヘアーが挙げられます。「Anime Hair Maker」は、カーブで断面を定義し、それを押し出すことで、粘土やフィギュアのようなスタイルのアニメヘアーを簡単に生成できるアドオンです。このツールの特徴は、パーティクルヘアーとカーブヘアーを自在に切り替えられること。さらに、三つ編みなどの複雑な形状も容易に表現することができます。

Casestudy | ますく

❺ テクスチャリング

今回はテクスチャリングに必要なアドオンを紹介するね。
まず、テクスチャを作るためには、最初にUV展開って作業が必要なんだ。これが終わったらペイントをしていくよ。

UV展開ですか…あれって結構時間かかるし、難しいですよね。
ペイントって3Dモデルに直接描くんですか？

そうそう、3Dモデルに直接描くのを「3Dペイント」って言うんだ。リアルなモデルを作るPBRペイントの場合は、ほとんど3Dペイントだけで作業が終わることが多いよ。

アニメキャラみたいなトゥーン調だとまた違う感じですか？ トゥーン調だと、どういう流れになるのでしょうか？

アニメ調のキャラクターの場合は、3Dペイントで大まかに塗って最後はイラストソフトで2D的に仕上げることが多いんだ。Blenderの標準のUVやペイント機能はお世辞にも強いとは言えないけれど、素晴らしいアドオンが沢山あるから、安心していいよ。

テクスチャリング　おすすめアドオン

マテリアル	Material Utilities	Extensions	複数オブジェクトに同じマテリアルを適用
	material-combiner-addon	GitHub	複数のマテリアル、テクスチャを一つにまとめパッキングする
UV展開	TexTools	GitHub	UV展開やテクスチャベイクの効率化
	Symmetrize Uv Util	Superhive	任意のカーソル位置でUVをシンメトリー
	Magic UV	Extensions	UVのコピー・ペースト
	UnwrapMe	Superhive GitHub	大量の背景などに使える自動展開
	Uvpackmaster	Superhive	UVパッキング以外にも様々な機能がある
	UniV	GitHub	スタック、穴埋め、円形補正など多機能2DUV補正ツール
	Mio3 UV	GitHub	重力方向での整列や、マス目状ではないUVも矩形展開可能に
ペイント	Ucupaint	Extensions	Substance Painterに匹敵するPBR向け3Dペイントアドオン
	Auto Reload	GitHub	PSDを通して外部ソフトの連携が可能
	Procedural Flowmap	Superhive	フローマップで流水や渦、溶岩などを作ることができる

TexTools / Github / 無料

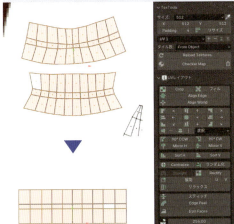

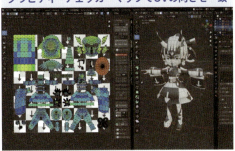

● 決定版のUV・ベイク補助ツール

「TexTools」はもともと3ds Max向けに開発され、長い歴史の中で洗練されてきたアドオンで、Blenderに移植されてからも多くのユーザーに愛されています。操作はシンプルで、すべての機能が一つのタブにまとまっており、初心者にも使いやすいです。特に、矩形展開機能が優秀で、格子状のオブジェクトのUVをマス目状に整えることができます。

Symmetrize Uv Util / Superhive / $6

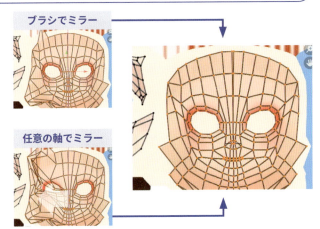

● ブラシ操作でUVを部分ミラー

「Symmetrize UV」は有料のアドオンで、Mayaの「シンメトリ化 UV ツール」のブラシによるシンメトリー操作を再現したものです。ブラシストロークで描いた部分をUV島に従ってミラー反転させることができるだけではなく、任意の軸による部分的なミラーリングも可能になります。

| Casestudy | ますく |

Auto Reload / Github / 無料

① UV配置とテクスチャを書き出し

② Clip StudioでUV配置とテクスチャを開く

③ PSDをマテリアルに接続する

④ Auto Reloadで自動更新の設定

⑤ PSDを介してテクスチャ同期環境を構築

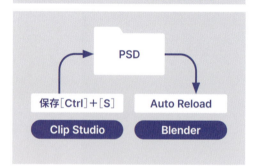

● 外部アプリとBlenderを連携しよう

　Blenderに外部素材を読み込む場合、更新ボタンを押さないと自動で素材が更新されません。例えばUnityでは自動で更新を感知して更新してくれるので、これを経験してしまうとBlenderが非常に残念なツールに感じてしまいます。「Auto Reload」を使用することで外部ツールで編集したPSDファイルやライブラリデータをBlender内で自動的に更新することができます。これにより一方通行ではありますが、Clip Studioなどの外部ペイントソフトとBlenderを接続することができます。「auto-reload-linked-libraries」という似たアドオンがありますが、こちらはリンクされたライブラリの.blendファイルを自動更新してくれるものになります。

Ucupaint / Extensions / 無料

① 頂点カラー読み込み

② ベースペイント
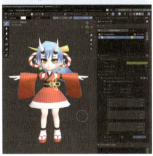

③ ベタ塗り

④ グラデーションマスク

⑤ オブジェクトマスク
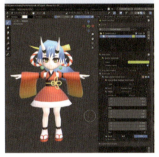

⑥ 素材の読み込み

⑦ アンカーマスク

⑧ カラーを適用

⑨ ToonShaderを適用し完成

● 3Dペイントするなら必須の拡張アドオン

「Ucupaint」は、Blender Explessionで無料配布されているBlenderのテクスチャペイント機能を大幅に拡張するアドオンです。Blenderでは本来テクスチャのレイヤー管理ができませんが、Substance Painterと同等のレイヤーを用いたテクスチャリングやレイヤー合成、マスク処理などを実現します。更に、AOや曲率マップなどのベイクマップの生成、マルチUVチャンネルの管理やベイク、スカルプト形状差分からベクターディスプレイスメントマップの生成まで、最新のCG制作に求められる最新の機能が揃っています。

Casestudy | ますく

❻ セットアップ

もうダメです！　表情差分を作った後にミラーをかけようと思ったらシェイプキーを全部消さなくちゃいけないって警告が…。それにスキニングも全然うまくいきません！　どうしたらいいんでしょう…？

キャラクターのセットアップでつまずいてるんだね。シェイプキー周りはアドオンで簡単に解決できるから安心して。でもBlenderでスキニングをするのは他のソフトと比べてもかなり難しいかもね。

そうなんですよ！　ウェイトの正規化とかクリーンアップとか、毎回同じことばかりでどこかで間違えてる気がして進まなくて…。設定したはずのボーンの合計制限数もすぐ変わってしまうんです。

Blenderのウェイト関連の設定を改善したり、ウェイトペイントや、編集モードでの頂点単位でのウェイト調整をサポートするアドオンを紹介するね。合計制限を管理したり維持できるアドオンもあるよ。

セットアップ　おすすめアドオン

シェイプキー	SK Keeper	GitHub	シェイプキーがあっても、モディファイアを適用できる
	ShapeKeySwapper	Extensions	任意のシェイプキーをベース形状と入れ替え
	Mio3 ShapeKey	GitHub	コレクションごとのシェイプキー管理と、一覧テンプレート管理
	Faceit	Superhive	パーフェクトシンクの半自動生成と、フェイストラッキング
リギング	Auto-Rig Pro	Superhive	キャラクターの半自動セットアップと、エクスポート
	Quick Rig	Superhive	既存のキャラクターモデルをAutoRigシステム用に再変換
	Rig Library	Superhive	AutoRig用の大量の脊椎動物のリグと歩行モーションのプリセット
スキニング	Voxel Heat Diffuse Skinning	Superhive	自動ウェイトの強化版。AutoRigやFaceitと組み合わせがほぼ必須
	EasyWeight	Extensions	モード切替時の定番設定をデフォルト化、ミラー、クリーンの強化
	Mio3 Copy Weight	Extensions	オブジェクトを跨いだ頂点ウェイトのコピーを可能に
	smoothWeights	GitHub	脇の下、肩など関節部分のウェイトをきれいに平滑化してくれる
	Handy Weight Edit	Superhive	頂点編集モードで高度な手打ちのウェイト調整が可能になる補助ツール
	Weight Paint ++	BOOTH	シンメトリーの修正、ごみ取り効率化、合計制限付きのミラー、転送
フィジックス	Wiggle	GitHub	ゲームエンジンのスプリングボーン挙動をBlenderで再現

SK Keeper / Github / 無料

① シェイプキーを持っているオブジェクト

③ モディファイア適用時にエラー

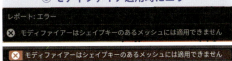

② モディファイアを適用しようとすると...

④ オブジェクトメニューからApply Modifire

- Apply All Modifiers (Keep Shapekeys)
- Apply All Subdivision (Keep Shapekeys)
- Apply Chosen Modifiers (Keep Shapekeys)

● シェイプキーを維持したままモディファイアを適用しよう

　Blenderではシェイプキーを設定したオブジェクトにはモディファイアを適用できないため、あとからモディファイアを使用する必要が出てきた場合、一度作成した表情差分を泣く泣く消去せざるを得ない事情があります。「SK Keeper」を使用するとシェイプキーが設定されたオブジェクトでもモディファイアを適用することが可能になります。類似のアドオンで有名なものに「Apply All Modifire」がありますが、執筆時点で5年ほど更新が止まっており最新版のBlenderでは使用できないため注意が必要です。

ShapeKeySwapper / Extensions / 無料

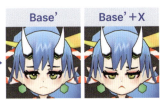

● 任意のシェイプキーをベース形状に上書き更新

　Blenderのシェイプキーにはベース形状を簡単に上書きできないという制約があります。レイヤーの順番を入れ替えるだけでは実態が更新されません。ShapeKeySwapperアドオンを使えば、シェイプキーの0と1の頂点位置をワンクリックで交換し、他のシェイプキーにもその変更を反映できます。今のシェイプキーをメイン形状にすげ替えたい場合に特に有効で、シェイプキー作成作業を大幅に時短することができます。

Voxel Heat Diffuse Skinning / Superhive / $30

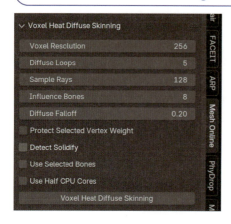

● ボクセルとヒートマップを組み合わせたウェイト必須アドオン

　Blenderの標準ウェイトは精度が低く期待通りのスキニングができないことが多いですが、Voxel Heat Diffuse Skinningを使えばボクセルとヒートマップを組み合わせて高精度なウェイト計算が可能です。薄い形状や浮いたパーツでもワンクリックできれいなスキンウェイトが得られ、指先のような細い部分にもきれいにウェイトが入ります。Blenderでリギングを行うなら必須のアドオンで他の多くのアドオンでも併用することが推奨されています。

EasyWeight / Extensions / 無料

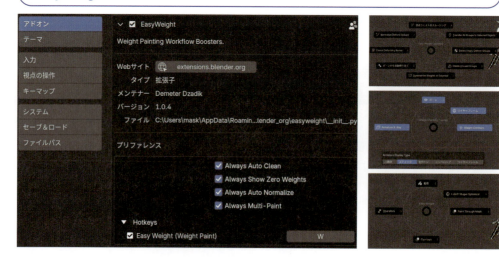

● ウェイトペイントを補佐する改善・効率化ツールセット

　EasyWeightは自動クリーンアップ、自動正規化、マルチペイントの常時オン、ウェイトペイントモードへの切り替え時の作法などウェイト初動の手間を省いてくれます。詳しくない人でもとりあえず入れておくべきアドオンです。またパイメニューからは不要なボーングループの削除や、複雑なミラーリング操作が可能で、ウェイトのクリーニング機能も強化されています。

Mio3 Copy Weight / Extensions / 無料

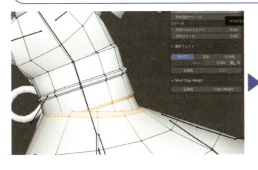
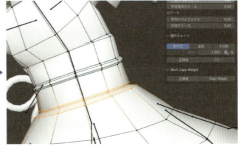

● オブジェクトを跨いで頂点ウェイトをコピー、正規化

　頂点編集モードで手打ちでウェイト調整をする場合、アクティブ選択頂点から非アクティブ選択頂点にウェイトをコピーする操作が必要ですが、純正のBlenderでは異なるパーツを跨いでウェイトのコピーができないためオブジェクトを結合分離を繰り返す必要があります。しかし、オブジェクトの結合や分離はマテリアルの割り当てやシェイプキー、モディファイアの状態を変化させてしまうため非常に厄介です。このアドオンを用いれば非破壊的にパーツを分けたまま異なるオブジェクトにウェイトを転送することが可能です。スカートの根元と腰の素体など、異なるオブジェクトに頂点の位置が重なっている場合に役立ちます。

Handy Weight Edit / Superhive / $99.95

● 頂点編集モードでの手打ちウェイト作業を実現する拡張アドオン

　Superhiveで高評価を得ているウェイト調整用の有料アドオン。頂点編集モードでのウェイト操作を大幅に強化してくれます。個別にウェイトの合計制限を設定できる機能や、非対称メッシュでもウェイトミラーが可能な点が特徴です。また、ウェイト値をマウスホイールで直感的に調整したりウェイトのインポート／エクスポート機能も備えており、応用性が高いのも魅力です。

❼ ルックデベロップメント

ルックデベロップメントって、最終的なビジュアルの見た目を決める重要なプロセスですよね？ 毎回同じようなシェーダーやライティングの設定をしなきゃいけないのが面倒で苦手です。

そうだね。似たような設定が多いから、アセットライブラリ系のアドオンを活用すると一気に作業が楽になるよ。事前に登録しておいた素材を呼び出せるから時間短縮に効果的なんだ。

アセットライブラリ、まだ使ったことがないんですけど、そんなに便利なんですか？

便利どころじゃないよ。登録しておいたマテリアル、HDRI、背景素材、プロシージャル素材なんかを一瞬で呼び出せるし、その後のライティングのテンプレートを呼び出せるアドオンも併用すればライティング設定もあっという間だよ。

なるほど…！ それなら、ルックデベロップメントももっとスムーズに進みそうですね。

ルックデベロップメント　おすすめアドオン

ライティング	Easy HDRI	Gumroad	レンダリング時のHDRIをサイドパネルから簡単制御
	Dynamic Sky	Extensions	太陽と空を簡単にシミュレーションできる
	Tri-lighting	Extensions	ライトプリセットに三点照明が追加される
マテリアル	Poly Haven Asset Browser	Superhive GitHub	PlayhavenアセットのローカルライブラリÅ化
	Clay Doh	Superhive	粘土風の見た目を再現するマテリアル集
	Woolly Tools & Shaders	Superhive	ウール、毛糸、フェルト表現を可能にするジオメトリーノード
	InkTool	Superhive	水墨画、中華風、和風の世界観を簡単に構築できるツール集
	Komikaze	Superhive	アメコミ風のToon表現を可能にするプリセット集
	TRIToon	BOOTH	有志によるBlender用VRC風シェーダー
	MToon 再現シェーダー	Extensions	VRM formatのMToonShader。ワンクリックでアウトライン化が可能
コンポジット	Colorist Pro	Superhive	テンプレ化されたポスプロ一覧からコンポジットを調整できる
	BlendShop	Superhive	レイヤーでポスプロを管理できる自由度の高いコンポジットツール
カメラ	Camera Resolution	Extensions	同一シーン内で複数のカメラ解像度でレンダリングできる
	Shot Manager	Superhive	同一シーン内で異なるショットを撮影できる

Tri-lighting / Extensions / 無料

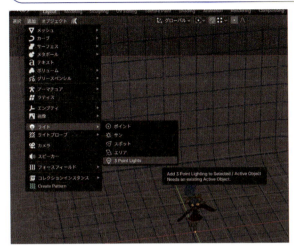
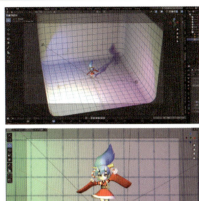

● ワンクリックで三点照明を生成してくれる便利アドオン

　ライティングの基本として、異なる方向から3種類のライトを使用する三点照明というものがあります。オブジェクトをクリックして、ワンクリックでそのオブジェクトをターゲットとして取り囲む3つのライトを生成してくれます。初回生成時にライト強度なども一括で調整できるため、ライティングのベースとして最高の時間短縮ができます。PolyHavenのHDRIでワールドライティングを設定したあとにこのアドオンを使用し、IBRと三点照明を併用すると効果的です。

Poly Haven Asset Browser / GitHub / Superhive / 無料 / $30

● 1500以上の高品質素材でライブラリを構築しよう

　クラウドファンディングにより作られた無料のCG素材サイトPolyhavenの1500点以上にも及ぶHDRIやPBRマテリアルなどのPBR素材をBlenderのアセットライブラリとしてローカル運用できる公式アドオンです。一度ローカル環境を構築しておくことでフォトリアルなシーンの基本的なIBRライティングやマテリアルは事足りるため、シーン制作の初動における高速なセットアップにおすすめです。GitHubに試用版があり無料でも使用できますが、Superhiveから購入することでPolyHavenの運営費用とBlender開発費用への支援ができます。

Clay Doh / Superhive / $30

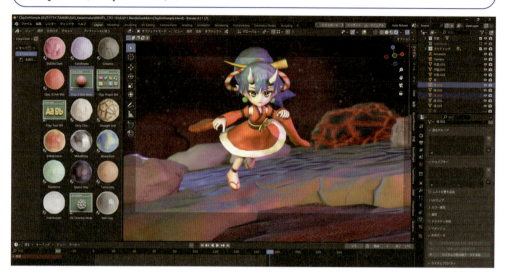

● クレイアニメ風マテリアルとツールのセット

「Clay Doh (Cycles & Eevee)」は、粘土アニメの質感を再現するアドオン。粘土のような柔らかい質感や、手作り感のある表現を得意とし、キャラクターやシーンに独特の暖かみを加えることができます。クレイアニメや手作り感のある映像表現におすすめです。

Woolly Tools & Shaders / Superhive / $35

● フェルトの質感をパーティクルヘアーで再現

「Woolly Tools & Shaders (V2)」はフェルティングの質感を再現するためのアドオンで、ジオメトリーノードとマテリアルが内包されています。オブジェクトにウール（グルグル巻きの毛）とファズ（飛び出る毛）を適用し、柔らかく温かみのあるフェルトの質感を再現することで、人形やぬいぐるみのようなキャラクターを表現することが可能です。

Komikaze / Superhive / $50

● マンガ風世界を一瞬で作り出す

「Komikaze: Toon Shaders & Assets Pack」は、アメコミ風のトゥーン表現を簡単に作成できるライブラリです。ジオメトリーノードで作成されたプロシージャルマテリアルの詰め合わせで、漫画風のスタイルをドラッグオンドロップとジオメトリーノードのパラメーター調整だけで簡単に適用できるため、アニメーションやイラスト風の作品に最適です。

InkTool / Superhive / $15

● 水墨画風に早変わり

「InkTool」は、水墨画風の表現をBlender内で簡単に実現できるアドオンです。アウトライン、テクスチャに追加する和風ノイズ、コンポジットフィルターをワンクリックで追加でき、ブラシストロークで筆のタッチも再現することができます。

Casestudy | ますく

❽ インポート／エクスポート

Blenderから他のソフトやゲームエンジンにデータを移動する時って、データのやり取りが結構大変ですよね。ソフト間のデータのやり取りって調べても情報がなくて困っています。

情報が少ない領域だよね。シェーダーなどBlenderと仕様が異なる点を修正したり最悪作り直さないといけない場合も多いよ。特に3Dプリンターやゲームエンジン、他のDCCツールとデータをやり取りする時は、素直に専用のアドオンを使うのが一番の近道なんだ。

なるほど、専用のアドオンでエクスポート時のトラブルを減らせるんですね。他のDCCツールとも簡単にデータをやり取りできるんですか？

そうだね。例えば、外部ソフトとワンクリックで行き来できる「ブリッジ」と呼ばれるアドオンもあるんだ。こういったアドオンを使うと、ワークフローがスムーズになるよ。

ブリッジやインポーターを使えばBlenderを中心にいろんなツールやエンジンと連携して使えるんですね！　これで生産性が上がりそうです！

インポート/エクスポート　おすすめアドオン

エラー修正	Mesh Repair Tools	Superhive	映像用データを立体化可能にワンクリックで修正してくれる
	3D Print Toolbox	Extensions	3Dスキャンデータなどの穴埋めを自動で行ってくれる
	Transfer the vertex order	Gumroad	頂点番号を転送し、複数ソフト移動時に起こるデータ破損を修復できる
ブリッジ	GoB	GitHub	頂点番号基準でZBrushとBlenderをワンクリックで移動可能に
	3D-Coat Applink	Extensions	3D-CoatとBlenderをワンクリックで移動可能に
フォーマット	MMD Tools	Extensions	MMDのPMXやPMD形式を読み込み、作成補助、書き出し可能に
	VRM format	Extensions	VRMアバターを読み込み、作成補助、書き出し可能に
	Blender 3MF Format	GitHub	3Dプリンター用3MF形式のインポート／エクスポート
	Unreal PSK/PSA	Extensions	Unreal Engineで設定済みのキャラクターデータの読み込み書き出し対応

ブリッジアドオンとワークフローの紹介（GoB / 3D-Coat Applink）

● BlenderをHubに、Blender中心のワークフローを構築しよう

　実際の業務や制作では一つのソフトで完結するほうが珍しく、様々なソフトを連携して作品を作っていくことになります。多くのソフトを比較してもBlenderは最も拡張性に優れたソフトのひとつで、有志によるアドオンの数が最も多いソフトです。様々な外部ツールとの連携アドオンを駆使して外部の専門特化型DCCToolと連携させることでBlenderを中心としたワークフローが構築できます。また、豊富なエクスポーターを利用することで、どんな用途にもデータを書き出せる大変素晴らしい環境を構築していきましょう。

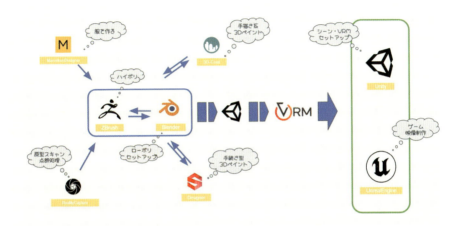

● Blenderの欠点を補うZBrush、3DCoat連携

　Blenderの弱点である3Dペイント機能の弱さや、ZBrushに比べたスカルプトの自由度の低さを補うために、GoBやApplinkをインストールすることでZBrushや3DCoatと簡単に連携できます。特に3DCoatApplinkはBlenderの標準アドオンとして長く使われており、ワンクリックで行き来が可能です。この連携により、ZBrushや3DCoat単体ではできないポーズを変更しながらの高度なスカルプトや3Dペイントが可能となり、他では得られない高い自由度を実現します。

BlenderをHubにソフトを跨いでポーズを変更しながらの編集が可能

Casestudy | ますく

アウトプットから考えるアドオン構築術

キャラクターを作るときどんな目的で使うかを最初に考えてるかな？ 実は、使い方次第でデータの作り方や最適化が全然変わってくるから何に使うかを考えずに漠然と作り始めるとあとで大変なことになるんだ。

確かに、あまり目的を考えずに作り始めることが多いかも…。データの作り方が違うってこと、今まで意識してませんでした。

その通り！ だから、最初にどんな用途で使うかを決めておくことが大事なんだ。アドオンも同じで、何も考えずにたくさん入れるとBlenderが重くなって、逆に作業が進まなくなることもあるんだよ。

なるほど！ そう考えると、用途に合わせてアドオンを選ぶのもすごく重要ですね。プロジェクトごとに必要なアドオンを組み合わせて使えば、Blenderの動作も軽くなるし、作業効率も上がりそう！

まさにその通り！ アドオンは多ければいいわけじゃなくて、用途に合わせて選ぶことが一番大事なんだよ。では、さっそくキャラクターモデリングにはどんな使い方があるか考えてみよう。

キャラクターモデリングにはどんなアウトプット先がある？

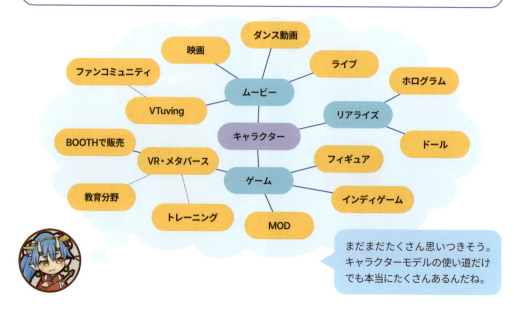

まだまだたくさん思いつきそう。キャラクターモデルの使い道だけでも本当にたくさんあるんだね。

キャラ運用の3系統でまとめるアドオンの紹介

　キャラクターモデルの用途は多岐にわたりますが、「リアルタイムレンダリング（ゲーム、配信）」、「プリレンダリング（画像、映像用）」、「フィギュア製作（掘削、3Dプリンター）」の3つの大きな領域に分けて考えるとわかりやすく、それぞれで作業工程やデータの作り方が大きく異なります。そのため、使用するアドオンもそれぞれに特化したものが必要になります。

Ⅰ. リアルタイム領域

● リアルタイム、インタラクティブ領域

　リアルタイムレンダリング技術は、ゲームやVR、バーチャルプロダクションなど、即時描画が求められるコンテンツに不可欠です。Unreal EngineやUnityを活用し、ユーザーとのインタラクティブな体験を実現します。軽量で視覚的に優れたデータ作成が重要で、異なるプラットフォームに対応する柔軟性も求められます。特に、テクスチャやシェーディングの効率的な処理がこの分野のカギです。

Ⅱ. プリレンダ領域

● プリレンダリング、映像、静止画

　プリレンダリングは、映画やVFX、広告のようなフォトリアルな映像制作に使用されます。即時性が不要なため、高精細で複雑なレンダリングが可能で、映像のクオリティが最優先されます。ポリゴンの細分化やコンポジット技術でリアリティを追求し、静止画や映像としての完成度を高めることが重視されます。

Ⅲ. デジタル造形領域

● デジタル造形、3Dプリンティング

　デジタル造形は、デジタルデータを3DプリンターやCNCで物理的に出力する分野です。複雑な形状をパーツに分けて出力し、組み立てる工夫が求められます。マルチカラーやフルカラープリントの技術進化により、データ作成の難易度も増していますが、製品のプロトタイピングやデザインに広く活用されています。

Ⅰ. リアルタイム領域

Blenderで作ったキャラクターを使ってゲーム制作や、Youtube配信、モーションキャプチャとか、その場で動かしてみたいんですけどどうすればいいんでしょうか？

それなら、VRMアバターを作ってUnityを中心に運用するのが一番簡単な方法だね。Blenderでほとんどの設定が完了するから、フィジックス（揺れ）を追加しない限りはUnityを使わなくても大丈夫だよ。

えっ、Blenderだけでほとんどできちゃうんですか！？ それなら私にもできそうです。Unityは自信ないですが一度VRMを作ったら何ができるんですか？

VRMアバターを一度作れば、UnityやUnreal Engineで運用できるし、VTuber配信やモーションキャプチャなど多様なソフトとも連携できるんだ。

それって、例えばVtuberみたいに配信で表情豊かにキャラを動かしたり、歌って踊るようなバーチャルライブ動画も作れちゃうってことですか？

そうそう。さらに、ゲームにModとしてキャラクターを入れたり、Unityで簡単なゲームを作ったり、VRChatアバターに派生したりと、いろんなことができるよ。VRMを作ってしまえば、あとはアイデア次第で自由に応用できるんだ！

それは夢が膨らみますね！ さっそくVRMアバターを作ってみようと思います！！

VRMの運用幅がとにかく広くて楽しい！

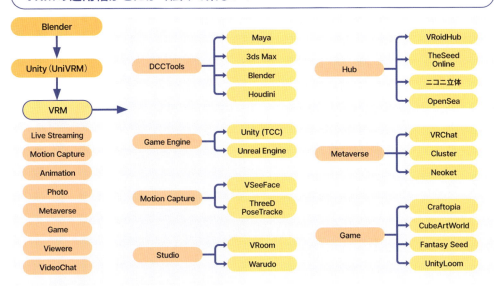

　VRMは、Unity Humanoidをベースに拡張されたキャラクターフォーマットで、主にゲーム開発やVTuberなどで広く利用されています。MMDの欠点を補うため、ドワンゴや任天堂によって開発され、多くのプラットフォームでの活用を目的としています。VRMはUnityやBlenderなどのツールで簡単に扱うことができ、VRChatやメタバース、VTuber活動などにも活用されています。外部アプリケーションとの連携が容易で、カスタマイズや共有も簡単です。

VRMの活用先としてオススメのアプリケーション

VRM Live Viewer

スーパーVRMブラザーズ3D

Unityセットアップ

Unity TCC

Unity TCC	Unity公式のゲーム開発キット。様々なテンプレート集を用いて簡単にゲームのデモを動かせる
UnityLoom	Unity製のWebゲーム投稿サイト。スーパーVRMブラザーズ3DなどVRM対応ゲームが多数
VRoidHub	Pixivが運営するキャラクターアバター投稿サイト。様々な連携サービスからアバターを呼び出して使用可能
VRM Live Viewer	ステージやモーションが用意されており、手軽にアバターを踊らせることができる
VARK SHORTS	動画テンプレートを利用して、YouTube ShortsやTikTok向けのショート動画を簡単に作成可能
Warudo	モーションキャプチャデバイスやWebカメラに対応したVTuber向けバーチャルスタジオ
KalidFace	WebブラウザとWebカメラで簡単にVTuber配信やアバター通話ができるツール
VSeeFace	Webカメラ対応の顔トラッキングに強いフェイシャルキャプチャソフト。VMCプロトコルに対応
ThreeDPoseTracker	高精度のカメラトラッキングが可能なモーションキャプチャソフトで、体の動きを正確にキャプチャ
VRoom	バーチャル空間を簡単に作成し、複数のユーザーとリアルタイムで交流可能なアプリケーション
Craftopia	VRMアバターをゲーム内で使用できるアクションRPG。広大なフィールドでの冒険やクラフト要素が楽しめる

Cats Blender Plugin / Github / 無料

● **VRChatアバター作成補助用の定番アドオン**

VRChatアバター作成を作成するためのBlenderアドオン。VRChatには厳しい制約があるため、カスタムアバターのボーンやメッシュを削減したり、データの軽量化を図ったりすることができます。特に、ポリゴン削減機能などの緻密なデータ管理が可能で、VRChatの制限に対応するための必須ツールとなっています。しかし、最近では更新が停止しているため有志の方が「Cats Blender Plugin Unofficial」というフォーク版を開発・提供しています。

さらに、VRコンテンツでは、パーツ数やマテリアル数を減らしドローコールを減らすことがとても重要です。「material-combiner-addon」は複数のマテリアルやテクスチャをまとめることができるアドオンでCatsと併用して組み込むことができます。

TRIToon / BOOTH / 無料

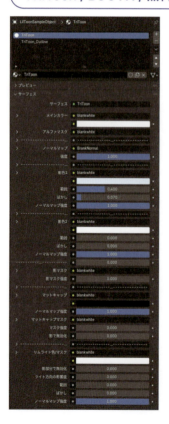

● **TRIToon（LilToonShaderの再現シェーダー）**

Blenderでのキャラ制作において、レンダリング環境と見た目と一致しないと、制作段階でのビジュアル判断が難しくなることがあります。特に、リアルタイムレンダリングを前提としたキャラクターでは、ゲームエンジンとの違いが顕著です。この問題を解決するために、VRChatで最も広く利用されているLilToonShaderの再現シェーダーを導入することで制作中もゲームエンジンでの最終的な見た目に近い状態を保ちながら進行できます。

VRM format / Extensions / 無料

ボーンの生成

各種コンポーネント

エクスポーター

● 汎用性抜群のVRMアバター作成用の革命アドオン

　VRM Formatは.vrm形式のキャラクターのインポート／エクスポートができるだけではなく、VRMアバターを作成するためのほとんどの機能が入っているアドオンです。このアドオンが整備されるまではFBX形式がキャラクターデータの運用フォーマットのデファクトスタンダートでしたが、このアドオンの登場でUnityHumanoid基準の運用であればVRMで他のソフトとやり取りする方が圧倒的に楽になりました。

　UnityHumanoid基準のアーマチュア生成、VRMで使用するMToonの再現シェーダー、シェイプキーのマッピング、揺れものの設定、エラーチェッカー、ライセンスの設定、メタ情報の設定など、キャラクター作成に必要なほとんどの機能が入っており、惜しむらくはフィジックスの設定が難解なため、揺れものの設定と、シェーダーの最終調整だけはUnityで行うようにしています。

MToon再現シェーダー（VRM format）

プリンシプルBSDF　　VRM MToon

● ワンクリックでアウトライン簡単に実現

　VRMアバターで採用されているToonShader「MToon」は、影色、リムライト、発光、アウトライン、影境界の調整など、基本的な表現を網羅しています。マテリアル作成時にMToonを有効化するチェックボックスが表示され、オンにすると専用のUIが開き、設定を簡単に行えます。ただし、BlenderではMatCap機能がサポートされていないため、この機能は利用できません。質感表現をさらに追求する場合、最終的な調整はUnityで行う必要があります。

キャラクターの表情差分どう設定する？

キャラクターの表情差分ってどうやって設定したらいいんですか？パーフェクトシンクやVRChatのリップシンク、それにVRMとか、いろんな規格があって混乱しちゃって…。

確かに、表情差分は色々な用途で求められるよね。パーフェクトシンクやVRChatのリップシンクは細かいシェイプキーが必要だし、VRMでも基本的な表情差分は必要になる。どのフォーマットも、それぞれの用途に合わせた管理が重要だね。

やっぱり用途ごとに設定が違うんですね。これ、全部手作業でやるのは大変ですよね…。アドオンとかで簡単にできる方法ってありますか？

もちろん。キャラクターの顔にガイドメッシュを配置するだけでAppleのARkit対応の52シェイプキーを自動生成してくれるアドオンや、VRChatのリップシンク、MMDモーフのリストの生成、それにVRMで必要なシェイプキーを設定するのに便利なアドオンなんかもあるよ。

なるほど、アドオンを使えばある程度自動化ができるんですね！　それなら、パーフェクトシンクとかリップシンクの設定ももっとスムーズに進められそうです。

Mio3 ShapeKeyでリップシンク、MMDモーフ、パーフェクトシンクを管理

前段のセットアップの項目でMio3 ShapeKeyでは異なるオブジェクトを跨いで頂点ウェイトをコピーできることを説明しましたが、もう一つの機能としてVRChatのViseme（リップシンク）MMDモーフ、ARkitのパーフェクトシンク、任意のエクセルのリスト（.csv）からシェイプキーのプリセットを生成できる機能が含まれています。また、コレクション単位で異なるオブジェクトの同名のシェイプキーを同一に扱うこともできます。

Faceitでパーフェクトシンクを作る

「Faceit」は、Blenderでパーフェクトシンク対応の52のシェイプキーを作成するアドオンです。顔にガイドを被せることで、正確なリグ設定を簡単に行い、52種類のシェイプキーを自動生成できます。バインドの精度は低いためVoxel Heat Diffuse Skinningの併用をおすすめします。また、漫画的な誇張表現は苦手なため、Mio3ShapeKeysを併用してスカルプトによる調整を行う必要があります。

VRM formatでVRMに必要な表情設定を指定する

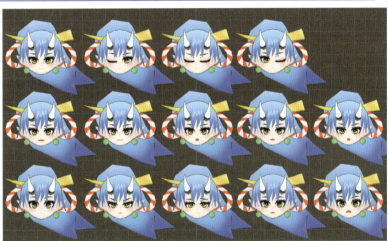

VRMアバターでは、シェイプキーを使って表情差分を作成し、17個のBlendShape Clipsに登録できます。これにより、笑顔や怒り、瞬き、視線移動、口の動きなどの表情を幅広いプラットフォームで活用することが可能です。以前はUnityの「UniVRM」プラグインを使って設定していましたが、最近ではBlenderアドオンを使うことで、作業効率が格段に向上しています。特に「Mio3ShapeKeys」を使うと、複数オブジェクトのシェイプキーを一括で操作できるため、顔のパーツを分割したままでも表情の調整が容易です。こちらもVRM運用においては必須ともいえるアドオンです。

II. プリレンダ領域

プリレンダリングの時に、コンポジットってブルームとかカラーグレーディングなど、ほぼ必須の処理なのに、毎回ゼロから組まなきゃいけないのが辛いんですよ。似たようなノードを何度も設定するのが正直面倒くさくなってきました。

そうだよね。アンチエイリアスやAO、ブルーム、ヴィネット、カラーグレーディングとか、定番のノードは毎回組み直すことになるし、手間がかかるよね。特別な演出をしない限り、同じような作業の繰り返しだもんね。

まさにそれです！ ライティングやカメラ設定も面倒だけど、コンポジットノードはパターンが決まってるのに、毎回作り直すのが非効率に感じます。

実はコンポジットノードはアセットライブラリに登録して使い回すことはできるんだけど、定番の処理であればすでに用意されているポストプロセスのプリセットをタブやレイヤーで管理できる素敵なアドオンがあるから紹介するね！

レイヤーやタブで管理！！ それなら私でも扱いやすそうですね！ 時間も短縮できるなら、ぜひ試してみたいです。

定番のポストプロセスエフェクト

レンズ効果		フィルム効果	カラーグレーディング	ポストプロセス
グレア	ブルーム	グレイン	ホワイトバランス	モーションブラー
ゴースト	色収差	スクラッチ	色相彩度明度	シャープネス
ゴットレイ	ヴィネット	ハレーション	色温度	アンビエントオクルージョン
フォググロー	レンズフレア	色かぶり	明るさコントラスト	リフレクション
レンズ汚れ	レンズ歪み	ダスト		アンチエイリアス
				デノイズ

「コンポジット」は、レンダリングの前後に現実のカメラやフィルムの特性を再現し、色や深度情報を使ってエフェクトを重ねる技法です。これにより様々な効果を追加して絵作りを強化します。

Colorist Pro / Superhive / $16.89

未加工

グレアグロー

レンズ歪み・グレイン

● 定番コンポジットをサイドバーで高速管理

「Colorist Pro」は、Blender内でポストプロセスエフェクトを簡単に管理できるアドオンです。定番のポストプロセスをサイドバーに用意された各項目から簡単に設定できます。

BlendShop / Superhive / $17.76

● コンポジットをレイヤー管理できる

「Blendshop」アドオンは、Colorist Proと同様に、ポストプロセスエフェクトをレイヤーで管理できるツールです。Blender標準のノードベースコンポジットでは達成しづらい複雑なエフェクトも、直感的に設定できるのが特徴です。自由度が高いため、プロフェッショナルな仕上げが求められるプロジェクトに最適です。

III. デジタル造形領域

ついに3Dプリンターを買っちゃいました！ 3Dプリント用のモデルって、今まで作ってきたゲームとか映像用のとどう違うんですか？ 気をつけることがあれば教えてほしいです。

実際に出力するとなると、物理的に無理のない構造や強度が必要だね。ゲームや映像のモデルみたいに、CGの中でしか成立しない形状はダメだし、薄すぎる部分は簡単に壊れちゃうんだよ。それに、色を変えたいとか、複雑な形にしたいときはパーツを分ける必要もあるね。

なるほど。ゲームだとアクセサリーが浮いてたり、薄っぺらいポリゴンが多いですもんね。強度や色のことも考えるんですね。

そうなんだよね。印刷用のモデルができたら、Blenderから3Dプリンター用のスライサーソフトにデータを渡す必要があるんだけど、フォーマットはSTLやOBJも使えるんだ。でも、最近はマルチカラーやフルカラーの3Dプリンターが出てきて、色や素材の情報も一緒に保存できる「3MF」フォーマットが特におすすめだよ。

色や素材の情報まで一緒に保存できるなんてすごいですね！ それに、マルチカラーのプリントが簡単にできるのは、デザインの幅が広がりそう。やっぱり3Dプリントって、実際に形になるから考え方が全然違うんですね。よし、まずは簡単なモデルから始めて、少しずつパーツ分けや色も試してみます！

ワークフローを確認しよう

① 体積化	② 修正	③ パーツ分け	④ 書き出し
細分化	空洞を埋める	パーツの統合	チェック
厚み付け	自己交差形の解消	パーツ分け	修正
穴埋め	不正メッシュの修正	ダボの用意	Export
面の向きを揃える			

3Dプリント用のデータ制作に必須のチェック・修正アドオン

● パーツ分割とブーリアン

　3Dモデリングにおいて、サーフェス（表面）やソリッド（立体）、ノンマニホールド（非多様体）といった概念は重要です。特に、現実の3Dプリンターで出力する際には、モデルが中身の詰まった「ソリッド」な体積物として正規化されている必要があります。ノンマニホールドな形状（例えば、厚みがない面や、閉じていないエッジ）は出力エラーの原因になります。

　また、パーツ分割も欠かせません。デジタルデータと違い、現実ではクリアランスや構造強度が必要です。さらに、色分けや可動部を考慮した分割設計が求められます。そのため、ブーリアン演算（形状の結合や差し引き）やメッシュの正規化を行うアドオンが重要な役割を果たします。これにより、エラーを防ぎ、効率的に3D出力が可能になります。

Mesh Repair Tools / Superhive / $9.99

 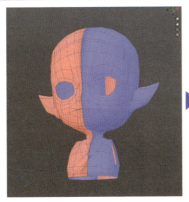 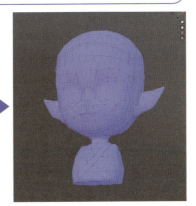

● **3Dプリント用のデータ制作に必須のチェック・修正アドオン**

　「Mesh Repair Tools」は3Dプリンター用データを自動で修正する有料アドオンです。CADデータをメッシュ化する際に発生する非多様体や、映像やゲーム用の穴あきメッシュをソリッドメッシュに自動変換します。また、モデリング中に起こる法線の反転などのエラーも自動で検出・修正します。無料の類似アドオン「3DPrintToolbox（Extensions）」もあり、メッシュの厚みや歪み、ホールの有無をチェックしてプリント可能な状態に整えてくれます。

Casestudy | ますく

大量のアドオンどう管理する？

そろそろアドオンの運用にも慣れてきた頃だと思うんだけど、最近アドオンが増えすぎて自分でも何を入れてるか把握できなくなってきてはいないかい？

そうなんですよ！ 気がついたらいっぱい入れちゃって、起動も時間がかかるし、どんどん重くなるし、エラーも出るし、どこで買ったかとかもう何も分からなくなってきてます…。

それなら、ワークフローや目的別にスプレッドシートでリスト化して管理するといいよ。どこで購入したかも書いておくと、アップデートの時にすぐに確認できるしね。

スプレッドシートか…なるほど。確かに、更新のたびにどこで買ったのか忘れちゃって困ってました。更新で使えなくなっちゃうアドオンも多くて困っちゃうんですよね。

アドオンのインストール先も分かりやすく整理して、他のPCやバージョンにスムーズに移行できるようにしておくと便利だよ。アップデート時にはゼロから再構築するのがトラブル回避には一番いいんだけどね。

あぁ、やっぱりそうなんですね。ついつい引き継いじゃいますけど、今度は一からやってみます。インストールフォルダの把握も必要ですよね。

PowerManage（有料）を使えば、アドオンのオン／オフ管理やタグ付けもできるから、アドオン同士の干渉も防げるよ。買ってよかったアドオンの一つだからぜひオススメしたいな。

えっ、有料かぁ…学生にはちょっと厳しいかも。でも、そんなに便利なら…頑張って買ってみようかな。使いやすくなれば作業も捗るし、とっ、投資だよね！

アドオンやライブラリのインストール先を把握しよう

Windows	macOS	Linux
C:/Users/<ユーザー名>/AppData/Roaming/Blender Foundation/Blender/<バージョン>/scripts/addons/	/Users/<ユーザー名>/Library/Application Support/Blender/<バージョン>/scripts/addons/	/home/<ユーザー名>/.config/blender/<バージョン>/scripts/addons/

● アドオンの把握で環境の移行や管理が楽になる

① アドオンのインストール場所
アドオン管理を効率化するため、インストール場所を把握しましょう。隠しファイル扱いになっているので注意が必要です。

② 特殊なインストールの把握
例外的な導入方法が必要なアドオンは事前に確認してメモを残しておくとトラブルを防げます。

③ アセットライブラリの整理
アセットライブラリを使いやすい場所に保存しましょう。

PowerManage / Superhive / $15

● アドオンのタグ付け管理をしよう

　アドオンの管理ツールはたくさんありますが、色々試してみて一番オススメなのが「PowerManage」です。筆者はこれを導入して100以上のアドオンを快適に管理できるようになりました。設定は二段階に分かれています。
①まずはプリファレンスのPowerManageのアドオン詳細設定から、リストに表示するアドオンの選定とタグ付けができます。
②次に、PowerManageタブを見ると、タグなどいくつかの基準でソートでき、ランタイムでのオン／オフと、作業に応じたオン／オフ状態をプリセットとして保存できます。

　モデリング時のアドオンセット、リギング時のアドオンセットなど、工程ごとにロードを切り替えられるのでBlenderを軽い状態に保つことができます。

　また、このロード状況はBlenderの再起動時にも適用されるため、アドオンを大量に入れていてもPowerManageで重たいアドオンをオフにしておくことでBlenderを素早く起動できるようになります。

さいごに。進化し変化し続けるBlenderとアドオン

　ここまでお読みいただきありがとうございました。長年停滞していると言われていた3DCGの分野もハードウェアの進化によりリアルタイムレンダリングやAI生成、AIレンダリングの導入で再び大きな進化の波が押し寄せています。特にBlenderは常に進化し、アドオンもユーザーのニーズや技術革新に応じて変化し続けています。ここで大切なのは、冒頭で述べた自分の制作目的や分野に応じた「地図」を持つことです。それにより適切なアドオンを迷わず選べるようになります。皆様の創作活動がこのガイドによってさらに豊かになることを願っています。

「背景アーティスト」が選ぶ おすすめアドオン

緻密な作品制作を可能にする作業効率向上系アドオン

Recommended add-ons by Background Artists

Blenderをメインツールに、主に街並みなどを作っている藤田将です。最近はシェーディングにも力を入れていて、アニメ背景風のルックをBlenderで構築する手法などをマテリアルノードやジオメトリノードを使いながら研究しています。現在は1人で1年ほどかけて、全編18分ほどの自主制作アニメーションを制作中です。今後もそういったアニメーション作りを続け、最終的には脚本、世界観構築など、アニメーション企画の根本から関わる作家性のあるアーティストになるのが夢です。

Add-ons List

- Node Wrangler
- 3D Viewport Pie Menus
- Pie Menu Editor
- Auto Reload v2
- Tools for me (TFM)
- Material Orgnizer
- TexTools

藤田将

少し前まで「ふじたりあん」のペンネームで活動。千葉県出身。大学在学中から創作活動を開始。3DCGのほかにも、過去にはイラストやフォトバッシュなどで仕事をしていたり、小説を描いて新人賞に応募していたり、一人旅をして写真を撮ったりしている。趣味はアニメ、映画鑑賞と創作活動。今後挑戦したいことは映像の監督、脚本。
VFX-JAPAN2023優秀賞受賞。

Node Wrangler

| マテリアル&シェーディング | インターフェース | キャラクター | 背景 |

開発者 Bartek Skorupa, Greg Zaal, Sebastian Koenig, Christian Brinkmann, Florian Meyer

対応バージョン 3.6　4.0　4.1　4.2　4.3　　**価格** 無料　　**入手先** 標準搭載

「Node Wrangler」は、Blenderに標準で搭載されているアドオンです。

自主制作を含め、筆者は仕事でもノードをいじることが多いのですが、その際、マウスを使ってノード同士のソケットをつなげたり、ノードからアウトプットにつないだりなどをしていると素早く作業することができません。

そんなときにこのNode Wranglerが役に立ちます。Node Wranglerはノードに関する操作感を向上させることができるアドオンです。

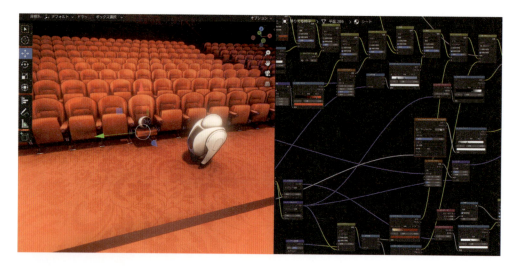

このアドオンはBlenderにデフォルトで入っていますが、そのままでは使うことができません。プリファレンスから「Node Wrangler」をオンにすることで、ノードに関する様々なショートカットを追加することができます。

追加されるショートカット機能は覚えきれないほどありますが、実際に使うものはごく一部です。今回は特によく使うショートカット機能をご紹介します。

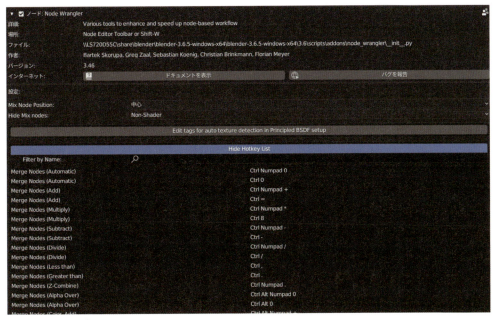

Node Wranglerの設定項目

ノードのプレビュー

[Ctrl] ＋左クリックでノードのプレビューができます。

以下の例では、赤枠で囲ったカラーランプノードのアウトプットをプレビューしています。Node Wranglerで追加される機能により、プレビューをしたいノードを [Ctrl] キーを押しながらクリックするだけで、その段階でのシェーディングを確認することができます。

シェーディングをする際、「この時点ではどういった見た目か」というのを確認する場面がたくさんあります。いろいろな入力由来の成分を混ぜて色や質感を作るのがシェーディングなので、プレビューも必須です。そのため、Node Wranglerによって追加されるこの機能はとてもよく使う機能です。

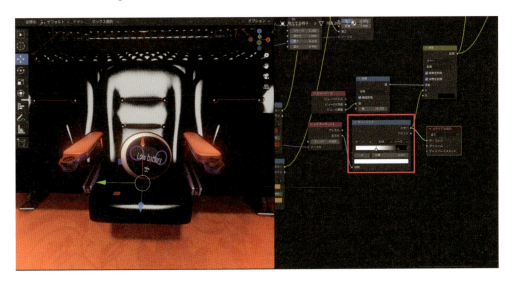

ノードの切断

シェーディングをするうえで、つないだノードを切断するといった場面もありますが、それに関しても、Node Wranglerによって追加される機能が役に立ちます。

例えば、マテリアル出力にノードからの出力がつながっている状態でノードの線を［Ctrl］＋左クリックを押しながら遮ることにより🅰、遮られたノードの線を切断することができます🅱。

いちいち小さなソケットにマウスカーソルを合わせてノードを切断するのは大変ですが、この機能を使えば、ソケット以外の場所でもノードの線を直感的に切断できます。たくさんのノードを一気に切断することもできるので、とても便利です。

リルートの追加

ノードをたくさん使っていると、ノードの線とノードが重なってしまい、見にくくなってしまうことがあります。

これを解決するために、ノードエディターには「リルート」と呼ばれる"線の中継地点"のようなものがあるのですが、それを［Shift］＋左クリックで簡単に追加できるようになります。

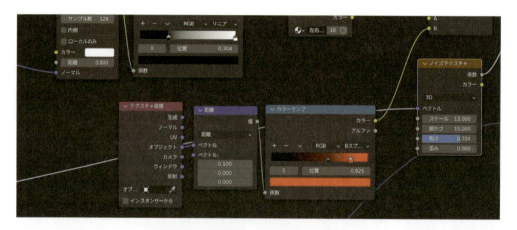

重なってしまったノードの線を［Shift］＋左クリックを押しながら遮り🅰、リルートを生成します。そのリルートを選択し、［G］キーで移動することで、重なったノードを整理することができます🅱。

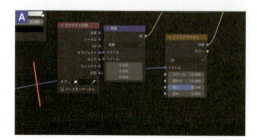 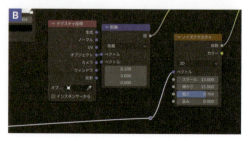

また、このリルートは複数の出力を持つことができるため、ノードの線をまとめることもできます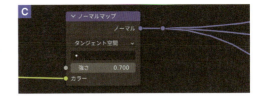。これにより、一つのノードからたくさんの出力が出ているような場面でもすっきりした状態で作業をすることが可能です。

個人的には、マテリアルノードの全景は美しい形でないといけないと思っています。

それは単なるこだわりというわけではなく、マテリアルノードは自分ですべてを把握していないとレベルの高いものを作ることができないので、マテリアルノードエディターでのノードの並びや順番は整理され、いつでも俯瞰できるようになっている必要があります。

そのためにリルートなどを使って整理することが求められるわけですが、そういったときNode Wranglerによるショートカットが役に立っています。

ノードをリンクから外す

あとは、[Alt] キーを押しながらノードをドラッグすることにより、ノードをリンクから外すことができる機能も便利です。

例えば、画像中のカラーランプを外したい場合、[Alt] キーを押しながらカラーランプを選択し A 、そのままカラーランプを移動することで、周辺のノードのリンクを保ったまま、カラーランプだけを移動することが可能です B 。

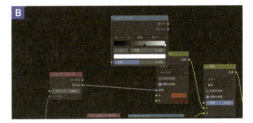

Casestudy | 藤田将

3D Viewport Pie Menus

インターフェース

| 開発者 | Community | 対応バージョン | 3.6　4.0　4.1　4.2　4.3 |
| 価格 | 無料 | 入手先 | 標準搭載　Extensions |

　Blenderには、任意のキーを押している間、マウスカーソルの周りに「パイメニュー」と呼ばれるメニューを表示する機能が備わっています。
　「3D Viewport Pie Menus」は、このパイメニューを追加することができるアドオンです。
　Blenderを素早く操作する場合、ショートカットキーなどを覚えて素早くコマンドを入力することが必要になってきますが、このパイメニューは特に、一つのキーで複数のコマンドを入力できる点や、パイメニューに実行するコマンドが明記されているので、暗記する必要がない点などから、筆者はとても重宝しています。

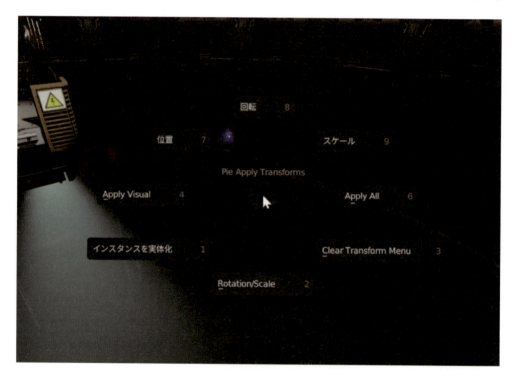

　プリファレンスから「3D Viewport Pie Menus」を有効にすることにより、パイメニューが使えるようになります。
　また、追加されるパイメニューを個別に無効化することも可能です。他のアドオンのショートカットと被ってしまうようなパイメニューは無効化したりなどをして使っています。

例えば、[Ctrl] + [A] キーを押して出てくる「Apply Transform Pie」というパイメニューは頻繁に使用します。

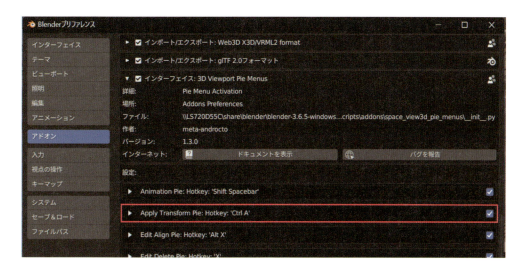

モデリングを行うとき、オブジェクトのトランスフォームに変な値が入っていると、ベベルが伸びてしまったり、面の差し込みもうまく行えないことがありますA。

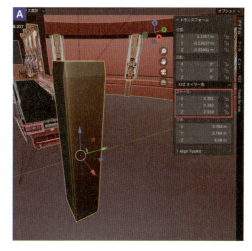

そういったことを防ぐために、要所要所でオブジェクトのトランスフォーム値をリセットする必要があるのですが、その際に毎回、「上部のメニューからオブジェクトのスケールを適用して……」というような作業をするのは手間がかかりますB。

パイメニューを追加する前は、同じく [Ctrl] + [A] キーを押すことによってメニューが表示されますが、やはり、そこからさらにボタンを押す必要があるため、作業が一時ストップしてしまうような煩わしさがありますC。

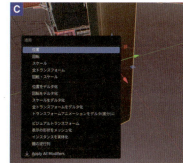

そんな問題を解決してくれるのが「3D Viewport Pie Menus」です。このアドオンは、デフォルトでは無効化されているパイメニューを有効化してくれるアドオンです。

パイメニューは特定のキーを押した際にマウスカーソルの周りにコマンドが現れます。そのため、「この機能はこのボタンを押したあと、こっち方向に動かす」という流れを覚えておけば、一つのショートカットキーで複数のコマンドをスピーディーに実行することが可能です。

この「Apply Transform Pie」の場合は、[Ctrl] + [A] キーを押すことでトランスフォームの適用に関するパイメニューが表示されます D 。

例えば、この状態でカーソルを右斜め上に動かすことで、「スケール」を適用することができます。スケールが適用されたことで、先ほどまで伸びてしまっていたベベルが正しい角度で実行されています E 。

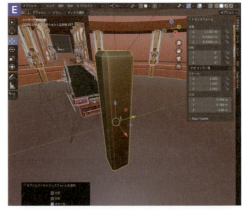

他にも、[A] キーを押すことで出てくる「Select Pie」 F や、[Ctrl] + [S] キーを押すことで出てくる「Save Open Pie」 G 、[Ctrl] + [Tab] キーで出てくる「Mode Switch Pie」 H などはよく使うパイメニューです。

これらはオブジェクトの選択をしたり、シーンの保存などをするパイメニューなのですが、そういったコマンドも瞬時に実行することができるようになるため、非常に便利です。

パイメニューを扱うときのコツは、「カーソルをどの方向に動かせば、どのコマンドが実行されるか」を覚えておくことです。ぜひ「3D Viewport Pie Menus」を取り入れて、作業の効率アップを実感してみてください。

Pie Menu Editor

インターフェース

開発者　roaoao
価格　$16
対応バージョン　3.6　4.0　4.1　4.2　4.3
入手先　Superhive

「Pie Menu Editor」は、Blenderで使用することのできる"パイメニュー"をカスタマイズできるアドオンで、先ほどご紹介した3D Viewport Pie Menusのようなパイメニューを、オリジナルで追加することができます。

このアドオンもプリファレンスからオンにしたあと、設定を変更することができます。

「このキーを押したら、このパイメニューが出てくる」というようなことを設定でき、例えば、エディター別に別のパイメニューが立ち上がるようにしたりといった、少し高度な設定も可能です。

筆者の場合は、好きなコマンドを設定できるキーが5つ備わったキーボードを使っています。

それらのボタンに、「F20」〜「F24」までのファンクションキーを設定し、それが押されたらオリジナルのパイメニューが表示されるように設定しています。

余談ですが、キーボードには通常、「F12」までのファンクションキーしかありませんが、Windows上には「F24」まで存在しています。そのため、「F13」〜「F24」までのキーはほとんど使われることがなく、他のコマンドとも競合しづらいキーなので、Blenderを含め様々なソフトウェアでショートカットキーの設定先としておすすめです。

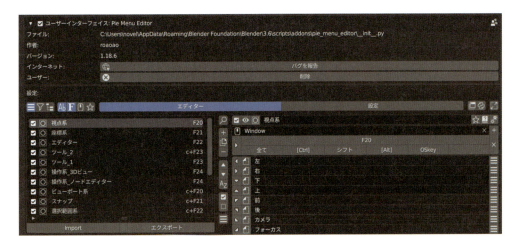

プリファレンスの設定の中にある、「Add an item」から、「Pie Menu」を追加することが可能です A 。追加されたパイメニューはリストから選択でき、左側の欄から個別に設定ができます B 。

ちなみに、"Pie Menu Editor"という名前ですが、「Add an item」で追加する際に「Pie Menu」以外を選択することで、ポップアップメニューなどの通常のメニューも表示させることができたりします。

パイメニューにコマンドを割り当てる際、プリファレンスから「Pie Menu」を選び、ショートカットを入力することで割り当てることもできますが、筆者はいつも、エディター上から直接割り当てています。

例えば、「選択しているオブジェクトを結合する」というコマンドをパイメニューに設定する場合、マウスの右クリックから出てくるメニューに結合のボタンがありますが、その上で右クリックして、「Pie Menu Editor」を選択し C 、追加先のパイメニューを設定することにより D 、その場で任意のコマンドを割り当てることができます。

この方法では、Blender上にボタンとして存在しているコマンドはおそらくすべてパイメニューに割り当てることができるため、パイメニューを使いこなす方はとても便利にコマンドを実行できるようになると思います。

割り当てたコマンドはパイメニューとして実行可能になります。今回の例では、パイメニューの下方向（赤枠の部分）に割り当てをしました E 。

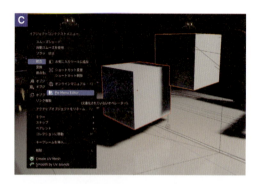
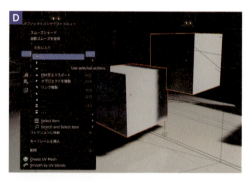

筆者の場合は、[Shift] や [Ctrl] の組み合わせも使い、たくさんのパイメニューを実行しながら作業しています F 。

オブジェクトの複製や結合などのよく使う機能を一番押しやすい位置のパイメニューに設定したり G 、モデリングする際に頻繁に切り替える原点の位置や座標系などの変更を一つのパイメニューにまとめたりすることで、作業の効率化とクリック回数の削減を図っています H 。

また、パイメニューの設定はjson形式でインポートとエクスポートが可能です。

そのため、自宅での設定を職場のBlenderに移植するといったこともできますし、Blenderのバージョンを上げたタイミングでの再設定の手間も省けます。

個人的には、作業効率向上という面では、このアドオンが一番おすすめしたいアドオンかもしれません。

パイメニューは先ほども少しお話した通り、覚えるショートカットが少なくて済むという利点もありますし、何かコマンドを実行するときに必要なクリック数を減らすこともできます。

指への負担軽減にもなり、作業スピードも向上できるので、パイメニューを使いこなすことでBlenderでの作業スピードが格段に上がる気がしています。そんなパイメニューを自由に作成できるこのアドオンは一推しです。

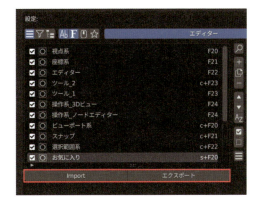

Casestudy | 藤田将

Auto Reload v2

| マテリアル&シェーディング | キャラクター | 背景 |

| 開発者 | samy tichadou | 対応バージョン | 3.6 4.0 4.1 4.2 4.3 |
| 価格 | 無料 | 入手先 | GitHub |

「Auto Reload v2」は、シーンファイル内の画像を一括で更新してくれるアドオンです。とてもシンプルなアドオンですが、ワンクリックで画像の更新ができるため、こちらも重宝しているアドオンになります。

例えば、3Dモデルのテクスチャを外部のペイントソフトなどで描いているとき、「書き出しした画像を3Dモデルに貼った状態で見てみたい」ということがあります。

その際、テクスチャをリロードする方法はいくつかありますが、どれも若干の手間があり、一連のワークフローの中で無駄な操作になりがちです。

そんなときに「Auto Reload v2」が役に立ちます。このアドオンによって追加される[Auto Reload]ボタンを押すことで、シーン内の画像を一括でリロードしてくれます。このボタンはどのエディターにいても表示されるボタンなので、いちいち他のエディターに移動することなく、リロードをすることが可能です B 。

使い方もシンプルで、外部ソフトにてテクスチャを上書き保存したのちに、この、[Auto Reload]ボタンから[Reload Images]を押すだけです。

この例では、最初、"あ"の文字が書かれていたテクスチャ C を外部のペイントソフトで"い"の文字に書き換え、上書き保存しました D 。

この後、Blenderでリロードの操作を行わないといけないのですが、その操作を3Dビューポート上部の[Auto Reload]のボタンから簡単に行うことができるというわけです。

外部のペイントソフトとBlenderを行き来するときはこういった作業を繰り返しながらテクスチャを描いていくことが多いのですが、その一連の流れをテンポよく行えるこのアドオンは非常に便利です。

また、このアドオンには一定の間隔で自動的にテクスチャをリロードする機能もあります。

[Auto Reload]ボタンを押すと出てくる、「タイマー」のチェックボックスにチェックを入れることで、一定の間隔で自動的にテクスチャをリロードすることが可能です。

どのくらいの間隔でリロードするかは、プリファレンス内のアドオンの「設定:」から指定できます。

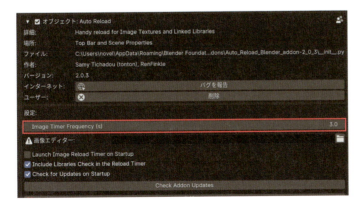

このAuto Reload v2ですが、実は似たような機能が先ほどご紹介したNode Wranglerにも搭載されています。

ただし、こちらは一度マテリアルエディターに入る必要があるため、手間がかかる点や、Auto Reload v2のようにタイマー機能もないので、テクスチャを外部ソフトで描くことが多い方などはこちらのアドオンがおすすめです。

| Casestudy | 藤田将

Tools for me(TFM)

モデリング　UV展開　背景

開発者　藤田将　　　対応バージョン　3.6　4.0　4.1　4.2

価格　無料　　　入手先　開発者サイト

開発者サイト

「Tools for me(TFM)」は、その名の通り、自分のために作ったアドオンです。

アドオンといっても機能はシンプルで、[N]キーを押すことで出てくるサイドパネルに、オブジェクトトランスフォーム関連のコマンドをボタンとして追加するものになります。

本来はキーボードで実行するコマンドをマウスで操作することを目的に制作したアドオンです。

トランスフォームパネル

「トランスフォーム」のパネルでは、現在選択しているオブジェクトのトランスフォーム値を確認・編集することができます。Blenderにはデフォルトで同様の機能が備わっていますが、このTools for me(TFM)ではそれに加え、各トランスフォームの値を"0"や"1"にするなどのボタンが追加されています。

例えば、オブジェクトの回転に値が入っている場合 A でも、ワンクリックで値を0に戻すことが可能です B 。

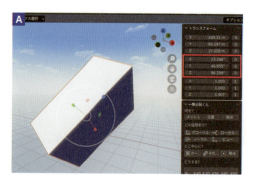 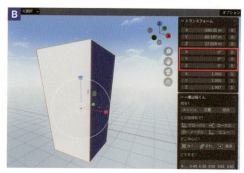

一撃必殺くんパネル

「一撃必殺くん」のパネルでは、選択中のオブジェクトに対し、ボタンを使って移動・回転などを行うことができます。

上から順に、「何を？」「どの座標系で？」「どこ中心に？」「どうする？」という項目を選択することでオブジェクトをこのパネルから操作できます。

「何を？」の項目では、実際に何をトランスフォーム対象とするかを設定できます。
一番よく使うのは「メッシュ」で、これを選択することにより、通常の操作と同じようにオブジェクトを回転・スケールすることができます。

他にも、「位置」を選択することで、オブジェクトのスケールや回転などに影響を与えることなく、位置情報のみを編集することが可能です。複数のオブジェクトを選択した状態でバウンディングボックスの原点を中心に拡大した場合、選択したオブジェクトがすべて大きくなってしまいますが C 、トランスフォーム対象を「位置」に設定してスケールすると、それぞれのオブジェクトの大きさはそのままに、位置情報だけを拡大することができます D 。そのため、選択したオブジェクトの間隔が広がるような形で、拡大するような形となります。

また、「原点」を選択することで、オブジェクトの原点のみをトランスフォームすることも可能です。

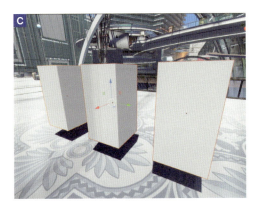

「どの座標系で？」と、「どこ中心に？」では、座標系と原点を設定できます。

これらの設定はビューポート上部にある座標系とピボットポイントの設定と同じものです。

「どうする？」の項目では、選択したオブジェクトに対して実際にどういった操作を行うのかを選択することができます。

例えば、選択したオブジェクトをZ軸を中心に45°回転させたい場合、「Z45」のボタンを押すことで実行可能です。

XYZ軸別にそれぞれボタンが用意されており、それぞれ、「-90°」「-45°」「-30°」「30°」「45°」「90°」のコマンドを実行可能です。

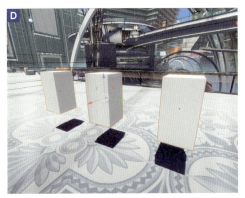

293

　他にも、Z軸方向にスケールを「0」にしたい場合、「SZ0」のボタンを押すことで実行できます。
　この機能により、オブジェクトを平面上につぶすこともできますし、「何を？」を「位置」に設定することで、オブジェクトを整列することも可能です。

　また、選択したオブジェクトを任意の数値分だけ移動する機能も使用可能です。
　場合によっては配列モディファイアを使うよりも早く、オブジェクトを等間隔に並べることができますし、モディファイアを追加できないインスタンスオブジェクトも、この機能を使えば等間隔に並べることが可能です。
　例えば、選択したインスタンスオブジェクトをY軸方向に-1.5m分移動する場合、「移動量」の欄に1.5を入力し、「GY-」のボタンを押すことで実行可能です。

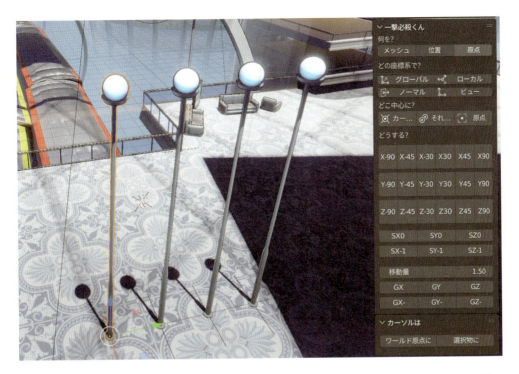

ここまでの機能はほとんどが編集モードでも使用可能で、頂点位置の調整や整列などに活用できます E 。
また、UVエディターでも同様の機能を使用可能で、「選択した領域を90度回転させる」などのコマンドをワンクリックで実行できます F 。

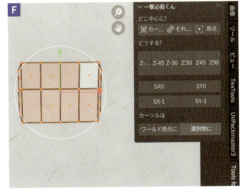

このアドオンはそういった「RZ90」などのコマンドをマウスで実行できるようにするアドオンです。「Z軸上で90度回転」や、「X軸方向にスケールを0にする」などのコマンドはキーボードから実行ができますが、入力するためには一度マウスから手を放す必要があります。

筆者の場合は街や建築物を作ることが多く、「選択したオブジェクトを90度回転させる」というようなコマンドをたくさん使っていますが、そのたびにマウスから手を離すのが面倒くさく、少しでも時短になればとこのアドオンを作りました。

実際、このアドオンは筆者にとっては無くてはならないものになっていて、建物などを作る際に特に重宝しているアドオンです。このアドオンは藤田将のホームページで配布中なので、興味がある方はぜひダウンロードしてみてください。

Material Orgnizer

マテリアル&シェーディング

開発者	ひろきち	対応バージョン	3.6 4.0 4.1 4.2
価格	500円(支援版)	入手先	BOOTH

「Material Orgnizer」は、Blenderシーン内にあるマテリアルのうち、重複しているものをワンクリックで解消してくれるアドオンです。地味な機能ですが、とても便利に使わせていただいています。

Blenderでは、アセットブラウザーからアセットをシーンに追加したり、他のシーンファイルからオブジェクトをアペンドしてきた際に、マテリアルが重複してしまうことが多々あります。特に複数のマテリアルがある場合、「material.001」「material.002」…といった具合に、数字がどんどん増えてしまうのですが、それらは中身が同じなのに別のマテリアルとしてシーンに存在しているため、管理が面倒になってしまいます。そういった重複を解消してくれるのがこのアドオンです。

すでにシーン内にあるアセットを、他のblendファイルから再度アペンドした場合を考えます。
この場合、追加されたアセットにアサインされていたマテリアルと、元々シーン内にあったマテリアルが重複し、新たに追加されたアセットにアサインされていたマテリアルが"shell.001"というように、末尾に数字が追加された別物としてシーン内に取り込まれてしまいます A 。
これを解消するために、重複したマテリアルをすでにシーン内に存在していたものにアサインしなおす必要があるのですが、多数のオブジェクトにアサインされているマテリアルの場合、一つ一つオブジェクトを選択してマテリアルを削除していくのも大変です。
そんな場面でこの「Material Orgnizer」を使うことで、シーン内にある名前が重複したマテリアルを一括で一つのマテリアルにアサインしなおすことができます。
使い方は簡単で、シーン上でマテリアルを整理したいオブジェクトを選択し、3Dビューポートのオブジェクトから「マテリアル整理」を実行するだけです B 。
これにより、重複していたマテリアルが整理され、一つのマテリアルにアサインしなおされます。アサイン先がなくなったマテリアルには頭に"0"が追加され、どこにもアサインされていないマテリアルとしてシーン内に残ります C 。

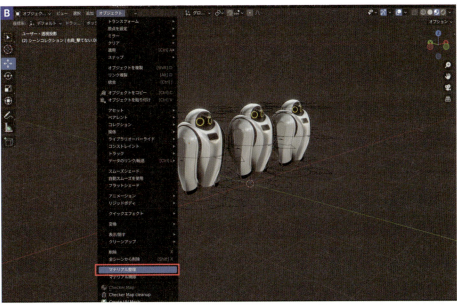

どこにもアサインされていないマテリアルはシーンから削除する必要があります。

アウトライナーの表示モードを「孤立データ」にすると、マテリアル以外にも、シーン内で使われていないデータを一覧で見ることができます D 。この状態で、右上の[パージ]ボタンを押すことで、未使用データをパージ(削除)することができます E 。

ちなみに、このアドオンは名前を参照して重複を判断しているのですが、名前が同じでも中身が違うマテリアルの場合、重複とはみなさないようです。

そのため、アペンドした後にマテリアルノードを自分で調整した場合でも、そのマテリアルが誤って消されてしまうということはありません。

他にも、このアドオンには「マテリアル掃除」という、オブジェクトで使用していないマテリアルをマテリアルスロットから削除する機能もあります。

この機能自体は、マテリアルスロット内の「未使用スロットを削除」という名前でBlenderにデフォルトで存在していますが、複数のオブジェクトに一括でこの操作ができないため、一つ一つオブジェクトを選択して未使用スロットを削除する必要がありました。

しかし、Material Orgnizerの「マテリアル掃除」では、複数オブジェクトに一括で未使用スロットの削除をすることができます。

アセットをアペンドしてきたり、オブジェクトの結合、分離を繰り返していると、マテリアルスロットが煩雑になりがちです。

見た目が同じマテリアルが複数存在していると、どのマテリアルがどのオブジェクトにアサインされているのかわからなくなってしまいますし、モディファイアやジオメトリノードを用いるときも、マテリアルスロットのインデックスを参照することがあります。そういった場合に、マテリアルスロット内が煩雑だとスムーズに作業を進めることができません。

マテリアルの整理ができるこのアドオンは、地味な機能ではありますが、アセットなどを多く使用するシーンでおすすめできるアドオンです。

TexTools

`UV展開`

開発者	renderhjs, SavMartin	対応バージョン	3.6 4.0 4.1 4.2 4.3
価格	無料	入手先	GitHub

「TexTools」は、UVエディターで使える便利な機能を追加できるアドオンです。

UV展開に関しては、Blenderのデフォルトの機能だけでは足りないことも多く、特にプロの現場ではこういったUV展開関連のツールを入れている方々を見ることが多い気がします。

このアドオンはその中でもメジャーで、プロの現場でも使われているアドオンです。

このアドオンを追加するとUVエディターのNパネルに「TexTools」というパネルが追加されます。UVレイアウトの機能以外にも、ベイクに関するものなど、たくさんの機能があるのですが、今回はその中でも特によく使う機能をご紹介します。

整列

「整列」では、選択した面、またはアイランドをUVエディター上で、水平、垂直に整列させることができます。細長い領域のUV展開をするような場面でよく活躍します。

また、複数の面やアイランドを整列させることができる機能ですが、プルダウンからキャンバスを選ぶことにより、UVエディター内の真ん中に面やアイランドを集めることも可能です。

「散らばった面やアイランドを真ん中に集めたい」というようなときに使っています。

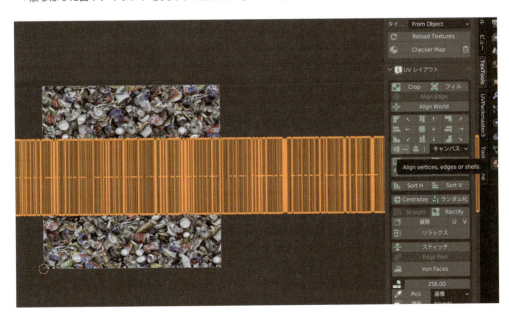

ランダム化

「ランダム化」では、その名の通り、UVエディター内で面やアイランドをランダムに移動・回転することができます。

この機能の便利な使い方として、例えば、大量の木材のモデルを一枚のリピートテクスチャで表現する場合、マッピングをランダムにばらけさせることで一枚のリピートテクスチャでも木目などを変えることができます A 。

そういった場合にUVエディターでアイランドをばらけさせる必要があるのですが、この「ランダム化」では多数のアイランドに対して一括でランダムにばらけさせることができます B 。

リピートテクスチャはリピート感が出てしまうのが欠点ではありますが、UV展開の仕方次第で軽減することができます。そういった点から筆者の制作には欠かせない機能となっており、このためにTexToolsを入れていると言ってもよいほどです。

 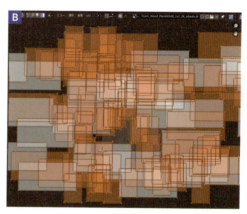

Rectify

「Rectify」は、選択したアイランドを長方形に整理する機能です。

例えば、円柱のような形に機械のようなテクスチャを展開する場合、円柱の側面にシームを入れて展開することが多いと思いますが、この状態で展開すると、扇形のような形に面が開かれてしまいます C 。この状態だとテクスチャも扇形に歪んだように展開されてしまい、機械っぽくありません D 。

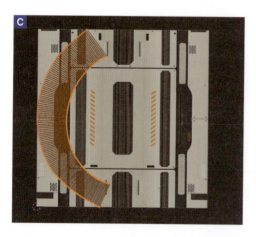 

そういったときにこの機能が役に立ちます。扇形に開かれてしまったアイランドを選択し、「Rectify」を実行することで、長方形に調整されます E 。

　これにより、円柱の側面も鉛直・水平が一定の状態で展開されるので、より機械的な印象に仕上げることができます F 。

 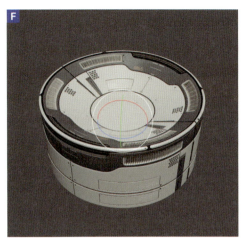

「CGアーティスト」が選ぶ おすすめアドオン

実務制作で役立つ！ 作品事例で学ぶアドオン活用術

Recommended add-ons by CG Artist

CGアーティストのフジモトタカシです。クリエイティブコレクティブ「OFBYFOR TOKYO」にアーティストとして所属し、主にファッションや広告のCG制作を手掛けています。最近ではプレイングマネジャーとして「Liryc」というCG特化のクリエイティブスタジオを立ち上げ活動中です。今回ご紹介するのは、Blenderでの制作経験を基にLirycで開発したアドオンです。アートワークや案件での活用を想定した作品を例に、メイキングを交えてアドオンの魅力をご紹介します！

Add-ons List

- Geo Primitive
- Chain Generator
- FALCON CAM
- Quick Fluid Kit
- Quick Lighting Kit

Liryc / OBF TOKYO - Fujimoto Takashi

東京を中心に活動する、クリエイティブコレクティブOFBYFOR TOKYO所属の3DCGアーティスト・レタッチャー。京都の芸術大学を卒業後、都内の写真スタジオに就職。その後、レタッチ会社・空撮映像会社を経て、2019年独立。現在は、培ったレタッチテクニックと独学で得たCG技術を掛け合わせたビジュアル表現を強みとして、ファッション・音楽・広告領域と幅広い分野で活躍。

Liryc / OBF TOKYO - Nakamura Saaya

ファッションエディターのアシスタントを経てCGの世界に魅了され、フジモトタカシ氏のアシスタントとしてキャリアをスタート。現在はクリエイティブスタジオ「Liryc」に所属するCGアーティストとして、ファッション、広告、VFXを中心に多彩なビジュアル制作を手掛けている。洗練されたセンスと独自の視点を活かし、幅広いジャンルで印象的なビジュアルを表現している。

Casestudy | Liryc / OBF TOKYO

Cinema 4Dライクにプロシージャルオブジェクトをワンクリックで生成！
Geo Primitive

`モデリング` `生成`

開発者 Liryc Creative Design Studio / OFBYFORTOKYO

対応バージョン 3.6 4.0 4.1 4.2
※2025年6月頃までに「4.3」対応予定

価格 $39〜

難易度

入手先 `Superhive`

このアドオンの特徴
- Cinema4Dライクにプロシージャルなアセットでモデリングが可能
- 42種類の拡張性無限のオブジェクトプリセット
- 7種類のフォトリアルでカスタム自由なマテリアル

どんな人にオススメ？
プロシージャルモデリングを気軽に試してみたい人。初心者から効率UPを求めるプロまで。

今回はプロシージャルオブジェクトを簡単に生成できるアドオン「Geo Primitive」を使った作品メイキングを紹介していきます。以下のリンクから完成動画にアクセスできますので、当メイキングをお読みいただく前にぜひ視聴してみてください。

`作品動画URL` https://youtu.be/Dth-ULIu1Bw

作品の構図を考える

　画面の真ん中にステージのような台座があり、中央に神秘的なオブジェクトのある祭壇のようなものを作っていきたいと思います。

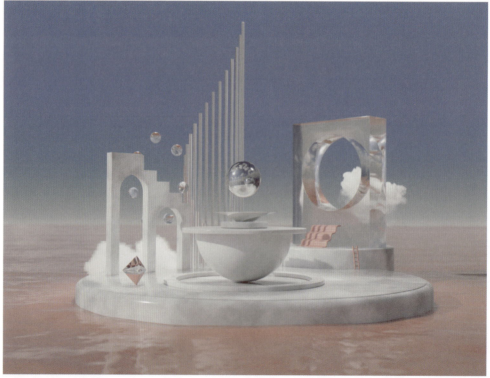

構図のイメージ画像

オブジェクトの生成

3Dビュー上で[N]キーを押してサイドバーを表示し、「Geo Primitive」を選択します。

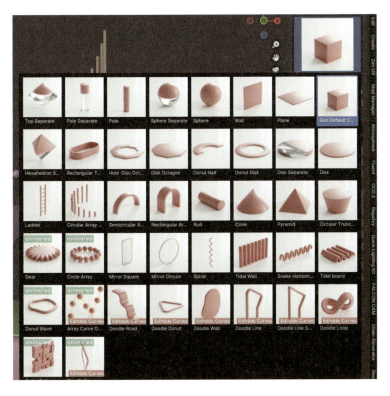

42種類あるオブジェクトから「Disk」を選択し、「Add」ボタンを押して配置したら、さらにその上に積み木のようにオブジェクトを積んでいきます。

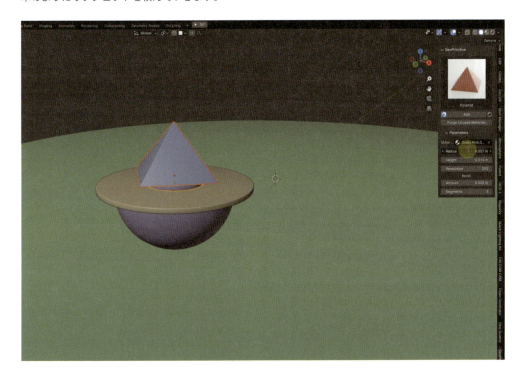

カーブでカスタマイズ可能なオブジェクト

アイコンに「Editable Curves」が付いているオブジェクトは、編集モードでカーブや頂点を編集することで自由にカスタマイズ可能です。試しに、「Doodle Road」を使い階段のステップ（段）を増やしてみます。

編集モードで頂点を選択し、[E]キーで押し出して階段を増やします。

編集前　　　　1段追加後

アニメーション付きオブジェクト

アイコンに「Animated」とあるオブジェクトはデフォルトでアニメーションが付いていて、速度や動きの幅などを調整可能です。

参考動画は以下からご確認いただけます。

作品動画URL　https://youtu.be/WfdkU3c6iNc

Column　標準アドオン「Align Tools」との組み合わせ

● 生成したオブジェクトを整列させる方法

環境設定から「Align Tools」を有効にして[N]キーでサイドバーを表示し、「Item」タブ内の「Position」＞「X」の上で右クリックして、「Add to Quick Favorites」でお気に入りに登録をします。「Y」「Z」「ALL」もそれぞれ同じようにお気に入りに登録します。

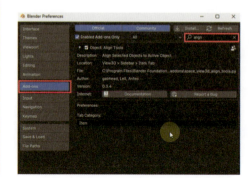

整列させたいオブジェクトを選んだあとに[Shift]キーを押しながら基準となるオブジェクトを選択し、さらに[Q]キーからお気に入りを呼び出して、先程登録した「X」と「Y」を押すと水平方向の中心に整列させることができます。

Column 標準アドオン「Bool Tool」との組み合わせ

● ブーリアンの方法

次の画像は、「Cube」に「Rod」を差した状態です。これを標準アドオン「Bool Tool」を使ってくり抜いていきます。

まずは、環境設定から「Bool Tool」を有効にします。「Bool Tool」を有効にしたら、"くり抜く"オブジェクトを選択し、次に[Shift]キーを押しながら"くり抜かれる"オブジェクトを選択します。その状態で[Ctrl]＋[−]（マイナスキー）を押すと、くり抜きが実行されます。

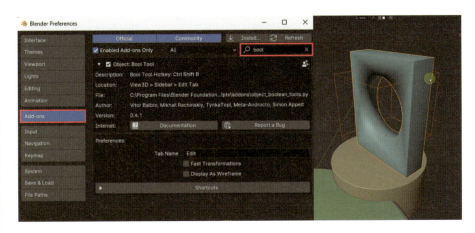

しかしこのままだとベベルが機能しないので、「モディファイヤ」タブの「ベベル」が一番下になるように順番を入れ替えます。ベベルを一番下にすると、ベベルが正しく機能するようになります。以下の画像はベベルの「Amount」を「0.032」にしていますが、ここはお好みで調整してください。

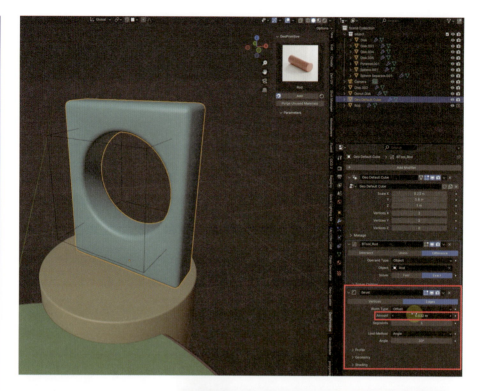

● ブーリアンの不具合の対処

1つのオブジェクトに対して複数のブーリアンをする場合、このようにノーマルがおかしくなることがあります。

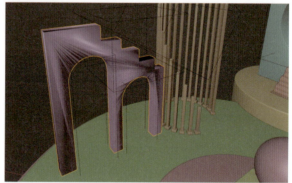

ノーマルがおかしくなった原因のオブジェクトを選択し、ブーリアンモディファイヤの[Self Intersection]をオンにするとノーマルが整います。

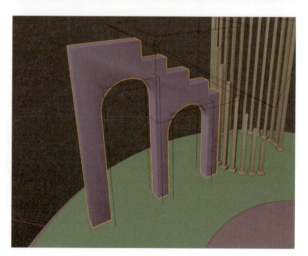

マテリアル

マテリアルのマークをクリックすると、7種類のプリセットマテリアルを使えるようになります。また、「Purge Unused Materials」ボタンは未使用のマテリアルを削除して整理することができます。

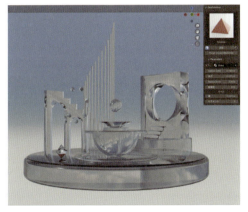

今回は「Marble White」をベースに、アクセントに「Dusty Pink」と「Glass」を使用しました。次の画像はマテリアル設定のビフォーアフターです。

 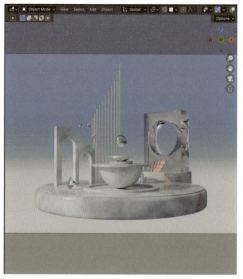

調整前 / 調整後

ライティング－Quick Lighting Kit

今回の作品では、晴天で夏のような太陽光をイメージしたライティングを組みたいと思います。ライティングアドオン「Quick Lighting Kit」でライティングのセットアップをしていきます。

[N]キーでサイドバーを表示し、「Quick Lighting Kit」を選択します。サムネイル画像をクリックすると、29種類のプリセットが出てきます。サムネイルに「animated」と書いてあるプリセットは、200フレームでループする木陰のゴボがセットになっています。

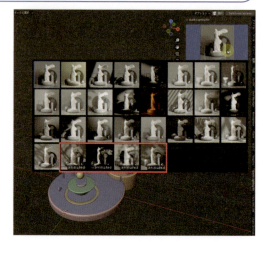

「Light Only」のチェックをオンにして「Generate」を押すと、ライトのみを生成できます。

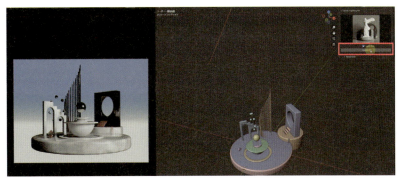

「Light Only」のチェックをオフにして「Generate」を押すとライトと合わせて、背景としての床と壁をセットで生成できます。

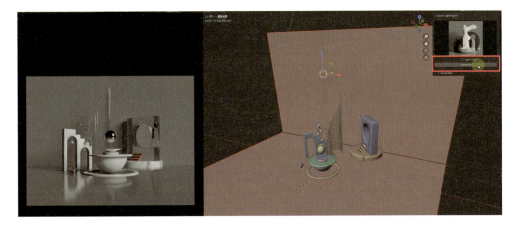

「Generate」→[Ctrl]+[Z]で戻る→「Generate」→「レンダリング」を繰り返して、手軽にライティングのバリエーションを比較しながら制作しました。バリエーションの検討過程で生成された画像をいくつか掲載します。

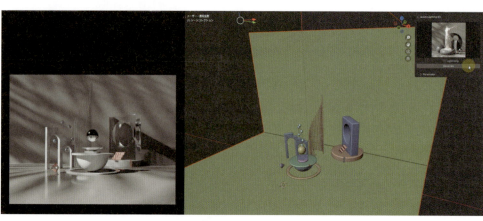

ライトの位置・回転、明るさ・色の調整

　生成したライトは標準機能の組み合わせなので、通常の操作で位置や回転などの調整ができます。次の画像は調整前/調整後の比較イメージです。調整前はライトが左にずれていましたが、オブジェクトにライトが当たるようにライトの角度を調整しました。

調整前

調整後

「Parameter」タブから、色と明るさを調整できます。今回は上から3段目一番左の「No.17」のライトとHDRIを組み合わせたライティングを使用することにしました。

作品のブラッシュアップ

画全体のディティールアップとして、オブジェクトの周囲にコーラルピンクの湖と、その中心から広がる波紋を波モディファイヤを使用して追加しました。

動画化ーコンポジット

書き出した連番素材はAfter Effectsに読み込み動画化しました。「Looks」で少しハイライトを強調したグレーディングにし、さらに「ビネット」でニュアンスを追加して空気感の演出を加えました。次の画像は、AfterEffectsで連番素材を並べて調整レイヤーでLooksを入れた状態です。

トーン調整のビフォーアフターです。

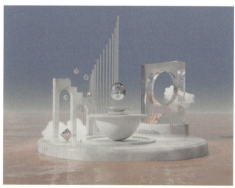

調整前

調整後

直感的に自由に操作できるカスタマイズ可能なチェーン生成キット！

Chain Generator

`モデリング` `生成`

開発者	Liryc Creative Design Studio / OFBYFORTOKYO
対応バージョン	3.6 3.7 4.0 4.1 4.2 4.3
価格	$25〜
難易度	🐵
入手先	Superhive

このアドオンの特徴
- 60個のフォトリアリスティックなチェーンパーツ
- ファッショントレンドを取り入れた20種類のフォトリアルマテリアル
- 現実世界のスケールに合わせてつくられたパーツ
- 無制限のカスタマイズを可能にするジオメトリノード
- Windows用のアドオン

どんな人にオススメ？
チェーンを利用したファッション小物の制作や、作品制作を楽しみたい人。

今回はこのアドオンを利用して、抽象的なイメージの作品を作ります。

オブジェクトの制作とレイアウトを考える

まず初めに、各パーツとオブジェクトの配置を考えます。

全体の画としては、抽象的なオブジェクトにチェーンが巻き付いている様子をイメージしました。各オブジェクトは「細胞」や「粘膜」を想起させるような形状イメージで、ジオメトリノードを利用して作成しました。

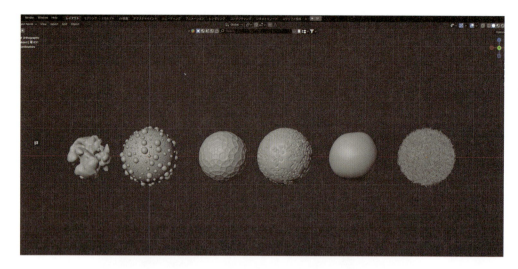

また、オブジェクトの味付け的要素として、p.330～331で紹介する「Quick Fluid Kit」の水しぶき部分を切り取り使用しました。

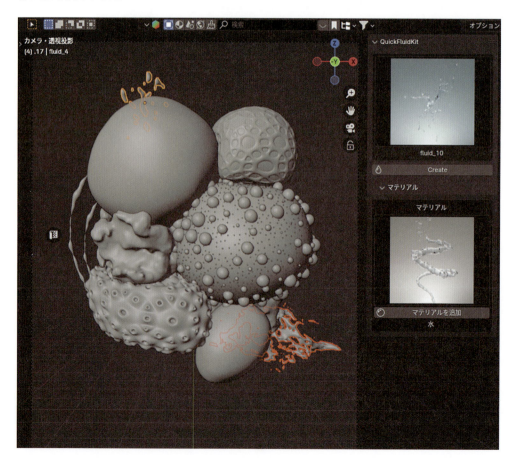

チェーンを生成する

[N]キーでサイドバーを表示し、「Chain Generator」を選択すると、次のようなウィンドウに切り替わります。

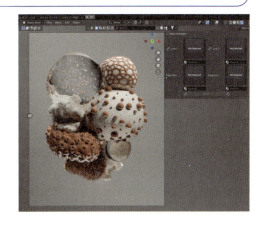

初期の設定はチェーンパーツが選択されていない「No selected」の状態になっているので、それぞれのアイコンをクリックしてリストを表示し、お好みのチェーンパーツを選択します。1種類のみでチェーンを作成したい場合は、「Link1」のパーツ以外はリストから「No selected」のアイコンを選択します。「チェーンパーツ」とチェーンの「エッジパーツ」はそれぞれ30種類あります。

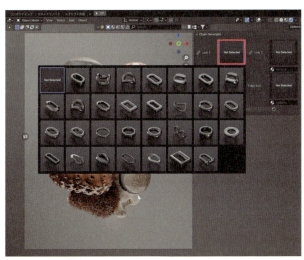

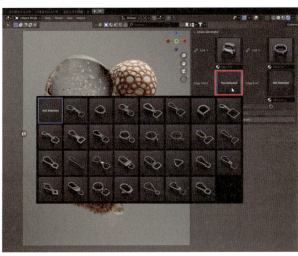

お好みのチェーンパーツを選択したあとはマテリアルを追加します。Chain Generatorに付属しているマテリアルは、タブの下部にあるマテリアルボタンをクリックすることで選択できるようになります。

マテリアルはチェーン系で利用しやすい金属系、プラスチック系、透過系の20種類が付属しています。

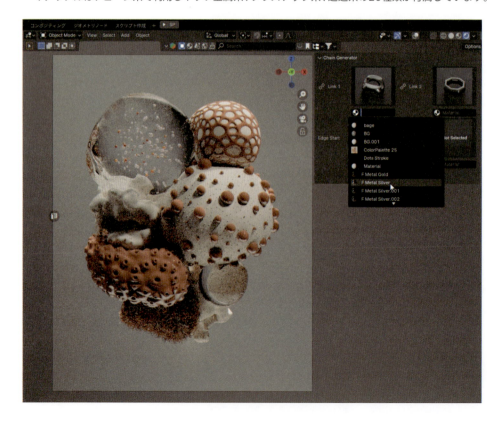

チェーンパーツとマテリアルの設定が終わったら、「Generate」を押してチェーンを生成します。

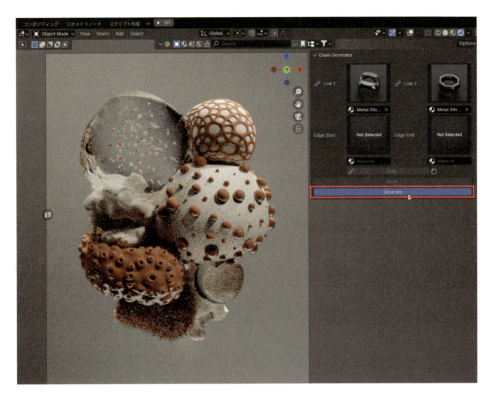

オブジェクトのサーフェースにチェーンを描きたい場合は、「Draw」を押すと、編集モードに入りメッシュ上でドラッグすることで表面にチェーンを生成することができます。

| Casestudy | Liryc / OBF TOKYO |

生成後はタブに各種パラメーターが表示されます。チェーンパーツのスケール、チェーンの長さ、間隔、回転など、様々な詳細を調節できます。

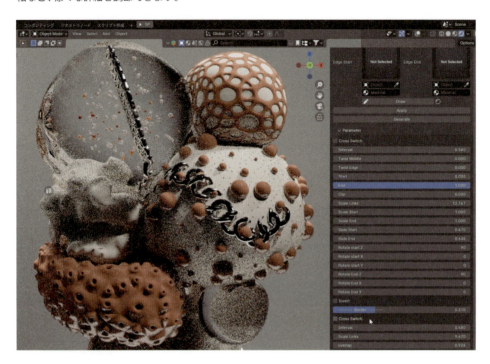

● パラメーターのご紹介

1. Cross Switch　　Link 1を1つ飛ばしで90度に回転の切り替え
2. Interval　　　　Link 1のチェーンの間隔
3. Twist Middle　　カーブの中心から回転
4. Twist Edge　　　カーブの端から回転
5. Start　　　　　始まりの位置をトリミング
6. End　　　　　　終わりの位置をトリミング
7. Clip　　　　　両端からトリミング
8. Scale Links　　Link 1のサイズ調節
9. Scale Start　　Edge Startのサイズ調節
10. Scale End　　　Edge Endのサイズ調節
11. Slide Start　　Edge Startの位置をスライド
12. Slider End　　Edge Endの位置をスライド
13. Rotate Start Z　Edge StartのZ軸回転
14. Rotate Start X　Edge StartのX軸回転
15. Rotate Start Y　Edge StartのY軸回転
16. Rotate End Z　　Edge EndのZ軸回転
17. Rotate End X　　Edge EndのX軸回転
18. Rotate End Y　　Edge EndのY軸回転
19. Invert　　　　　カーブの始まりと終わりを反転
20. Border　　　　　Link 1とLink 2の境界の調節
21. Cross Switch　　Link 2を1つ飛ばしで90度に回転の切り替え
22. Interval　　　　Link 2のチェーンの間隔
23. Scale Links　　 Link 2のサイズ調節
24. Overlap　　　　 Link 1との間隔調節

各種パラメータについては、YouTubeのチュートリアルでもご紹介しています。

作品動画URL
https://youtu.be/Jg8J7RUZaVk

生成後も、チェーンパーツの変更やマテリアルの変更が可能です。

　また、自分で制作したオブジェクトをスポイトで選択して、チェーンパーツとして利用することも可能です。豊富な種類があるので、色々なパーツを試して印象の変化を楽しむことができます。

　今回は1種類のチェーンパーツのみにして、マテリアルは「Metal Silver」をベースに、ライティングに合わせてカスタマイズして利用しました。「Metal Silver」のシェーダー内に入り、光沢BSDFとシェーダーミックスノードを追加。シェーダーミックスノードの係数にフレネルノードを繋ぐことで、エッジの光沢感を強調して存在感が出るように調節しました。

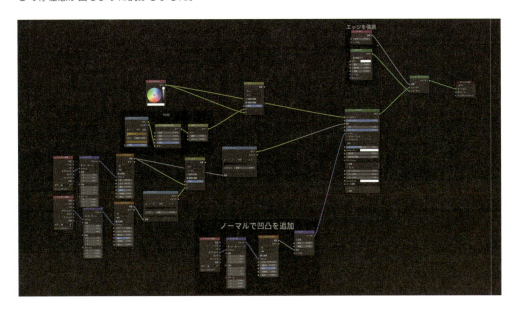

ライティング －Quick Lighting Kit

　ここでも、p.310の「Geo Premitive」のメイキングで詳しく紹介しているライティングアドオン「Quick Lighting Kit」を使用して、ライティングを組んでいます。仮のライティングを作りたい場面でも、Quick Lighting Kitがあればすぐに組むことができます。

　今回の制作でもオブジェクトのレイアウト段階でライティングを追加して、レンダービューでレンダリングの雰囲気をつかみながら制作を進めました。

最終的なライティングは、以下に決めました。

少しダークな雰囲気に仕上げるために、背景は真っ黒に。バックシートに当てるライトの色もオブジェクトのトーンに合わせて赤系の色味にしてグラデーションを追加し、奥行きを感じるライティングにしています。

ブラッシュアップ

最後に、オブジェクトのデザインや配置の再検討と調節を繰り返して、理想的なビジュアルに整えていきます。Blenderでレンダリングしたあとは Photoshopでノイズ、収差、シャープ、コントラスト、トーンなどの効果を追加して、現実的な写真に近づけます。オブジェクトの"生っぽい質感"を出して、強い印象にすることを意識しました。

左がBlenderのレンダリング画像で、右がPhotoshopで加工後の画像です。

加工前

加工後

ワンクリックでスピード感と迫力のあるカメラワークをつけられる！

FALCON CAM

カメラ

開発者　Liryc Creative Design Studio / OFBYFORTOKYO

対応バージョン　3.6　4.0　4.1　4.2　4.3　　価格　$9〜　　難易度　　入手先　Superhive

このアドオンの特徴
- スピード感と迫力のあるカメラワークをワンクリックで作成
- 18種類のカメラプリセット
- カメラの動きと速度をカスタマイズ
- フォーカスとカメラの方向を個別に制御
- 標準機能の組み合わせなので軽快で安定の動作

どんな人にオススメ？
作ったモデリングに、サクッとカメラワークを付けて確認したい人。

今回、車の広告風動画の作品を「FALCON CAM」を使って作成します。以下のリンクから完成動画にアクセスできますので、当メイキングをお読みいただく前にぜひ視聴してみてください。

作品動画URL　https://youtu.be/No2K6TCSkP0

動画の構成を考える

まずは、カット数と大まかなカメラワークをイメージします。今回は全部で6カットの構成にしています。

- **CUT 1**　OP　ゆっくり寄る
- **CUT 2**　ヘッドライト　寄り
- **CUT 3**　斜め上から
- **CUT 4**　フロントから　映り
- **CUT 5**　自由に車の周りを飛ぶようなカメラワーク
- **CUT 6**　ED　ゆっくり引いていく

次に、空間が一番見える「引きの画角」で空間のモデリングをしていきたいので、一番引きの画角の「CUT1」のカメラを作ります。

3Dビュー上で[N]キーを押してサイドバーを表示し、「FALCON CAM」を選択します。プリセットから「48Frames」を選択し、続けて「Dolly in」を選びます。

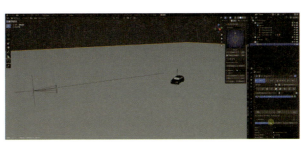

1つのカメラセットにつき、以下の4つで1セットになっています。

① 軌跡コントロール用カーブ
② フォーカス用エンプティ
③ ターゲット用エンプティ
④ アニメーション用エンプティとその子にカメラ

ライティング －Quick Lighting Kit

　四角くブーリアンでくり抜いた天井から光が差し込むようなライティングにします。ライトは、p.310「Geo Premitive」のメイキングで詳しく紹介しているライティングアドオン「Quick Lighting Kit」を使用して、ライティングのセットアップをします。

　今回はサンライトのライティングセットを使用しました。ライティングの知識がなくてもワンクリックでセットアップすることができ、サイドタブでライトの明るさや色を調節できるのでとても便利です。車の上にはフォグが漂う雰囲気を出したかったので、Volumeシェーダーを適用した立方体で空間を埋めます。レンダラーは今回速さとフォグの質感の良さを決め手として、EEVEEでレンダリングすることにしました。

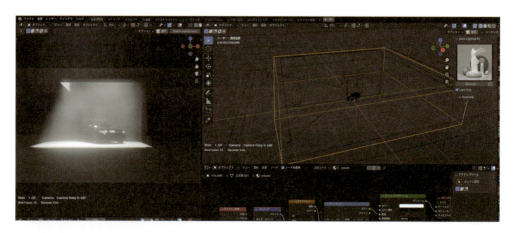

カメラ設定

同じようにして、CUT2～6のカメラも作成していきます。

CUT2　　　CUT3　　　CUT4　　　CUT5　　　CUT6

軌跡の編集

すべてのカメラにセットで入っているカーブは「編集モード」で編集可能です。

例えばCUT3の「Dolly out to in」はデフォルトだと直線の軌跡ですが、車を回り込むようにカーブを編集しました。

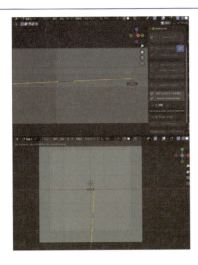
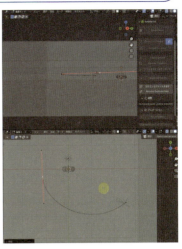

被写界深度の設定

サイドタブの「Depth of field」のチェックをオンにすると被写界深度を付けられます。ボケ具合調整のF値の設定もサイドタブにあります。

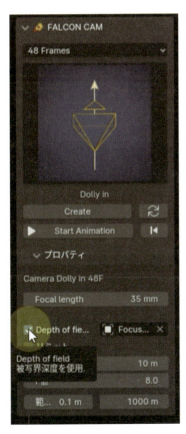

フォーカスポイント

フォーカス用エンプティを選択します。Blender画面上部から、「面にスナップ」をオンにして、オブジェクトの上をなぞるように動かすと、フォーカス位置をオブジェクトの表面に置けるので便利です。

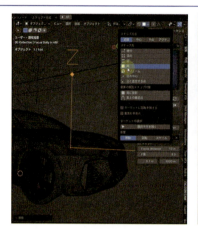
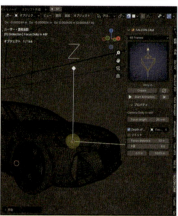

ターゲット位置設定

ターゲット用エンプティでカメラの向きをコントロールできます。

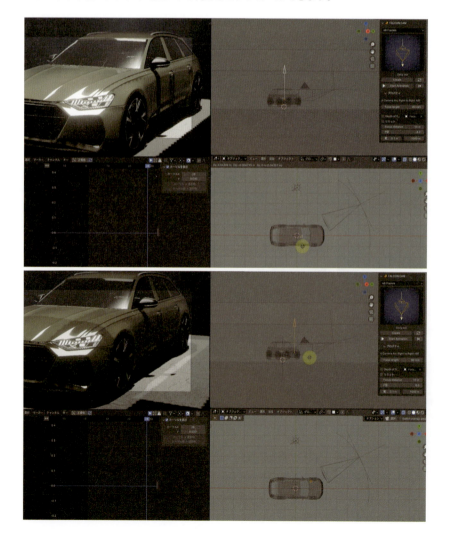

アニメーションカーブ調整

デフォルトのカーブは始まりと終わりのスピードが早くて間がゆっくりなアニメーションを付けています。CUT1のカメラでは、よりスピード感のあるオープニングになるようにカーブを調整しました。

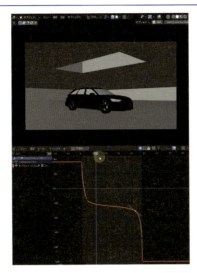 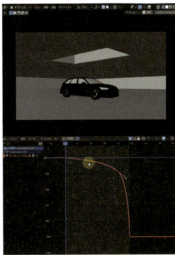

ショット管理　レンダリング

ショットの管理にはいつも「Shot manager」アドオンを使用しています。

1つのビューレイヤー上で、「複数カメラの切り替え」「カメラごとにレンダリングフレーム範囲を設定」「カメラごとに違うレンダラーを設定するバッチレンダリング」など、多機能で便利なショット管理アドオンです。

今回もこちらを使用してEEVEEで一括レンダリングをしました。

動画化ーコンポジット

書き出した連番素材はAfter Effectsに読み込み、動画化しました。オープニングとエンディングに「FALCON CAM」のロゴを入れて、ループするように編集。Looksで少しハイライトを強調したグレーディングにし、さらにビネットでニュアンスを追加して空気感の演出を加えました。

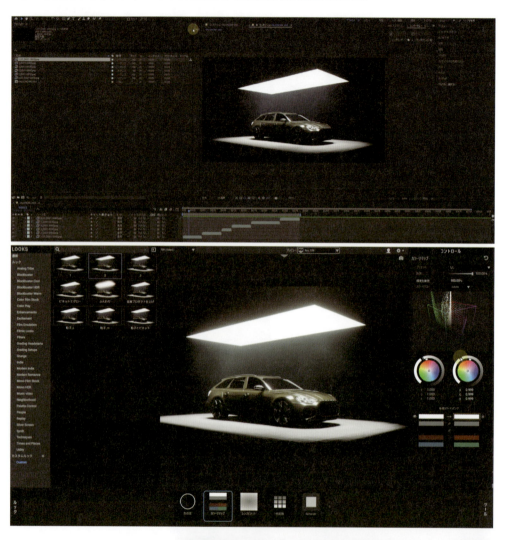

車のカラーはいくつか悩みましたが、最終的には黒背景に映えるイエローにしました。

ワンクリックでFluidアニメーションを追加できるプリセット！

Quick Fluid Kit

開発者	Liryc Creative Design Studio / OFBYFORTOKYO
対応バージョン	3.6　4.0　4.1　4.2　※2025年6月頃までに「4.3」対応予定
価格	$25〜
難易度	★
入手先	Superhive

このアドオンの特徴
- 29種類のFluidオブジェクト
- 13種類のフォトリアルなマテリアル
- シミュレーション無しでFluidの追加が可能

どんな人にオススメ？
シミュレーション無しで手軽にFluidアニメーションを作品に取り入れたい人。

「Quick Fluid Kit」は、物理演算のセットアップが不要なうえに、含まれている流体は汎用性のある形なので、様々なプロジェクトで気軽に使用することができるアドオンです。

今回は化粧品の広告風ビジュアルのメイキングを例に、使い方をご紹介します。

化粧品オブジェクトと流体のレイアウトを決める

　3Dビュー上で[N]キーでサイドバーを表示し、「Quick Fluid Kit」を選択します。Quick Fluid Kitでは、このサイドタブから各種流体を簡単に追加することができます。

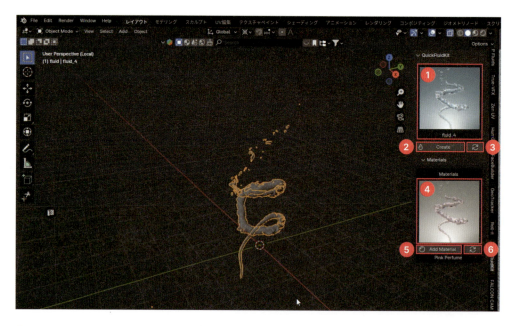

❶アイコンをクリックすると、20種類の流体アニメーションが表示されるので、追加したい流体を選択します。
❷「Create」ボタンを押すと、3Dビューに①で選択した流体が追加されます。

❸サムネイルのリロードボタンです。アドオンをインストール後、最初の1回だけクリックして、サムネイルをインストールします。
❹アイコンをクリックすると、13種類のマテリアルが表示されます。
❺マテリアルを追加したいオブジェクトを選択した状態で「Add Material」ボタンを押すと、マテリアルを適用できます。
❻マテリアルのリロードボタンです。

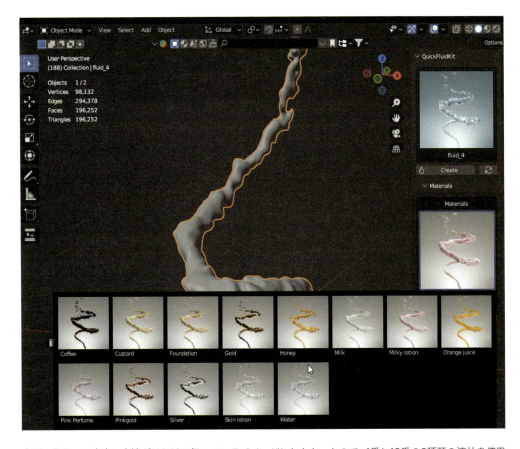

今回の作品では空中に水流がはじけて舞っているイメージにしたかったので、1番と13番の2種類の流体を使用しました。

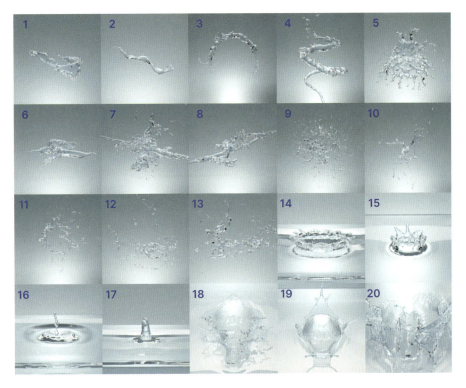

流体アニメーションの開始位置はモディファイアの「Frame offset」の数値を動かすことで調節できます。

オブジェクトにFluidkitのマテリアルを追加する

　Quick Fluid Kitには水、コーヒー、牛乳、乳液など、流体によく使用されるマテリアルが13種類含まれています。流体にはデフォルトで「Water」マテリアルが適用されています。

　今回の作品では「Water」マテリアルをベースに、シェーダーノードをカスタマイズしました。
　このマテリアルは流体以外のオブジェクトにも適用できるので、ボトルの蓋には「Silver」マテリアルを使用しています。

ライティング−Quick Lighting Kit

「FALCON CAM」と同じく、ここでもp.310の「Geo Premitive」のメイキングで詳しく紹介しているライティングアドオン「Quick Lighting Kit」を使用して、ライティングを組みます。

今回は2種類のライティングセットを組み合わせました。

レンダリング／コンポジット

レンダリングでは、ボトルと背景を別レイヤーとして出力し、その後Photoshopで2枚を合成しました。

ボトル　　　　　　　　　　　背景

Photoshopでは仕上げの作業としてノイズ、シャープ、コントラストを追加しています。最終的な仕上がりはこのようになりました。

Casestudy | Liryc / OBF TOKYO

完成イメージ

「アニメーター」が選ぶ おすすめアドオン

2D×3D×VRを駆使してアニメ制作を変えちゃうキット！

筆者がアニメ制作に偏っていますので、解説内容もアドオンの部分的な利用の仕方や、偏った説明になる部分がある旨、あらかじめご了承ください！アニメのお仕事をメインでやっている視点で各アドオンを紹介しますので、ぜひアニメ制作にお役立てくださいませ！！

Add-ons List

- Freebird XR
- NljiGPen
- GP Animator Desk
- VirtuCamera
- fSpy
- AnimAll
- Wiggle 2

りょーちも

2000年代初期に夜間の専修学校で学んだHTMLでイラストHPを作り、それが縁で2Dアニメ業界にスカウトされてアニメーターやキャラデザや監督をやり始めたクリエーター。
その後3DCG業界に移籍したり、2D／3Dを複合して個人作家になったり、作り方を開発して遊ぶ研究者。

Casestudy | りょーちも

プレビズ／レイアウト／3Dアニメーション工程用

Freebird XR

| インターフェイス | Grease Pencil | ペイント | スカルプティング | VR |

開発者　Freebird XR

対応バージョン　3.6　4.0　4.1　4.2　4.3　　価格　無料　　入手先　開発者サイト

　何するアドオン？　こちら、BlenderでVRするアドオンです。「そんなの他にもあるじゃん」と思うなかれ、こちらの「Freebird XR」というアドオンはガチVRアプリを参考に作られています！！

　VRでものづくりできるアプリとして有名な「GravitySketch」「Tilt Brush」「Tvori」などを参考に開発が現在も続いています。開発中ゆえ、バージョンごとに不安定な所もありますが、じわじわと進化していて将来が楽しみなアドオンです。

VRの空間内で数パターンのプリミティブなモデルが作成できる機能があったり、

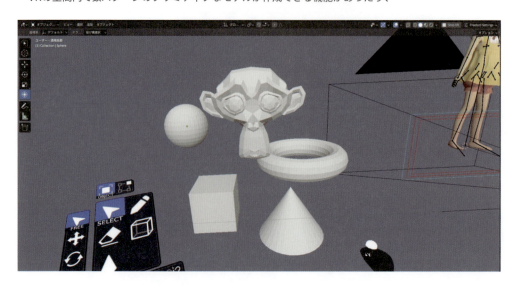

線画を描く機能もついています。(線画ツールがいくつかあるのですが、動かないのもあります…！)

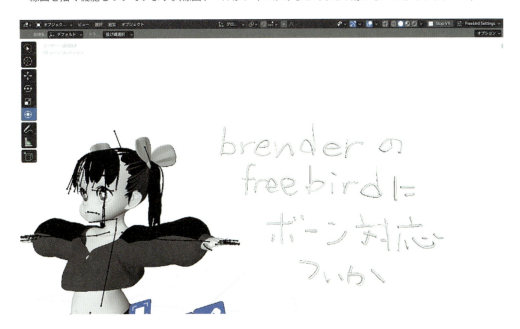

アップデートで、ついに左右や上下前後のシンメトリーで絵が描けるようになりました。
これで「GravitySketch」の様にVRでキャラ作りができます。

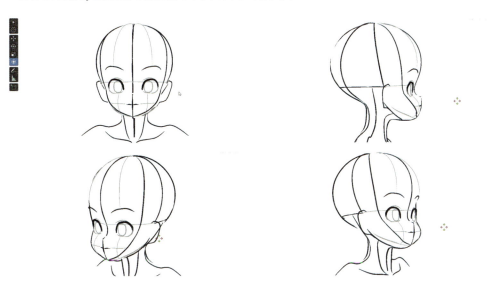

　何より便利なのがボーンを動かせます！！　これによって、セットアップされてないモデル(ただ骨の入っただけの細かい操作系の入ってないモデル)でも人形遊びするような感覚でポーズが作れます！
　今回のアップデートでタイムラインに動かすだけでキーフレームが打てるようになりました！　Blenderの空間内に入ってポーズを付けると、本当に人形を動かしているような感覚で作れるのでできればみなさんも体験して欲しい感覚です。

| Casestudy | りょーちも |

使い方

VRゴーグルが必須です！ごめんなさい。PCVR状態になったらば、3D画面右上にある「Start VR」を押せば開始されます。

VRゴーグルの機種によって若干操作が変わると思いますが、基本は次の通りです。

- 人差し指のトリガーが選択やグラブ
- 中指のトリガーが空間移動
- 左右のコントローラーの中指を同時に押すと空間の拡縮
- オブジェクトを選択しながら両コントローラーの中指のトリガーを押せばオブジェクトの拡縮

その他設定関係は、右隣の「Freebird Settings」ボタンを押すと出てきます。ここでは覚えておくと便利な3つの項目をピックアップして紹介します。

❶「Screencast VR view」にチェックを入れれば、現在VRで見ている映像が3D画面の場所に表示されます。

❷コレクションを指定しておくと、VR内で作ったオブジェクトが自動的に指定したコレクションの中に配置されます。あとでアウトライナーが散らからないので便利です。
（注意：存在しないコレクションを指定すると何も描けなくなります）

❸ここで左右のコントローラーの中身を交換できます。左利きの方などは変更してお使いください。他はスルーします。

VR内のパネルの説明

こちらもよく使う機能を簡単に紹介します。

● キーフレーム

　ストップウォッチのマークをオンにすると、キーフレームが打たれるようになります。
　フレームの移動はデスクトップ側で調整のようです（サブパネルは特に出ませんでした）。

● ミラー

　このマークをオンにすると任意の面（XYZ）でのシンメトリーでものが作れます。

● オブジェクト／編集／ポーズ

　こちらはオブジェクト／編集／ポーズのそれぞれのモード切り替えです。基本はセレクトボタンにしておいて、任意のモデルなどを選択していきます。

● ペン

　パスの線画ツールを選択するとサブパネルが現れます。一部動かないペンもあります。

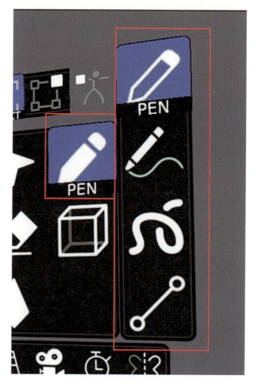

シンメトリーを「X」でオンにして描くと、あっという間に左右対称の顔などが描けます。

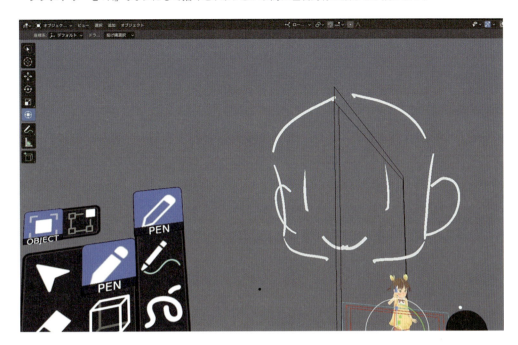

● シェイプ

プリミティブのプリセット作成ツール。サブパネルが右側に現れて簡単な図形をすぐに作成できます。

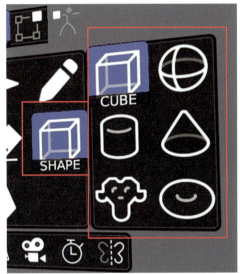

● ポリゴン・ブラシ

こちらは線を引く感覚で面が作れる便利なツールです。VRのアプリで割と見かけます。

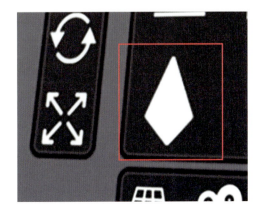

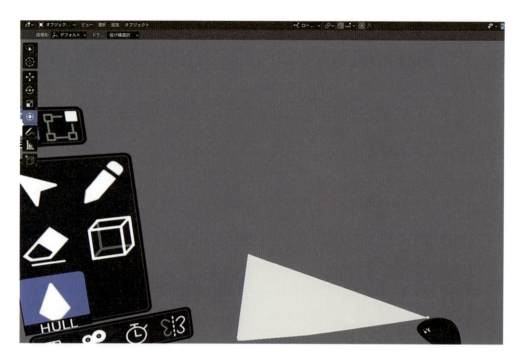

　平面だけじゃなく立体にすることもできます。部屋みたいな図形や簡易な立体などを秒で作れるので、簡単なセットとかを考えるのにすごく便利です。

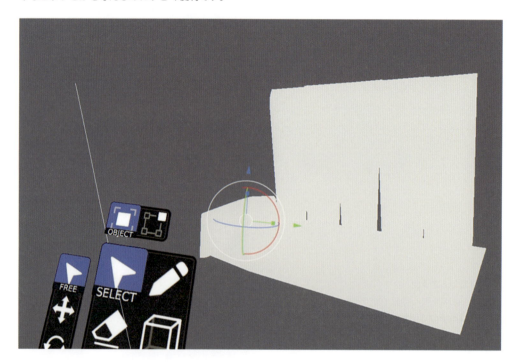

もちろん編集モードがありますので、後付けで編集ができます。
編集モードで扱えるツールも割とありますのでVR内でモデルの編集も可能です。

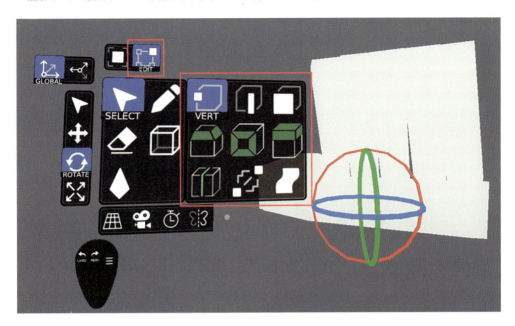

● 消しゴム
　これを選んでいる時に右のコントローラーで選んだものを削除できます。

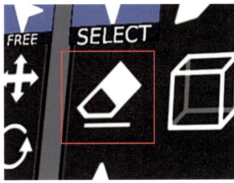

　この赤い部分で消していきます。

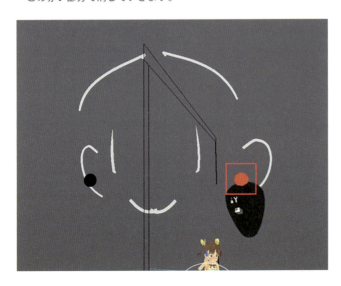

コントローラーの説明

左右のコントローラーに機能がついています。

左コントローラーは「アンドゥ」「リドゥ」「ツールパネル」。右コントローラーはデフォルトだと「QUICKTOOLS」(セレクトと消しゴム)です。

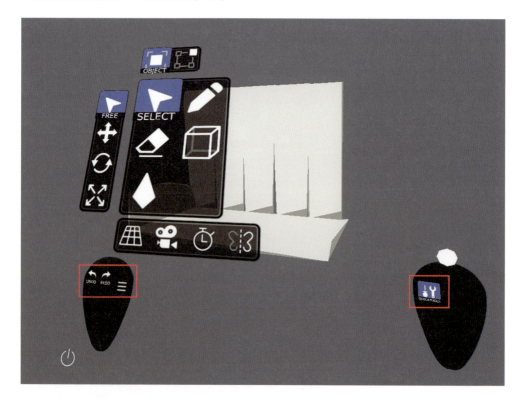

何かオブジェクトを選んだ状態だと右コントローラーに「CLONE」ボタンが追加されます。オブジェクトを複製できます。

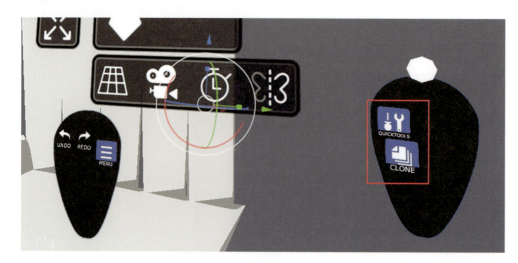

また、ストップウォッチ（「KEYFRAME」）のボタンをオンにしている間は「ADD FRAME」のボタンに切り替わります。現在の尺（カレント）のフレームに新しくキーフレームが追加されます。

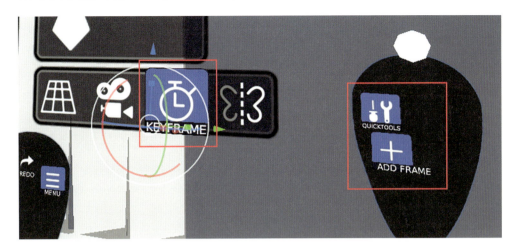

　アニメ制作でのプレビズ作業もVRでできるので大幅に時間を短縮できます。また、動きの精度も上がると思います。
　現在も進化していますので、今後インターフェイスも更に変わっていくはずです。

Casestudy | りょーちも

GP作画の仕上げ工程用

NijiGPen

`モデリング` `Grease Pencil` `イラスト`

開発者　Chaosinism

対応バージョン　3.6　4.0　4.1　4.2　4.3　　価格　無料　　入手先　Github　Gumroad

　こちらのアドオンはアニメ制作の後で発見して、どうしてプロダクションで使えなかったのかと後悔したアドオンです。

　2Dアニメの制作で色を塗る工程を仕上げといいます。この仕上げ作業は動かした絵一枚ずつを塗っていくカロリーの高い作業になります。その部分の効率を上げる便利ツールとして「NijiGPen」は本当に大活躍します。

　現段階のBlenderの標準機能のグリースペンシルのバケツツールの性能はあまり高くはなく、他のアニメーション制作ソフトのバケツツールに対してもクセが強くてスタジオから「これでは塗り作業はBlenderではできないので他のソフトでやりたい」と言われていました。

> NijiGPenを使えば仕上げ作業が効率的になります！

　今回は標準のバケツツールよりすごい所を紹介します。簡単に言うと、ピピッと塗った所を塗りつぶしてくれる機能です。

アドオンをインストールし有効化すると、3Dビューのウィンドウ右端に並ぶ各アドオンタブの中に「NijiGP」という名称のタブが追加されます。こちらのタブを選択してもらうとタブの横に設定パネルが現れます。

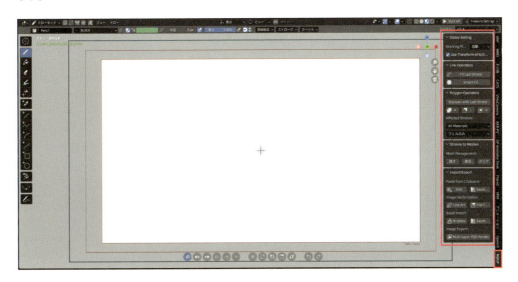

すでにここだけでいっぱい機能があって迷ってしまいますが、今回は「Smart Fill」という機能を使います。「Smart Fill」のボタンを押すと右の画像のようなパネルがポップアップされます。

使い方

一番右に色の塗ってあるキャラがいますが、こちらは色の参考用として一度描いた絵です。この色の塗ってあるキャラと同じ仕上がりを目指してみましょう。

画面真ん中に2Dアニメでよく見る「実線画＋色トレス」で描かれたキャラクターの絵があります。

線画は一つのレイヤーに描かれています。

今回は「LO_A」（レイヤー名は何でもいいよ）に線画を描いてみました。

塗りを描きたいレイヤーはその1つ下の「--LO--」にしようと思います。

ヒントレイヤーというのを作っておいて、そのレイヤーに何色で塗りつぶしたいかを描き込みます。今回は一つ上「--GE--」にします。

「Smart Fill」のポップアップの部分に先程のレイヤーをそれぞれ登録し、「OK」ボタンを押せば自動的に塗られます。

| Casestudy | りょーちも |

　ヒントレイヤーへの塗色指定はカラー属性でぱぱっとスポイトして（画面上の水色になっているカラーパレットタイルの直上で「S」キーでスポイト）、塗りたい色を指定していきます。
※色を一つずつマテリアル作成する作業は不要です。

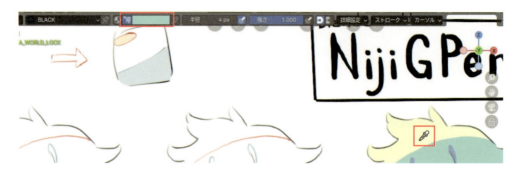

　塗りに指定したレイヤーの指示に沿って自動的に塗られた絵ができます。かなり簡単に塗っていけます。

　しかも、GPのマテリアルの項目を見ると、先程スポイトして色を決めた部分がマテリアルの色として一つずつ登録されています。

これにより、「カラー属性で色を作ってしまって、後で色替えできない」という問題も自動的にマテリアル化しているという形で解決してしまいます。

これはプロダクションだととても助かる機能になります。なので次回仕上げ作業はこの機能も使っていこうと思っています。

余談ですが、GPのレイヤーをPSD形式で書き出す機能も入っています（レイアウト・原図の書き出しや他のソフトとの連携などにも使えそうです）。

番外編：GP magnet strokes

もう一つ、NijiGPen以外で仕上げ作業に使っていたアドオンも余談として簡単に紹介します。このアドオンは塗り漏れの隙間をマグネットのようにくっつけてくれるアドオンです。

簡単な例として、まずは線に対してアバウトな塗りをします。

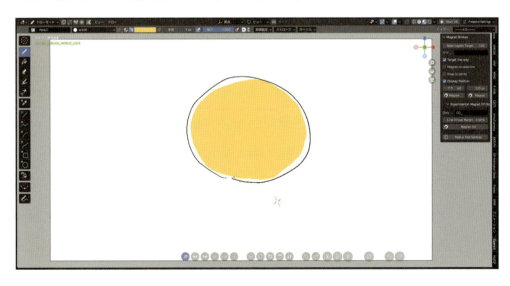

351

この状態で「Magnet」ボタンを押すと、線に対して塗りの面がフィットします（最後に描いたストロークがフィットします）。

一度にフィットしづらい場合などは、左隣の「Magnet Brush」ボタンを押してもらうと、ブラシで一部だけをフィットさせることもできます。上手く使い分けて調整します。

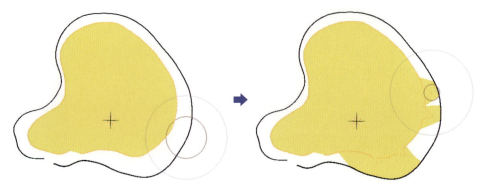

ただし、マグネットのフィット先の線が空間に適当に描かれている場合は、カメラから見た時にフィットしているように見える位置に描かれます。これは線が後ろの灰色のモデルの表面に沿って描かれています。塗りはマグネットでフィットさせたものです。

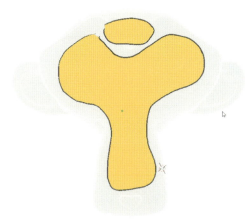

違う角度から見ると塗っている面は線と違う位置に描かれます。ちょっと不便です。

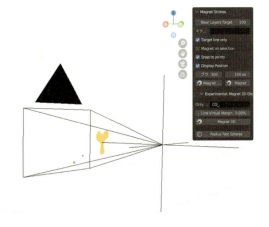

そんな時は、グリースペンシルのクリーンアップ内に標準搭載されている「ストロークの再投影」という機能がおすすめです。

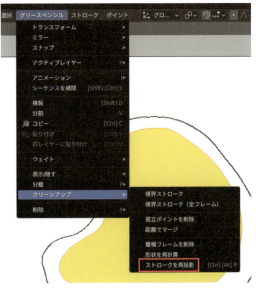

種類は「ビュー」または「サーフェス」、これを押してもらうと現在の視点からモデルの表面に見た目そのままに転写されます。

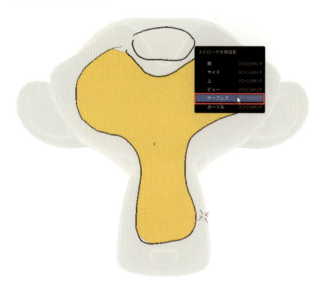

こういった機能を併用して作業していきます。塗りの工程もBlenderでできるようになってきました！

GP作画の原画・動画工程用

GP Animator Desk

開発者	Calm Dude			
対応バージョン	3.6 4.0 4.1 4.2	価格 $16	入手先	Superhive

このアドオンはアニメーション支援ツールです。割とずっと使っています。簡単に紹介します。

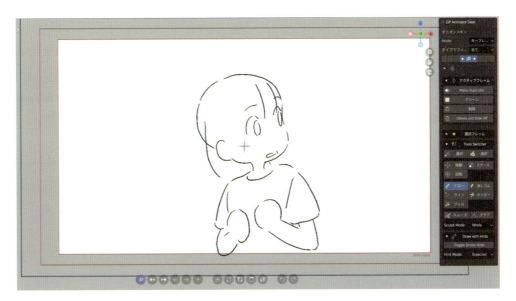

　3Dビューの下部に操作ボタンが追加される点と、モードをまたいで必要ツールをサッと呼び出せる点がおすすめポイントです。絵を描く時は「ドローモード」、絵を調整する時は「編集モード」、絵を歪ませたりこねたりする時は「スカルプトモード」と、色々またいで使うので必要ツールがまとまっているのは便利です！加えて、オニオンスキンの表示枚数や、色替えなどもすぐに調整できるのも便利です。

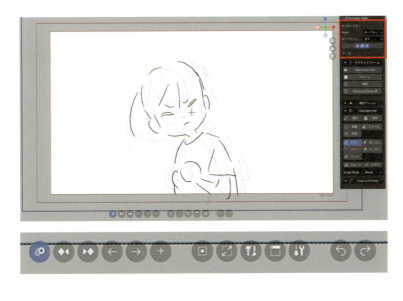

機能紹介

それでは、3Dビューの下部にあるアイコン群を一気に紹介していきます！

● オニオンスキン表示のオン／オフ

切ってるかどうかを一瞬で判断できるので地味に便利です。

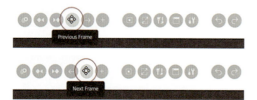

● フレーム移動

こちらもショートカットで［→］と［←］を割り当てていると使わないかもです。

● 3Dビューの最大化

ショートカットで［Ctrl］+［Space］でもできますが、「さて描くぞ！」って気分上げに押します。

ドンっと画面が大きくなるので描く気が出ます。

● キーフレームジャンプ

描いた絵のフレームにだけ飛ぶので便利です。ショートカットで［↑］と［↓］を割当てておけばあまり使わないかもです。

● 新規空のキーフレーム作成

そんなには使わないですね。

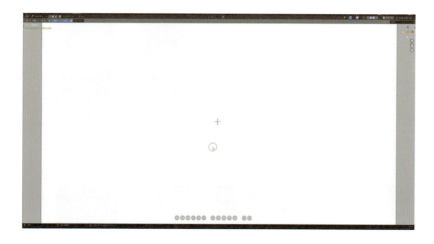

● 表示リセット

カメラ視点を画面中央に戻すことができます。

適当なサイズで作画していて、全体把握したい時などに押します。

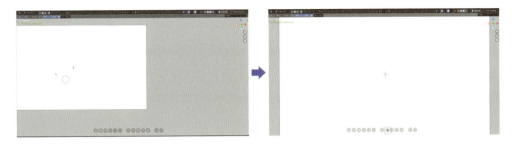

● 左右のツールパネルの表示／非表示を切り替え

ショートカット「T」と「N」のことですね。あまり使いませんが、アニメーターさんとかショートカットいっぱいあって辛いという方にも便利な表示になっています。

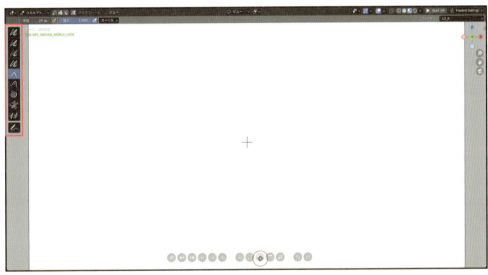

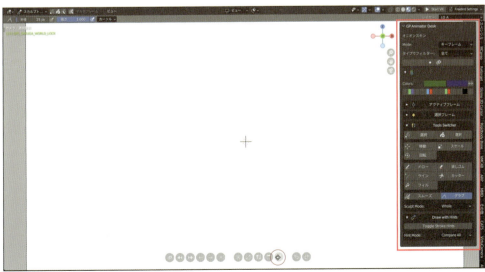

357

● 3Dビュー上部のバーの表示／非表示を切り替え

このボタンは便利です。3Dビューの上の表示の部分が邪魔な時にここを押すと畳んでくれます。

【通常時】

【1列非表示】

【完全に非表示】

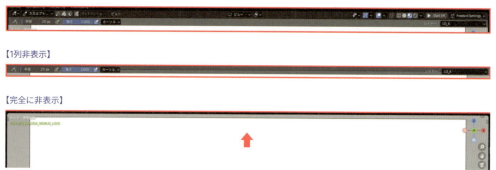

● アンドゥ／リドゥ

説明は不要かと思いますが、直前の操作を取り消して以前の状態に戻したり、アンドゥで取り消した操作を再度実行したりする機能です。

以上、サラッと便利なアドオンのご紹介でした！

プレビズ・レイアウト工程用

VirtuCamera

カメラ　カメラ演出　外部連携　iOS

開発者　Pablo Javier Garcia Gonzalez

対応バージョン　3.6　　　価格　無料　　　入手先　Github

このアドオンはiPhoneをBlenderのカメラにしちゃうアドオンです。内容はシンプルなので使っている所を紹介します。

Blender側でアニメーションだけついたキャラクターを用意します。さらに、まだ何もモーションのついていないカメラも用意してから、アドオンの設定を開始します。

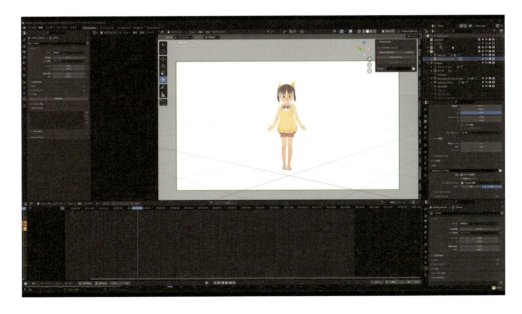

3Dビューの右のタブの中から「VirtuCamera」を選びます。

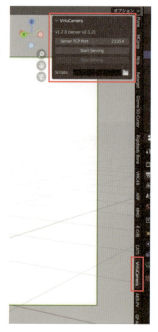

「Start Serving」を押してiPhoneと連動させます。

QRコードが表示されるので、iPhone側のアプリで読み取ります。接続するまでPC側は待機します。接続の条件としては、PCとiPhoneが同じWi-Fi上にあることです。

また、iPhone側でこのアプリを購入しておく必要があります。アプリを起動してQRコードを読むと自動的に接続が開始します。

下の方にある「Scan QR Code」を押してカメラでQRコードを読み取ってください。（黒い所は以前接続した情報が載っています）

接続すると、カメラを選択する画面になります。複数ある場合はここにリストが出るはずです。

真ん中の目のマークを押すと、実際にPCでカメラが写している画面が表示されます。

右上にあるクリップのマークを押すとトラッキングを開始します。

トラッキングが完了しました。これでiPhoneの動きがBlender内のカメラの動きとして働きます。

カメラと繋がるとiPhoneのインターフェイスがカメラ操作できる画面に変わります。

ここで、iPhoneを動かしてiPhoneのカメラをトラッキングして自分の動きを検知できるようにします。携帯をゆっくり左右や上下に動かすとすぐにトラッキングが終了します。

パネル説明

それでは、簡単にパネルのUIを解説します。

❶ スムースレベル

ここでカメラの動きの滑らかさを調整します。

❷ 一部動きのロック

回転だけ記録したい場合はここをロックすると移動がなくなります。

❸ カメラの移動量

ここの値でiPhoneの移動量がどれくらいカメラの移動にするかを決めれます。ミニチュアの中を駆け巡るとか、近距離で被写体をリアルに撮るとか調整可能です。

❹ 画角調整

50mmとかカメラの画角をmm換算で表示してくれます。

❺ 再生／録画

上から順に、「再生」「録画＆再生」「録画」ボタンになります。真ん中の「録画＆再生」ボタンでは、撮ったキーの削除や、新規カメラの作成などもできます。

❻ **タイムライン**

ここでBlenderのタイムラインを動かすことができます。

❼ **各種設定**

ここは特に触らなくて大丈夫です。

実際に撮影してみる

録画ボタンを押すとカウントダウンが開始します。

| Casestudy | りょーちも |

　iPhoneで録画している動作は実際Blenderで同期して録画されています。注意点としては、Blender側で処理の邪魔にならないように表示を軽量化したり、場合によっては簡易モデルなどで処理負荷を減らしておくことをおすすめします。

録画を終了するとBlender側のカメラにキーフレームが打ち込まれています。

臨場感のあるカメラワークをしたい時にこのアドオンを使います。Youtubeにあげている次のような動画を作る際に即興でできるのでおすすめです。

blenderでminecraftの影MODっぽい映像作ってみた- Ryo timo
https://youtu.be/eaxSN7UV4LM?si=3tCfX8vL_hVP8E0u

Casestudy | りょーちも

プレビズ／レイアウト／3Dアニメーション工程用

fSpy

(コンポジティング) (実写合成) (トラッキング) (外部連携)

開発者　Stuffmatic

対応バージョン　3.6　　　価格　無料　　　入手先　標準搭載

「fSpyって何だ？ アドオンなの？ ソフトなの？」と聞かれるとちょっと悩むけど、元々アドオンだったものが独立してソフトになったために、Blenderと連携できるようにインポーターをアドオンにしているソフトです。

で？ 何ができるものなの？ 簡単に表すと「**3Dと実写映像のパースを合わせるツール**」と言われています。が、私はアニメ制作者なので再定義「**絵からパースを抽出するツール**」です。

例えば、描いた絵に合わせてキャラを配置したりする時に使います。

> 使い方

例えばこんな感じの絵があったとします。(アニメの「原図」と言われる、線画で描かれた背景の設定)

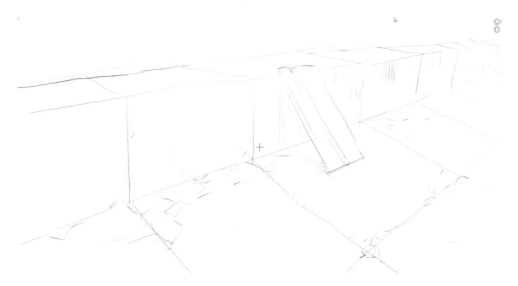

ここに3Dのキャラクターを乗せたいと思います。この場合、3D側で次のようなことをやります。(または適当に大体合う所を探す方法を取ることもできますが、雑すぎて違和感が出やすいです)

● 「おおよそこの高さからこう向きに撮ったんだろう」という位置にカメラをセット
● カメラの画角を絵から想定して何mmで撮ったかを探る
● 地形のモデルを作って、カメラの位置、画角、モデルの形を修正しながらフィットするまで直し続ける

> 面倒くさい、、、、

> 絵から抽出する手順

まずは画像をfSpyのソフトに放り込みます。

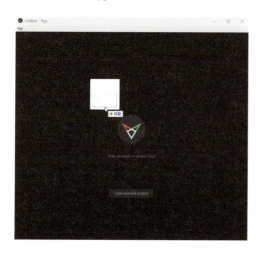

緑と赤のパース線が2セット描かれた画面に変わります。

パース線を絵のパース的に90度交差しそうな場所に配置します。

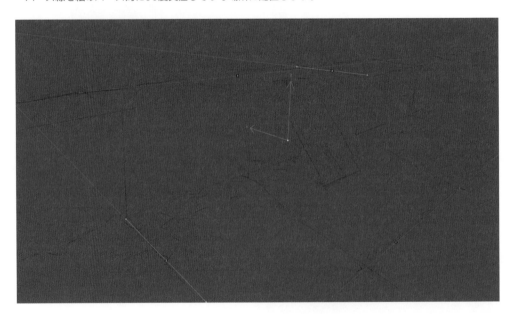

3点パースにしたい時は左上の方にある設定の Principal pointを「From 3rd vanishing point」に変更します。

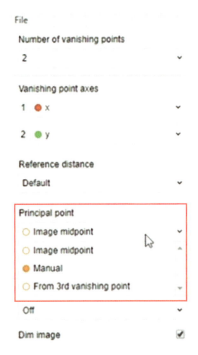

パースラインが整ったら、真ん中の3方向矢印の原点位置を整えて保存します。

Blender側で先程保存したfSpyの保存データを読み込みます。

読み込むと、カメラが適切な位置・角度で画角になった視点のデータが読み込まれます。
ありがたいことに、画像と同じPXのレンダーサイズでアスペクト比。しかもカメラの下絵の項目に画像が入っています。

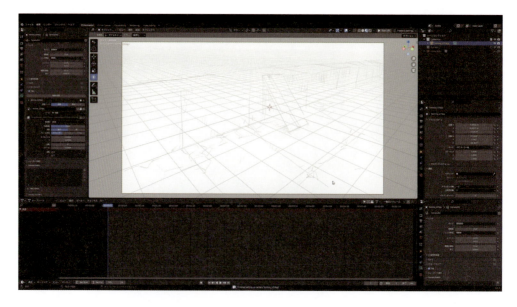

これをサラッと手に入れれるのがすごい！ 以上！

番外編：モデリング

　fSpyでやれることはもう終わったのですが、ついでにパースが整ったのでそれに合わせてモデリングしてみましょう。この画像を参考にモデリングをしていきます。

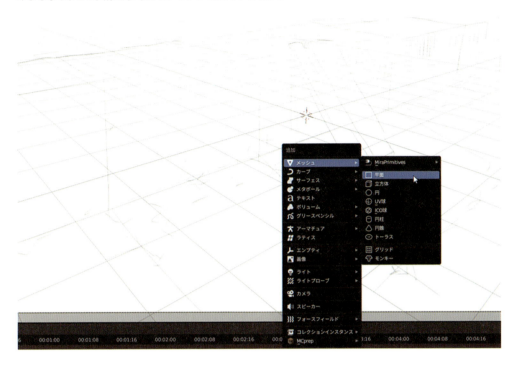

　モデルを大きくしていくと、下絵がどんどん隠れます。

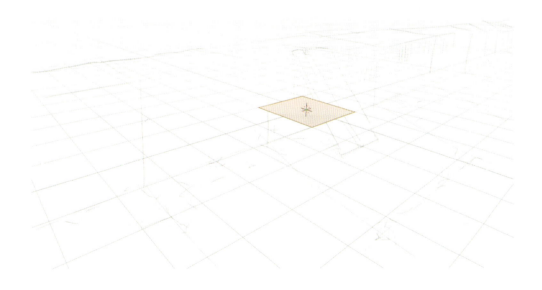

そういう時はカメラのプロパティで、下絵画像の深度を「前」に変更すると線画がモデルより前に表示されます。

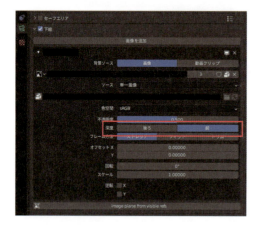

あとはこのメッシュを分割して、

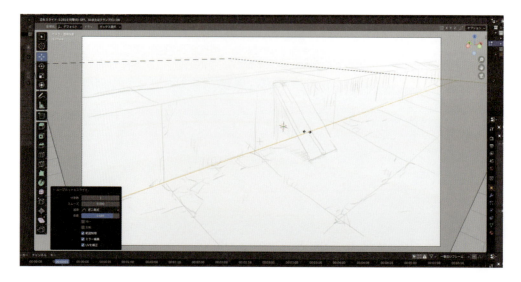

押し出したり、さらに分割したりして位置を微調整していきます。

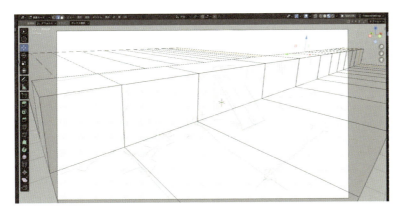

ソリッドモードで表示している場合は、影を追加すると雰囲気を出しやすいです。

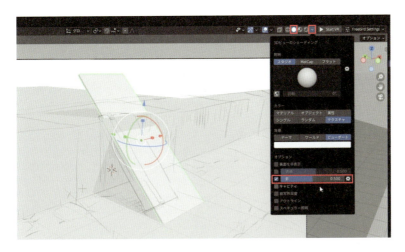

影の方向も修正できます。

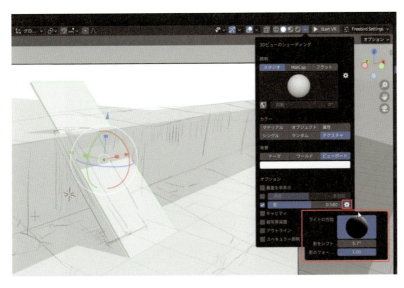

　こんな感じで、背景に合わせてキャラを配置するのもそこまで難しくないということが伝わったでしょうか？　自分のイラストを立体化することも可能ですので、ぜひ遊んでみてください。

| Casestudy | りょーちも |

3Dアニメーション工程用
AnimAll

`アニメーション` `操作改善`

開発者　Daniel Salazar (zanqdo), Damien Picard (pioverfour)

対応バージョン　3.6　4.0　4.1　4.2　4.3　　価格　無料　　入手先　標準搭載　Extensions

　こちらのアドオンは標準アドオンですので、初めから入っています。アクティブにして使ってみてください。どんなことができるかと言いますと、モデルのメッシュの頂点ごとにアニメーションのキーを打てるようになります。

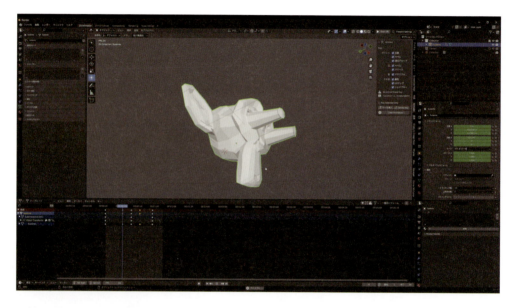

　例えばスザンヌさんを動かそうと思うと、オブジェクトを移動させてキーを打ってアニメーションさせたりしますが、それだと動きが硬くなりがちです。そこで変形しながら動かそうと思いますが、ボーンを仕込んだり、ブレンドシェイプを仕込んだりとちょっと大変です。

　ササッと自然に動かしてみたい時に「AnimAll」を使います。

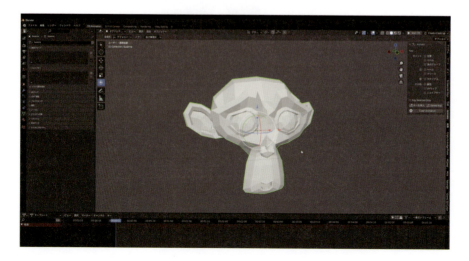

アドオンを有効化すると3Dビューの右のタブに「Animate」が……追加されません！　このアドオンはモードを「編集モード」にすると出現します。

とりあえずキーを打ちたいと思う情報にチェックを入れます。全部入れておけば何とかなります。

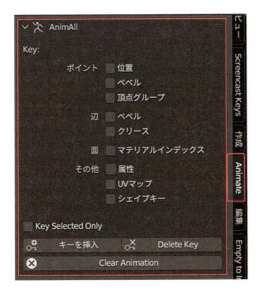
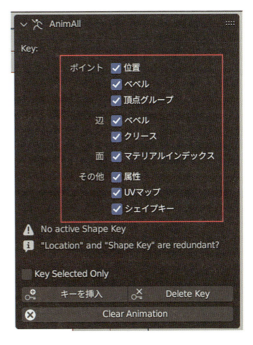

忘れがちですが、最初に編集を加えていない状態で一度キーを打ち、デフォルトの状態を記録しておきます。

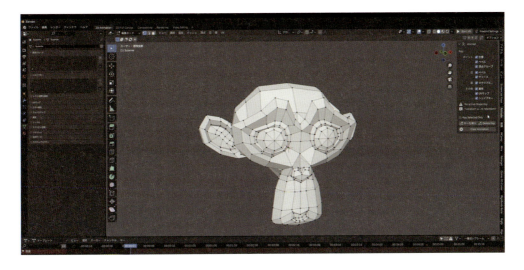

「キーを挿入」を押すと、現在選択してない頂点も記録されます。もし、選択したキーだけ登録したい場合は、「Key Selected Only」にチェック入れてください。

タイムラインを少し移動してから、適当に頂点を動かしてみましょう。今回は目を前方に伸ばしてみます。

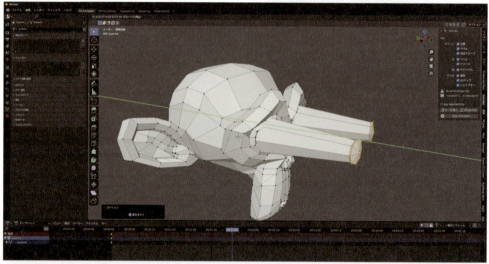

できたら、「キーを挿入」を押して新しく記録します。終わったら「オブジェクトモード」に変更します。

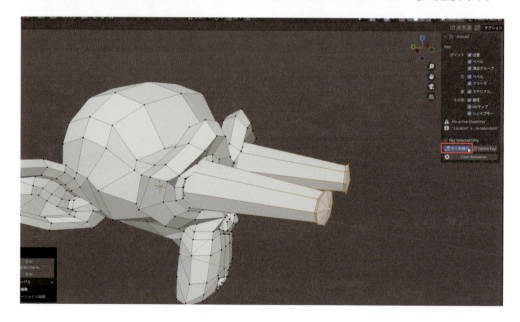

タイムラインを動かすと2つのキーの間でメッシュの変化が現れていると思います。変化が無い場合は、もしかしたら編集モードのままになっているかもしれません。
　このメッシュの変形とオブジェクト自体のアニメーションを混ぜればちょっと複雑なアニメーションも簡単に作れます。

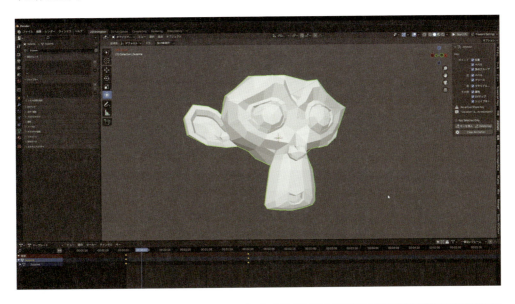

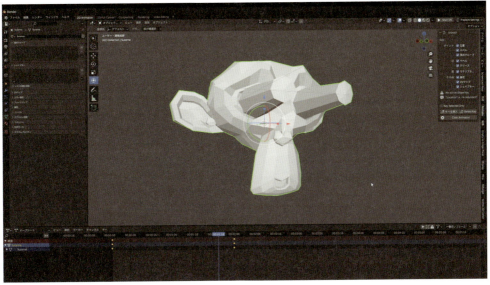

[I]キーを押してスタートのフレームの時の位置を記録します。

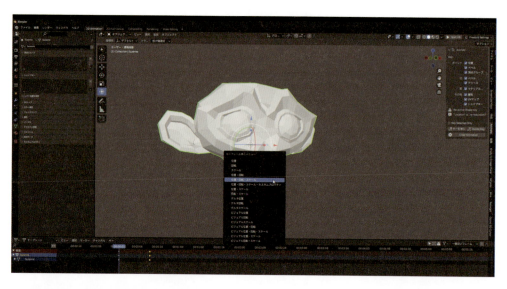

オブジェクトの移動でもキーを打てますし、

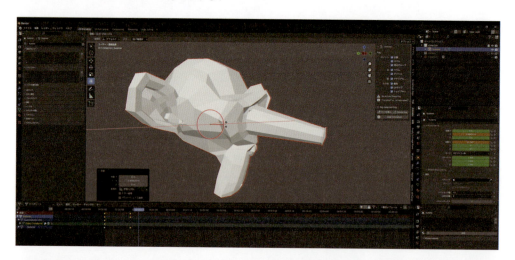

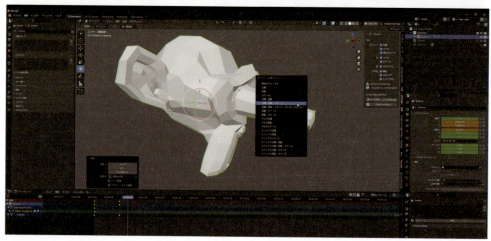

こうしてメッシュ自体の変形アニメーションもできるので、仕事の時もこのアドオンはよく使います。ちょっと形の悪い面とかを少し修正したりする時にとても便利です。

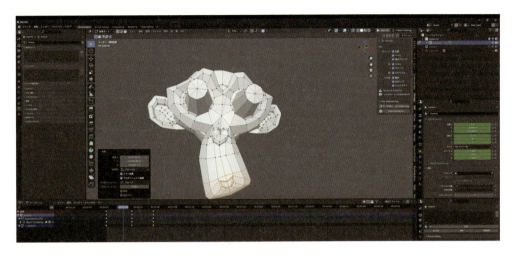

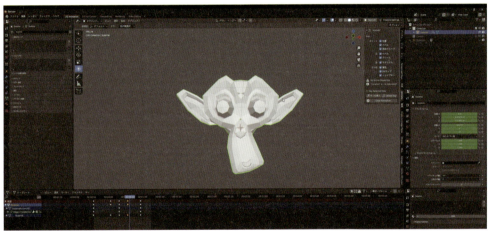

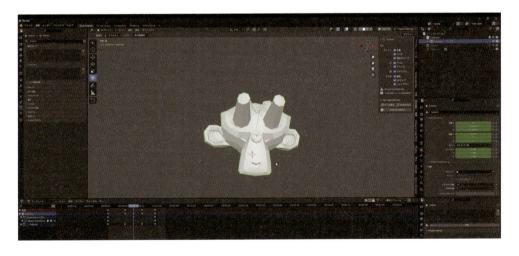

Casestudy | りょーちも

3Dアニメーション工程用

Wiggle 2

アニメーション　揺れ物　アニメーション効果

開発者　shteeve3d

対応バージョン　3.6　4.0　4.1　4.2　　価格　無料　　入手先　Github

　このアドオンは髪の毛などの揺れものを揺らすアドオンです。

　以前は「wiggle」を使っててあまりしっくりきていなかったのですが、「wiggle 2」が出てからとても簡単に揺れものが作れたので最近はこちらを使っています。

体の動きが元気でも、髪の毛やフリルなどが硬いと全体的に硬い印象になってしまいます。

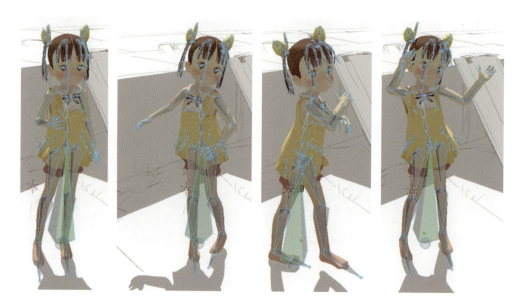

3Dビューの右のタブから「アニメーション」という項目を選ぶと、「wiggle 2」の設定パネルが出てきます。

まずは、揺らしたいボーンだけを選びます。

その状態で、設定パネルの「Bone Tail」にチェックを入れ、各種設定項目で、揺れの程度を設定します。ここは自分の好きなパラメーターで作っていきます。

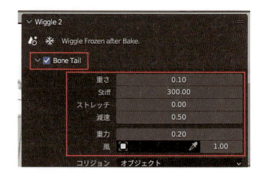

もし、前髪とか顔の中に髪の毛が埋まってしまうような場合は、すぐ下の「コリジョン」を使って衝突判定を設定し、通過できないようにします。

今回は髪の毛の部分だったので、頭をコリジョンに登録して髪の毛があまり頭の中に行かないように調整しました。

すべてのボーンを同じように設定していくのは手間なので、「Global Wiggle Utilities」内の「Copy Settings to Selected」ボタンを使います。このボタンを押すと、現在選択中のボーンすべてに同じ設定が適用されます。

最初のフレームから揺れものが暴れている場合は、「Reset Physics」を押すと揺れてない状態に戻すことができます。

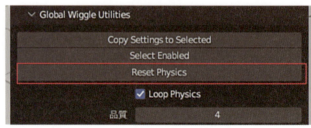

服や髪の毛に動きがつくと一気にいい感じになります。

いい感じになったら、一番下にある「Bake Wiggle」内の「Bake Wiggle」ボタンを押してタイムラインにキーを打ちます。

また、すぐ上の「Current Action to NLA」にチェックを入れると、NLAの塊にして書き出しも可能です。これも便利です。

モーキャプとWiggle 2を連動して使えばかなり効率よくアニメーションが作れそうです。wiggle 2になって色々進化したみたいなので、今後も使って覚えていこうと思います。

この度は見て頂き本当にありがとうございました。

「VFXアーティスト」が選ぶおすすめアドオン

実写合成のワークフローで便利なアドオン紹介

Recommended add-ons by VFX Artists

こんにちは、映像ディレクター・VFXアーティストの涌井 嶺です。僕は普段実写合成を活用したミュージックビデオのディレクションやCGの制作のお仕事をしています。仕事では、積極的にアドオンを試してみようとするよりは必要に駆られて購入するケースがほとんどです。ですので、そんな中で出会った便利なアドオンたちはなかなか厳選された実用的なものだと考えています。今回はそんな仕事で出会ったVFX向けの便利なアドオンたちを、VFX映像を実際に作りながらそのメイキングの中で紹介していければと思います。

Add-ons List

- Refine Tracking Solution
- Transfer Image
- Fluent : Materializer
- RBDLab
- Align and Distribute
- Denoiser Comp
- Export : Adobe After Effects (.jsx)

涌井嶺

ビジュアルクリエイティブチーム「VeAble」代表。BlenderやAfter Effectsを活用して、VFXを武器にしたMVやCM映像のディレクション、またチームでのCG制作を手がけている。VFX-JAPANアワード2022「CM・プロモーションビデオ部門」優秀賞受賞。VFX Directionを担当したMrs. GREEN APPLE「ケセラセラ」がMTV VMAJ 2023「Best Visual Effects」賞を受賞。

はじめに

「CGWORLDを買いすぎて床にたくさん詰んでいたら床が崩壊してしまい、その下には本当の"CGワールド"へ続く道が開かれる（そしてその門番はBlenderのスザンヌ）」というコンセプトで制作しました。僕の会社のメンバーたちにも出演協力してもらいました。

● 作品映像はこちら
https://youtu.be/UWy6R3YlHkc

● 合成前はこんな感じ
https://youtu.be/RYEfNlevz6c

合成前の映像では実際にCGWORLDのバックナンバーを床に置いて撮影しましたが、合成後はすべて消してCGで作ったCGWORLDに置き換えています。床も手前部分はCGで置き換えたので、画面の手前側はすべてCGになっています。

作業の流れとしては、まず撮影した素材に対してカメラトラッキングを行い、それをもとにシーンを作成、物理シミュレーションと格闘し、各種シェーディングを行ってレンダリングしたものをAfter Effectsでコンポジットするという形でした。

では実際の作業をひとつずつ見ていきましょう！

カメラトラッキング

使用アドオン　Refine Tracking Solution

撮影した素材をBlenderに読み込み、カメラトラッキングの作業をしていきます。

僕は手動でトラッキングターゲットを指定してレンズデータなど入力して追いかけるという、一般的にいつも仕事で使うようなワークフローで行っています。

ちなみにいきなり余談になるのですが、ここの作業を簡略化するために、iPhoneで撮ったときのカメラトラッキングデータと3Dスキャンデータを自動で収録しながら録画もするという優秀なアドオンがリリースされています。

● 「Omniscient」－3D人-3dnchu-
https://3dnchu.com/archives/omniscient/

ただ僕はiPhoneユーザーでは無いので、今回は使えなかったのですが・・・手軽なVFX合成の動画ならこれで十分そうですね。

さて、それではトラッキング作業の流れを見ていきます。まずはいつも通りトラッキングポイントをフォローし、カメラとレンズのデータを入力して、[Solve Camera Motion] ボタンで解決します。

すると右上に「Solve error」というトラッキングの精度を示す数値が出てきます。

　一般的にはここが1px以下になると正確なトラッキングができているという目安になるのですが、今回はワイドレンズの動画を歪み補正などせず簡易的にトラッキングしてしまっているため、あまり精度が出ていません。こういうときに便利なアドオンが「Refine Tracking Solution」です。こちらはBlender 4.1以前ではもともとバンドルされているアドオンでしたが、現在はExtensionsに統合されています。

　このアドオンはトラッキングターゲットごとの精度に重み付けをすることで、目標のエラー値までトラッキング精度を上げるという機能があります。[Refine]ボタンを押すと、「Solve error」を0.19まで下げることができました。

このトラッキング結果をもとにシーンの制作を行っていきます。

床のテクスチャとモデル作成

　まずは地面とCGWORLDの雑誌（以降：雑誌）をCGで置き換えるために、地面のテクスチャを撮影しました。これはPhotoshopでまっすぐに直して、板ポリに貼り付けています。

　撮影した床の写真をPhotoshopで開き、テクスチャ素材として使えるように歪みをとります。

撮影した床の写真

387

Blenderに戻り、作成したテクスチャ素材を床の板ポリに貼り付けてレイアウトします(柱は雑誌の位置を確認するために仮で置いています)。

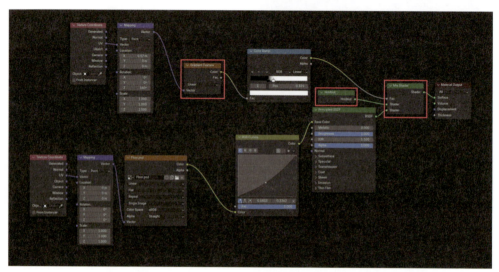

上部を「Gradient Texture」でボカして透過させ、実写と繋げることで、床の置き換えと雑誌の消しを行います。

雑誌の作成

| 使用アドオン | Transfer Image, Fluent：Materializer |

　雑誌の制作は、16冊分の写真を撮りました。今回、アングル的に表紙と背表紙が見えていれば良いと思ったのと、きちんとスキャンするのは手間なので、このように斜めから写しています。

斜めのアングルから撮影した雑誌（16冊）

　雑誌と同じサイズに作ったボックスメッシュを、写真を撮ったのと同じようなアングルからプロジェクションするようにUV展開し、写真に合わせて微調整することでまずはぱっと見雑誌に見えるようなものを作ります。

雑誌に合わせてボックスメッシュのUVをプロジェクションする

　しかしこのUVだと、雑誌の各面ごとに明るさを調整したりテクスチャを合わせ込むのが面倒だと思いました。そこで「Transfer Image」というアドオンを使って、ボックス展開したUVマップでもテクスチャを貼れるようにします。このアドオンは、別のUVマップに対してテクスチャを焼き込むことができるアドオンです。

　まずはUVマップをもう一つ作り、そちらはボックス展開します。

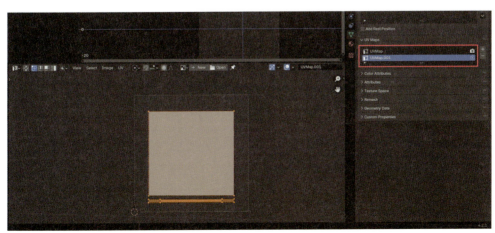

新しいUVマップを作り、ボックス展開した図

次に焼き込みたいテクスチャを選択して、「Transfer Image」を開きます。元となる歪んだUVと、ボックス展開したUVをそれぞれ「Source」と「Target」に選びます。ローポリのモデルでは [Subdivide] にチェックを入れておくと、焼き込んだときにテクスチャの歪みが少なくなります。歪みをほぼ完全に無くしたければそもそものポリゴンを分割しておいた方がよいのですが、今回はそこまで歪みが分かりやすいような見え方にならないのと、ポリゴンを分割してしまうと後からコントロールするのが面倒になるため割愛しました。

ここまで設定して、[OK]ボタンを押します。

テクスチャの解像度によっては少し時間がかかりますが、このようにボックス展開したUVに合わせてテクスチャ側が再生成されます。このテクスチャはメモリに一時保存されているだけなので、別途保存しておく必要があります。

この後たくさんこの雑誌を作っていくので、写真の撮り方によって雑誌ごとにUVが少しずつ異なっているとハンドリングが難しいです。このようにUVをきれいにすることで、たくさんのモデルでも同じUVを使うことができ、まとめて調整しやすくなります。

次に、雑誌の表面に細かいラフネスの強弱をつけるため「Fluent：Materializer」というアドオンを使用します。このアドオンは個人的には一番使っているかもしれません。シェーダーエディタ上で、さまざまなノイズパターンやエッジ摩耗、パターンなど汎用性の高いノードグループを呼び出すことができます。

しかもUVが不要なので、ノードグループ上でシードやスケールを調整すればすぐ使うことが可能です。すべてプロシージャルなので、他のPCで開いたときにアドオンが入っていないせいで壊れるといったことがないのもポイントが高いです。

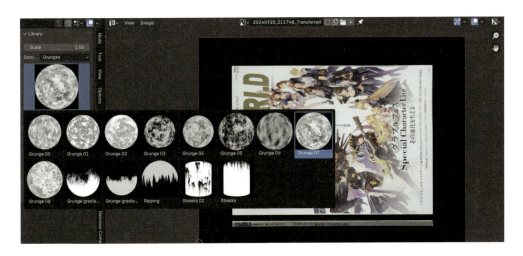

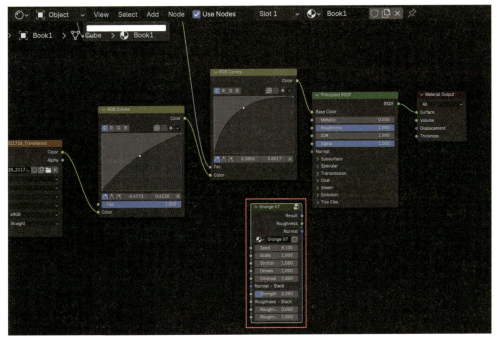

今回はこのノイズテクスチャをラフネスに繋ぎ、紙っぽく見えるようパラメータを調整しました。

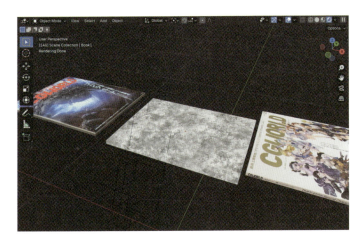

全く同じようにして、16冊分の雑誌を作っていきます。

それを複製して少しずつずらし、たくさん積み上げました。

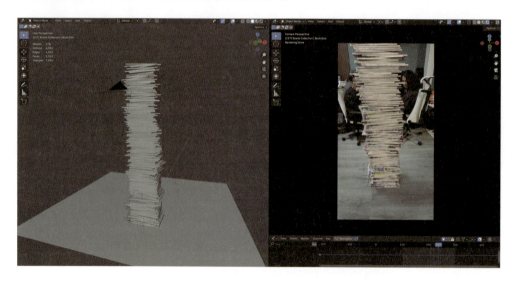

物理シミュレーションの設定

使用アドオン　RBDLab, Align and Distribute

それでは、いよいよ崩壊の物理シミュレーションを設定していきます。

最近仕事で使って非常に便利だったアドオン「RBDLab」を使用して、この中ですべての物理設定を行います。オブジェクトの破壊、物理演算といったよくある物理シミュレーション周りの設定を一括で行えるアドオンです。アドオン自体はかなり高機能でパネルも多いため、半ば新しいツールを覚えるのに近いくらい学ばないといけないことが多いですが、公式のドキュメントなどを見て覚えてしまえばむしろBlender標準の物理演算だけで行うより簡単で、クオリティも上がります。

まずは床を選択して、「RBDLab」のパネルを開きます。[Main Modules]のところで複数のパネルを切り替えることができ、ここでそれぞれの作業を行っていきます。

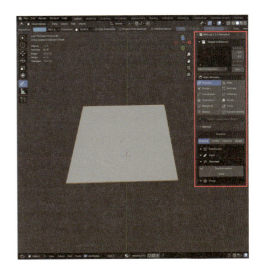

まずは床を細かい破片に分割していきます。Blender標準で行うなら、「Cell Fracture」などを使うと思うのですが、このアドオンでははるかに効率良く・クオリティ高く破片を作ることが可能です。

まず強力だと思った機能が、アノテーションペンシルを使ってモデルに線を描き込むことで、ざっくりとそれに合わせて破壊してくれるという機能です。たくさん線を書いたところほどピースを細かくしてくれるので、ヒビを描き込むつもりでどんどん描いていきます。

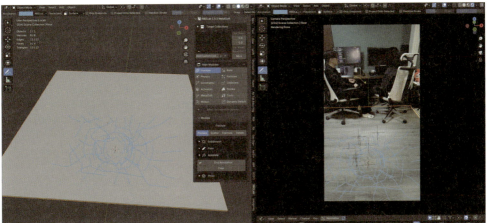

それができたら、分割を適用します。

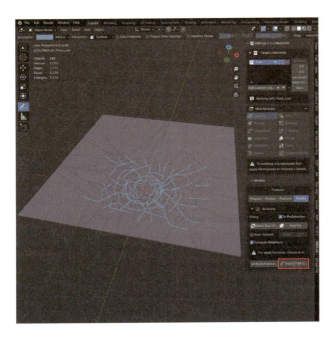

次に、またこのアドオンの強力な機能を使います。[Add EXTRA DETAILS]を押すと、破片にノイズを適用して断面に細かい歪みをつけることができ、よりリアルに見せることができます。この過程で少しエラーのような破片ができることがあるのですが、これらを自動で選択して修復する「AutoFIX」機能までついています。

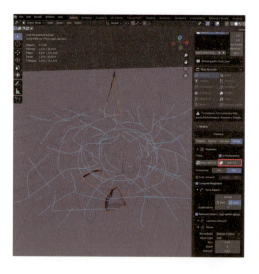
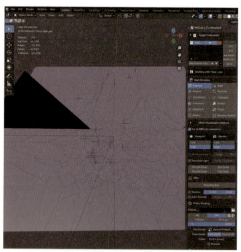

「AutoFIX」を適用したところ

この破片のノイズを適用するとモデルがかなりハイポリになるため、本来作業が重くなるのですが、このアドオンではレンダリングするまでノイズが適用されていないローポリのモデルに自動で切り替えてくれます。ハイポリのモデルが見たければ手動で切り替えることも可能です。

このアドオンの物理演算はコレクションごとに取り扱うことができます。自動で破片がすべてコレクションにまとめられて登録されているので、ここに一括で物理演算を適用します。これもボタンひとつです。

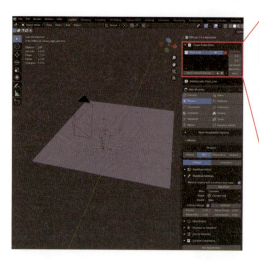
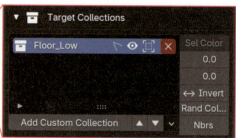

次に破壊しない部分を選択して、[Set Passive]
を押すと色が変わります。ここは物理演算の設定が
「Passive」になったのでコリジョンはありますが動
きません。

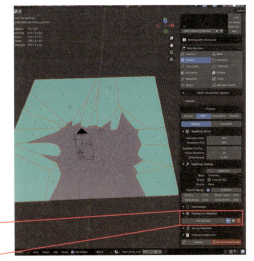

オブジェクト同士の結合は「Constraints」タ
ブで作業できます。グループを選択して[Create
Constraint Group]を押すと、設定したコンストレイ
ントがすべてのオブジェクトに一括で適用されます。

これでオブジェクトがパラパラ落ちるだけでなく、そ
れぞれが物理的に紐づきました。ある一定の衝撃を
受けたときに繋がりは破断します。

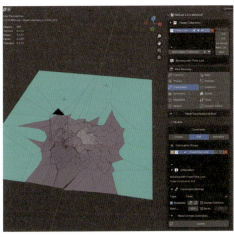

これを破壊するために本にも物理演算を適用します。[Add Custom Collection]を押して本のコレクションをリストに追加しました。

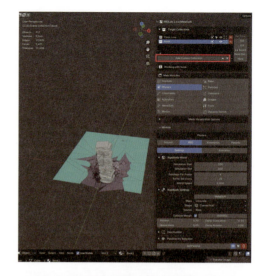

このままだと床がすべて一緒に抜けてしまうので、床が破壊するタイミングをコントロールするために「Activators」という機能を使います。
　この機能はActivatorというオブジェクトを用意し、そのオブジェクトをアニメーションさせてブラシのように破片オブジェクトと触れさせることで、触れたオブジェクトから順に物理演算がオンになっていくというものです。
　まずはすべてのオブジェクトに「Kinetics」を追加すると、一度すべての物理がオフになります。

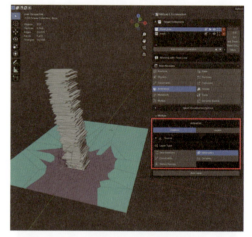

Activatorsは自分で用意したオブジェクトを登録することもできますが、あらかじめ用意されたプリセットから選ぶこともできます。今回はプリセットの中から「Sphere」を選んでActivatorに登録しました。

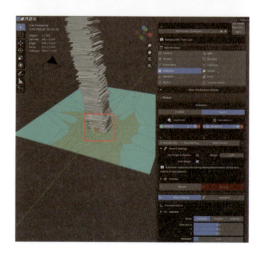

本の真下から外側に広がっていくようにActivatorをアニメーションさせ、[Record]を押すとActivatorが触れた部分から破片が赤くなっていきます。赤くなったところから物理演算がオンになるので、内側から外側に向けて破壊が進むようになりました。

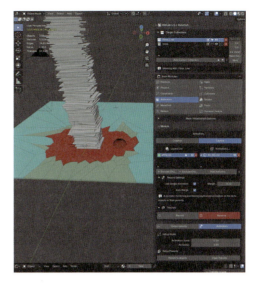

　ここからは破壊がカッコよくなるようにひたすら調整です。オブジェクトをコレクションごとに一括設定できるので、デフォルトの調整機能に比べてかなり簡単です。雑誌の重さ、滑り方なども一括でプリセットから選べます。

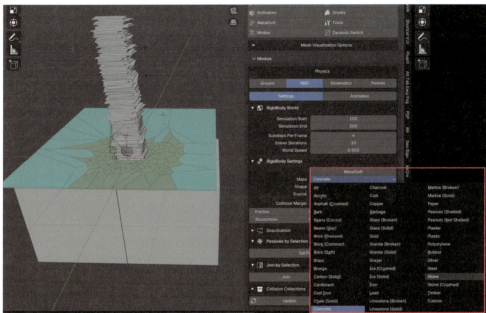

　雑誌と雑誌の距離を適当にしすぎて、近すぎて跳ね飛んでしまうものや貫通してしまうものが出てしまったので、雑誌の間隔を一定にするためにアドオン「Align and Distribute」を使います。「Equal Gap」の機能を使うと、一定の間隔で雑誌をレイアウトし直すことができます。

地面の下の空間には壁とスザンヌのモデルを配置し、それぞれに「Passive」コリジョンを適用しました。RBDLabの外で適用した物理演算もRBDLab内で計算されるので、雑誌や床の破片がこれらと干渉します。

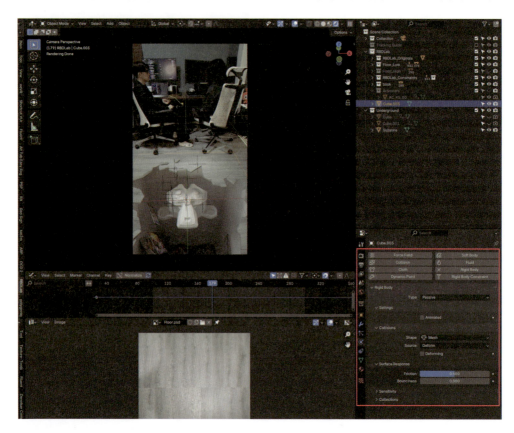

シミュレーションがいい感じにできあがったら、すべてベイクしておきます。「Bake」タブで一括でベイクすることが可能です。

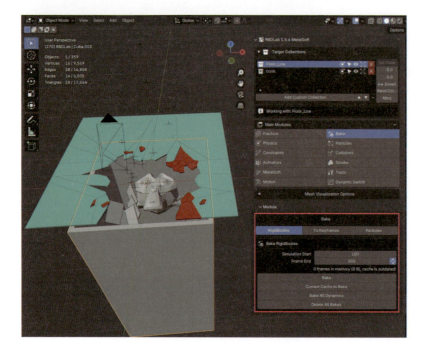

シーンの仕上げとレンダリング

| 使用アドオン | Denoiser Comp |

壁とスザンヌにマテリアルを適用しました。それぞれ、「Fluent：Materializer」を使ってラフネスの強弱をつけています。

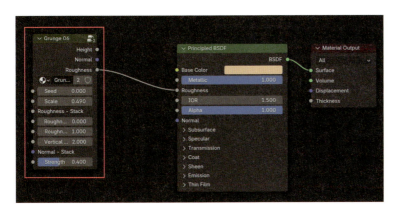

シーンの設定がすべて終わったらレンダリングしていきます。

VFX作業のためのレンダリングでは、コンポジットを見越してさまざまなレンダーパスを出力しますが、BlenderのデフォルトではCombinedパスにしかデノイズがかかりません。これを解消するためにはコンポジットノードを組んですべてのパスにデノイズをかけますが、その作業を簡略化してくれるアドオンが「Denoiser Comp」です。

必要なレンダーパスにチェックを入れて、[Add Denoiser]をクリックします。

すると追加で必要なパスを聞かれるので、すべて選択して [OK] を押します。

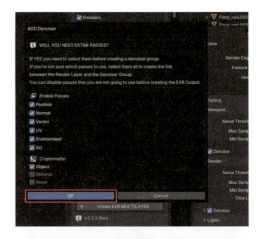

自動でノードグループが追加されました。このノードグループを選択した状態で、[Create EXR MULTILAYER] をクリックします。

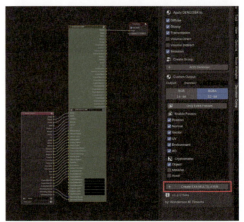

これでアウトプットパスが追加されて、レンダリングの準備が整いました。

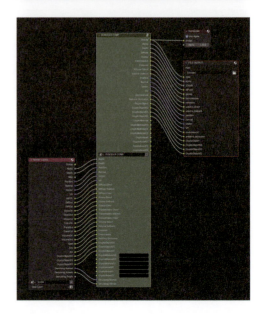

After Effectsでのコンポジット作業

使用アドオン | Export : Adobe After Effects (.jsx)

レンダリングしたものをAfter Effectsに入れてコンポジットしていきます。
Depthパスなど他のパスにもデノイズがかかっていることがわかります。

モーションブラーを後付けするためにVectorパスも出力しています。

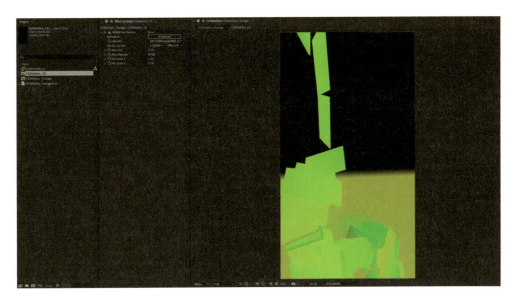

画面奥の人物がいる場所にもヒビが入ってしまっていたので、Positionパスを使ってヒビを消しました。

これだけでは破壊がきれいすぎるので、フッテージ素材を足して煙や細かい破片を表現していきます。そのためにはBlenderのカメラワークデータをAfter Effectsに持ってくる必要があります。アドオン「Export：Adobe After Effects」を使用してカメラデータをAfter Effectsスクリプト（.jsx）の形で書き出します。このアドオンはBlender 4.2からExtensionsに追加されています。

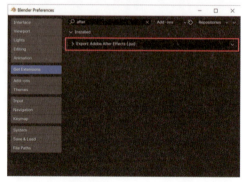

必要なカメラと、原点にエンプティを追加して［Export］から［Adobe After Effects (.jsx)］をクリックします。

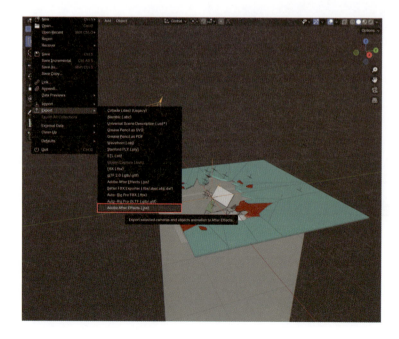

エクスポート時のメニューでは、いくつかのパラメータを選択できます。[Camera 3D Markers]には今回はチェックを入れませんでしたが、入れるとトラックマーカーの位置もヌルオブジェクトとして追加してくれます。

After Effects上でスクリプトを実行すると、カメラワークとヌルの入ったコンポジションが生成されます。

このカメラデータを利用して、破片や煙のフッテージを3Dで配置しました。

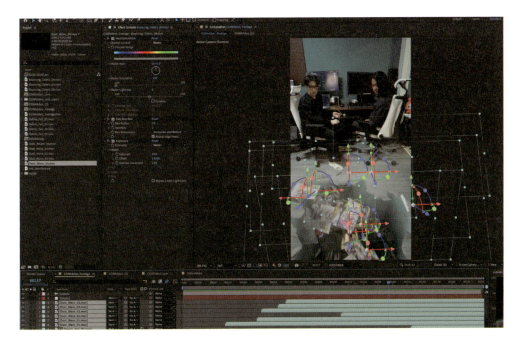

Casestudy | 涌井嶺

これでVFX動画の完成です！

おわりに

普段あまり積極的にアドオンを使用しない僕ですが、今回は仕事で役立ったアドオンをフル活用してVFX動画制作をしてみました。

僕は仕事の都合上、他の人とblendファイルをやり取りして作業することも多いのですが、今回紹介したアドオンはすべてBlenderの機能をベースに作られているので、他のパソコンで開いても物理演算がなくなったり、マテリアルが表示されなくなるようなことは基本的にありません。その点も個人的にはポイントが高く、スムーズにやり取りして作業を進めることができます。

どれも個人的には、普段の仕事に欠かせないものばかりです。無料のものやExtensionsのものも多いので、ぜひ試してみてください！

add-ons INDEX

アドオン索引

本文内で取り上げているアドオンを数字やアルファベット順に並べ、索引のように
ページ番号とともにリストしています。探したいアドオン名が分かっている場合は、
こちらのリストからページへアクセスすると便利です。

※関連アドオンとして紹介しているものは () でページ番号を表記しています。

【数字】

3D Hair Brush ································· 50
3D Print Toolbox ····························· 262
3D Viewport Pie Menus ············· 172, 284
3D-Coat Applink ······················ 262, 263
3DGS Render by KIRI Engine·············· 215
3DPrintToolbox (Extensions) ··········· (275)

【A】

A.N.T.Landscape ························· (68)
AbraTools ································· 113
ACT ····································· 213
Add Curve:Extra Objects················ (6)
Adjust Edge Lengths ···················· 240
Align and Distribute ···················· 392
Align Tools ······················· (306)
AlignmentTool···························· 240
Alpha Trees······························ 203
Alt Tab Dolly Zoom - Vertigo Camera······ (185)
Alt Tab Easy Fog 2 ······················· 150
Alt Tab Ocean & Water ··················· 148
AltTab EZ Fog···························· 248
Analyze Mesh···························· 40
AnimAll ································· 374
Animation Layers ······················· 114
ANIMAX··································· 117
Anime Hair Maker ················· 248, 249
ANT Landscape ··························· 248

【B】

Archimesh ··························· 248
Auto Highlight in Outliner ·············· 236, 238
Auto Mirror······························ 240
Auto Reload ····················· 212, 250, 252
Auto Reload v2 ·························· 290
Auto-Highlight in Outliner ·············· 194
Auto-Rig Pro ····················· 105, 254
Auto-Rig Pro: Quick Rig············ (106)
Auto-Rig Pro: Rig Library ············ (106)

Baga Rain Generator ···················· 147
BagaPie ································· 201
Baketool ································· (91)
BBrush ······················· 244, 246
Better FBX Importer & Exporter············ 214
Better Lighting ······················ (123)
Bezier Mesh Shaper ···················· 12
Blender 3MF Format ···················· 262
BlenderGIS······························ 210
Blendshop················· 141, 258, 273
BlenRig 6 ························ (106)
Blob Fusion ···························· 48
Blosm for Blender ····················· 211
BoltFactory ···························· 6
Bonedynamics Pro ····················· (115)
Bool Tool ··············· 7, 244, 245, (307)
Booltron······················ (7), (244)

Boxcutter · 62

Brushstroke Tools · 95

Bystedts Blender Baker · · · · · · · · · · · · · · · · · · (91)

【C】

CAD Sketcher · (18)

Camera Plane · 191

Camera Pnpoint · (136)

Camera Resolution · 258

Camera Shakify · 186

Cats Blender Plugin · 268

Cell Fluids · 166

Cell Fracture · 153

Chain Generator · · · · · · · · · · · · · · · (165) , 315

CheckToolBox · 41

Cinepack · 187

Clay Doh · 258, 260

Clean Panels · 224

ClipSync · (212)

Cloudscapes · (146)

Colorist Pro · · · · · · · · · · · · · · · 139, 258, 273

Colorista · 138

Conform Object · · · · · · · · · · · · · · · · · · · 30, 244

Construction Lines · 17

Context Pie · 171

Copy Attributes Menu · · · · · · · · · · · · · · · · · · 192

Copy Object Name to Data Extensions · · · · · 236

Cracker · 154

Creature Kitbash · (61)

Curve Basher · 44

CURVEmachine · (59)

Customize Menu Editor · · · · · · · · · · · · · · · · 229

cvELD_QuickBBone · · · · · · · · · · · · · · · · · · (104)

cvELD_QuickRig · 103

cvELD_SkinWeights · · · · · · · · · · · · · · · · · · (101)

【D】

DECALmachine · 56

Deep Paint · 93, 244

Denoiser Comp · 399

Divine Cut · 248

Dolly Zoom · 185

Dolly Zoom & Truck Shift · · · · · · · · · · · · · · (185)

Drag and Drop Import · · · · · · · · · · · · · · · · · · 236

DreamUV · 75

Drop It · · · · · · · · · · · · · · · · · · · 198, 244, 246

Dynamic Sky · · · · · · · · · · · · · · · · · · · 130, 258

【E】

Easy HDRI · 127, 258

Easy PBR · (207)

EasyWeight · · · · · · · · · · · · · · · · · 98, 254, 256

EdgeFlow · · · · · · · · · · · · · · · · · · · 11, 240, 243

Export : Adobe After Effects (.jsx) · · · · · · · · · 401

Extra Mesh Objects · · · · · · · · · · · · · · · (6) , (248)

【F】

F2 · 9, 240

Face Builder · (137)

Face Tracker · (137)

Faceit · 109, 254, 271

FALCON CAM · · · · · · · · · · · · · · · · · · (165) , 323

Fast Loop · (10)

Final LUT · 140

FLIP Fluids · 169

Flow Map Painter · 83

Flowify · (30) , (244)

Fluent · 64

Fluent : Materializer · · · · · · · · · · · · · · · 87, 390

Fluffy Clouds Planes · · · · · · · · · · · · · · · · · · · 144

Fluid Painter · 162

407

FluidLab 167
Freebird XR 336
fSpy .... (136) , 366

【G】

Gaffer 120
Garment Tool .... (54)
Geo Primitive .... (165) , (304)
Geodroplets Plus 163
Geo-Scatter 202
GEO-SWARM 151
GeoTracker for Blender 137
GoB 262, 263
GP Animator Desk 118, 355
GP magnet strokes .... (351)
GrabDoc 89
Grease Pencil Tools 244
Grid Modeler 16
Grungit 86

【H】

Hair Tool 51, 248, 249
Half Knife 14
Handy Weight Edit 101, 254, 257
Hard Bevel 15
Hardops 63
Hdr Rotation 236, 239
HDRI Maker 128

【I】

InkTool 258, 261
Instant Asset 204
Instant Clean .... (41)
Instant Impostors 92

【K】

Kaboom 155
KaFire 156
Kit Ops 3 60
Komikaze 258, 261

【L】

Lace Generator 248
Launch Control 112
Lazy Weight Tool 102
Lens Sim .... (126)
Light Control .... (123)
Light Studio .... (123)
Light Wrangler 122
LoopTools 10, 240, 243

【M】

MACHIN3tools 176
Magic UV .... (72) , 250
Matalogue 179, 236
Material Orgnizer 296
Material Utilities 239, 250
material-combiner-addon 250, 268
Maxivz's Interactive Tools 32
Memsaver 217
Mesh Align Plus .... (199) , (240)
Mesh Heal .... (39)
Mesh Repair Tools 38, 262, 275
MESHmachine 58
Mio3 Copy Weight 97, 254, 257
Mio3 ShapeKey 37, 254, 271, 270
Mio3 UV 74, 250
MMD Tools .... (46) , 262
Moderate Weight Reduction Tools .... (23)
Modifier List 193

Molecular +	161
More Colors!	34
Mouse-look Navigation	180
MToon	(269)
MToon 再現シェーダー	258

【N】

N Panel Sub Tabs	222
ND	(66)
NGon Loop Select	28, 240, 241
NijiGPen	94, 346
Node Pie	174
Node Preview	85
Node Wrangler	84, 236, 280
nSolve	21

【O】

OCD (One Click Damage)	42, 248
Omniscient Importer	135
OmniStep	182
OpenVAT	216
Orient and Origin to Selected	31, 240

【P】

Padding Inset	(15)
PBR Painter	(82)
Pencil+ 4 Line for Blender	96
Per-Camera Resolution	134
Perspective Plotter	136
Philogix PBR Painter	82
Photographer 5	125
Physical Starlight And Atmosphere	133
Physics Dropper	200, 248
Physics Placer	248
Pie Menu Editor	(173), (287)

Pixel	142
Poly Haven Asset Browser	206, 258, 259
PolyQuilt	19, 240, 241
POPOTI Align Helper	199
Population	(152)
Portal Projection	88
Powermanage	223, 236, 277
Procedural Crowds	152
Procedural Flowmap	250

【Q】

QBlocker	8
QRemeshify	23
Quad Maker	20
Quad Remesher	22, 244, 247
Quick Fluid Kit	164, 329
Quick Lighting Kit	(165), (310), (321), (324), (333)
Quick Rig	254

【R】

Random Flow	55
RBC	110
RBDLab	157, 392
Real Cloud	146
Real Sky	131
Real Snow	143, 248
Real Time Cycles	124
Real Water	149
Refine Tracking Solution	386
RenderBoost	221
Restore Symmetry	(36), 240, 242
RetopoPlanes	248
Rig Library	254
Right Mouse Navigation	181

RIGICAR ··· 111

Rigify ··· (106)

RM_CurveMorph ································ 248

RM_SubdivisionSurface ············ 240, 242

Round Inset ····························· (15) , (240)

[S]

Safe Inset ··· (15)

Sakura Auto Simplify ······················ (197)

Sakura Poselib ································ (197)

Sakura Tools ····································· (197)

Sakura UX Enhancer ························· 196

Sanctus Library ································· 205

Saved Views ····································· 183

Screencast Keys ······························ 228

Sculpt Bridge Tools ························ 244

Sculpting Brush Texture Editor ·········· (47)

Select Polygons By Angle ·················· 29

Serpens ·· 230

ShapeKeySwapper ··················· 254, 255

Shot Manager ························· 190, 258

SimpleBake ·· 90

SimpleDeformHelper ························· 13

Simplify+ ·· 119

Simply Cloth ····························· 53, 248

Simply Fast ····································· 195

SK Keeper ································· 254, 255

Sketch N' Trace:

Image To Mesh (& Curves) ··············· (35)

SMEAR ·· 116

smoothWeights ····················· 100, 254

Soft Bevel ·· (15)

Softwrap ·························· 24, 244, 247

Step Loop Select ····················· 25, 240

Surface Inflate ·································· (15)

Symmetrize Uv Util ················· 250, 251

Sync | Lock Viewport ······················ 184

Synchronize Workspaces ········· 236, 238

[T]

Tear Painter ····································· 248

Texel Density Checker ······················ 69

TexTools ······················ 71, 250, 251, 299

The Plant Library ······························ 208

Tools for me(TFM) ··························· 292

TraceGenius Pro ···············35, 244, 245

Transfer Image ································· 389

Transfer the vertex order ··········· 36, 262

Transfer Vertex Order ······················ (36)

Transparent Select ···························· 26

Tri-lighting ······················ 121, 258, 259

TRIToon ··································258, 268

True TERRAIN 5 ································· 67

True-Assets ····································· (207)

True-Sky ·· 132

True-VDB ··· 159

Ttranslation ···································· 226

Turbo Tools ····································· 219

[U]

Ucupaint ······················· 81, 250, 253

UniV ································· 73, 250

Unreal PSK/PSA ······························ 262

UnwrapMe ······································ 250

User Translate ································· 227

UV-Packer for Blender ······················ 76

Uvpackmaster ································· 250

UVPackmaster 3 PRO ························ 77

UVToolkit ··· (72)

【V】

VDBLab ···································· 158

VDM Brush Baker ······················ 47

VirtuCamera ···························· 359

VirtuCamera for Blender Addon ·········· 189

Volumetric Clouds Generator ············ 145

Voxel Heat Diffuse Skinning ··· 99, 254, 256, 271

VR Scene Inspection ···················· 236

VRM format ·················· 46, 262, 269, 271

VRToon Shader Manger ················ (197)

【W】

Wear N' Tear ···························· 43

Weight Paint ++ ······················· 254

Wiggle ································· 254

Wiggle 2 ·························· 115, 380

Wireframe Color Tools ·············· 236, 237

Wobbly Wiggler ····················· (115)

Woolly Tools & Shaders ········· 49, 258, 260

Wrap Master ·························· 248

【X】

X-Muscle System ····················· 107

X-Ray Selection Tools ············ 27, 236, 237

【Z】

Zen UV ································ 79

Zen UV Checker ······················ 70

職種と用途で探せる
Blenderアドオン事典

2025年3月25日　初版第1刷 発行

著　　　　者	3D人	
寄　　　　稿	ますく（坂本一樹）、藤田将、Liryc / OBF TOKYO - Fujimoto Takashi,	
	Nakamura Saaya、りょーちも、涌井嶺、zen	
監　　　　修	ますく（坂本一樹）	
発　行　人	新 和也	
編　　　　集	堀越 祐樹	
発　　　　行	株式会社 ボーンデジタル	
	〒102-0074	
	東京都千代田区九段南 1-5-5	
	九段サウスサイドスクエア	
	Tel：03-5215-8671　　Fax：03-5215-8667	
	https://www.borndigital.co.jp/book/	
	お問い合わせ先：https://www.borndigital.co.jp/contact	
デザイン・DTP	gsdn, inc.	
カバーイラスト	カヤヒロヤ	
印 刷 ・ 製 本	シナノ書籍印刷株式会社	

ISBN：978-4-86246-608-2
Printed in Japan
Copyright ©2025 by 3dnchu, Kazuki Sakamoto, Sho Fujita, Takashi Fujimoto,
Saaya Nakamura, Ryo timo, Ray Wakui, zen and Born Digital, Inc.
All rights reserved.

価格は表紙に記載されています。乱丁、落丁等がある場合はお取り替えいたします。
本書の内容を無断で転記、転載、複製することを禁じます。